21世纪高等学校基础工业 CAD/CAM 规划教材

Creo 2.0中文版基础设计教程

白　晶　龚堰珏　赵　罘　编著

清华大学出版社
北　京

内 容 简 介

Creo 是美国 PTC 公司的标志性软件 Pro/ENGINEER 的升级版,该软件是当今世界较为流行的 CAD/CAM/CAE 软件之一,被广泛用于制造行业的产品设计中。Creo 2.0 中文版是该软件目前最新的中文版本。本书详细介绍了 Creo 软件基础、草绘设计、特征设计、曲面设计、工程图设计、装配体设计、钣金设计、模具设计、数控加工、机构分析等内容。

本书可作为广大工程技术人员的 Creo 自学教程和参考书籍,也可作为大专院校计算机辅助设计课程的指导教材。

图书在版编目(CIP)数据

Creo 2.0 中文版基础设计教程/白晶,龚堰珏,赵罘编著.—北京:清华大学出版社,2013.4(2020.1重印)
(21 世纪高等学校基础工业 CAD/CAM 规划教材)
ISBN 978-7-302-31417-2

Ⅰ.①C… Ⅱ.①白… ②龚… ③赵…   Ⅲ.①计算机辅助设计-应用软件-高等学校-教材
Ⅳ.①TP391.72

中国版本图书馆 CIP 数据核字(2013)第 018478 号

责任编辑:刘向威   王冰飞
封面设计:杨 兮
责任校对:白 蕾
责任印制:杨 艳

出版发行:清华大学出版社
　　　　网　　　址:http://www.tup.com.cn,http://www.wqbook.com
　　　　地　　　址:北京清华大学学研大厦 A 座　　　　　　　邮　　编:100084
　　　　社 总 机:010-62770175　　　　　　　　　　　　　　　邮　　购:010-62786544
　　　　投稿与读者服务:010-62776969,c-service@tup.tsinghua.edu.cn
　　　　质量反馈:010-62772015,zhiliang@tup.tsinghua.edu.cn
　　　　课件下载:http://www.tup.com.cn,010-83470236
印 装 者:北京九州迅驰传媒文化有限公司
经　　销:全国新华书店
开　　本:185mm×260mm　　　　印　张:24.5　　　　　　　字　　数:597 千字
版　　次:2013 年 4 月第 1 版　　　　　　　　　　　　　　　印　　次:2020 年 1 月第 7 次印刷
印　　数:7501~8000
定　　价:39.00 元

产品编号:046272-01

前　言

Creo 是目前工程设计中广泛使用的软件之一,其最新的中文版本是 Creo 2.0 中文版。相对于 Pro/ENGINEER 以前的所有版本,Creo 2.0 中文版在使用方式和操作界面上的变化比较大,为了使读者能够在较短的时间内熟悉新的界面和操作方式,并掌握零件设计的诀窍,编者编写了此书。

本书主要包括以下内容:

(1) Creo 软件基础,讲解 Creo 软件的用户界面和基本操作方法。

(2) 草绘设计,讲解二维草图的绘制和修改方法。

(3) 基础实体特征,讲解基本实体特征的建立方法。

(4) 工程特征,讲解工程特征的建立方法。

(5) 实体特征编辑,讲解对特征进行编辑的方法。

(6) 装配体设计,讲解由零件建立装配体的过程。

(7) 工程图设计,讲解制作符合国标的工程图的方法。

(8) 曲面设计,讲解曲面的建立方法和过程。

(9) 钣金设计,讲解钣金零件的设计方法。

(10) 模具设计,讲解模具设计的方法和过程。

(11) 数控加工,讲解 NC 模块的使用方法。

(12) 机构分析,讲解运动模型的建立和运动环境的设置及分析方法。

(13) 结构/热分析,讲解结构模块和热模块的使用方法和分析过程。

本书由白晶、龚堰珏、赵罘进行编写及校对,同时,张媛参与第 1 章的编写,杨晓晋参与第 2 章的编写,赵楠参与第 3 章的编写,孟春玲参与第 4 章的编写,陶春生参与第 5 章的编写,郑玉彬参与第 6 章的编写,孙士超参与第 7 章的编写,刘玢参与第 8 章的编写,刘良宝参与第 9 章的编写,刘奇荣参与第 10 章的编写,肖科峰参与第 11 章的编写,王璐参与第 12 章的编写,于勇参与第 13 章的编写。

本书所有实例的源文件可在清华大学出版社网站(www.tup.com.cn)下载,也可在编者的博客(http://blog.sciencenet.cn/u/zhaofu)中下载。

本书适用于 Creo 的初、中级用户,可以作为理工科高等院校相关专业的学生用书和 CAD 专业课程的实训教材、技术培训教材,适合工业、企业的产品开发和技术部门人员。

由于编者水平有限,书中难免会有疏漏和不足之处,恳请广大读者提出宝贵的意见,联系邮箱为 zhaoffu@163.com。

编　者
2013 年 1 月

目　　录

第 1 章　Creo 软件基础 ………………………………………………………………… 1

1.1　Creo 软件概述 ……………………………………………………………………… 1

　　1.1.1　Creo 发展历程 …………………………………………………………… 1

　　1.1.2　Creo 主要应用程序 ……………………………………………………… 1

　　1.1.3　Creo 版本发布历史 ……………………………………………………… 2

1.2　Creo 2.0 用户界面 ………………………………………………………………… 3

　　1.2.1　标题栏 ……………………………………………………………………… 4

　　1.2.2　功能区 ……………………………………………………………………… 4

　　1.2.3　文件菜单 …………………………………………………………………… 6

　　1.2.4　工具栏 ……………………………………………………………………… 6

　　1.2.5　导航区 ……………………………………………………………………… 6

　　1.2.6　图形窗口 …………………………………………………………………… 6

　　1.2.7　状态栏 ……………………………………………………………………… 7

　　1.2.8　浏览器 ……………………………………………………………………… 7

1.3　文件的基本操作 …………………………………………………………………… 8

　　1.3.1　新建文件 …………………………………………………………………… 8

　　1.3.2　打开文件 …………………………………………………………………… 9

　　1.3.3　保存文件 …………………………………………………………………… 10

　　1.3.4　保存副本 …………………………………………………………………… 10

　　1.3.5　设置工作目录 ……………………………………………………………… 11

　　1.3.6　删除所有版本文件 ………………………………………………………… 11

　　1.3.7　删除旧版本文件 …………………………………………………………… 12

　　1.3.8　拭除当前文件 ……………………………………………………………… 12

　　1.3.9　拭除未显示文件 …………………………………………………………… 13

　　1.3.10　关闭文件 ………………………………………………………………… 13

　　1.3.11　退出系统 ………………………………………………………………… 13

1.4　零件的显示与视图的设置 ………………………………………………………… 13

　　1.4.1　零件的着色与隐藏线 ……………………………………………………… 13

　　1.4.2　基准特征的显示 …………………………………………………………… 15

　　1.4.3　零件的缩放、旋转和平移 ………………………………………………… 16

　　1.4.4　使用默认视图设置零件的方向 …………………………………………… 17

　　1.4.5　使用重定向视图设置零件的方向 ………………………………………… 17

　　　1.4.6　视图的控制 ……………………………… 18
　1.5　模型树与层树 ……………………………………… 18
　　　1.5.1　模型树 …………………………………… 18
　　　1.5.2　层树 ……………………………………… 18
　1.6　创建基准特征 ……………………………………… 19
　　　1.6.1　基准特征的分类 ………………………… 19
　　　1.6.2　建立基准平面 …………………………… 19
　　　1.6.3　建立基准轴 ……………………………… 22
　　　1.6.4　建立基准点 ……………………………… 24
　　　1.6.5　建立基准坐标系 ………………………… 26
　　　1.6.6　建立基准曲线 …………………………… 28

第 2 章　草绘设计 ………………………………………… 31
　2.1　草绘基础 …………………………………………… 31
　　　2.1.1　进入二维草绘环境 ……………………… 31
　　　2.1.2　草绘工作界面简介 ……………………… 31
　　　2.1.3　二维草图绘制的一般步骤 ……………… 32
　　　2.1.4　设置草绘环境 …………………………… 32
　2.2　绘制二维草图 ……………………………………… 33
　　　2.2.1　绘制直线 ………………………………… 33
　　　2.2.2　绘制矩形 ………………………………… 35
　　　2.2.3　绘制圆 …………………………………… 35
　　　2.2.4　绘制圆弧 ………………………………… 36
　　　2.2.5　绘制样条曲线 …………………………… 38
　　　2.2.6　创建圆角 ………………………………… 38
　　　2.2.7　创建倒角 ………………………………… 39
　　　2.2.8　创建构造点和构造坐标系 ……………… 39
　　　2.2.9　调用常用截面 …………………………… 39
　　　2.2.10　创建文本 ……………………………… 41
　2.3　编辑草图 …………………………………………… 43
　　　2.3.1　镜像 ……………………………………… 43
　　　2.3.2　旋转、移动和缩放 ……………………… 44
　　　2.3.3　修剪 ……………………………………… 44
　　　2.3.4　分割 ……………………………………… 45
　　　2.3.5　剪切、复制和粘贴 ……………………… 46
　2.4　几何约束 …………………………………………… 47
　　　2.4.1　几何约束符号 …………………………… 47
　　　2.4.2　设置约束优先选项 ……………………… 48
　　　2.4.3　几何约束的控制 ………………………… 49

　　　　2.4.4　手动添加几何约束 ……………………………………………… 49
　　　　2.4.5　删除几何约束 ……………………………………………………… 51
　　2.5　尺寸标注 ………………………………………………………………… 52
　　　　2.5.1　手动标注尺寸 ……………………………………………………… 52
　　　　2.5.2　编辑尺寸 …………………………………………………………… 55
　　　　2.5.3　解决约束和尺寸冲突问题 ………………………………………… 55
　　2.6　综合实例 ………………………………………………………………… 56

第 3 章　基础实体特征 …………………………………………………………… 60
　　3.1　实体特征简介 …………………………………………………………… 60
　　　　3.1.1　了解基本特征 ……………………………………………………… 60
　　　　3.1.2　了解工程特征 ……………………………………………………… 60
　　3.2　拉伸特征 ………………………………………………………………… 60
　　　　3.2.1　拉伸特征的选项说明 ……………………………………………… 60
　　　　3.2.2　创建拉伸特征的方法 ……………………………………………… 61
　　3.3　旋转特征 ………………………………………………………………… 62
　　　　3.3.1　旋转特征的选项说明 ……………………………………………… 62
　　　　3.3.2　创建旋转特征的方法 ……………………………………………… 63
　　3.4　扫描特征 ………………………………………………………………… 63
　　　　3.4.1　扫描特征的选项说明 ……………………………………………… 63
　　　　3.4.2　创建扫描特征的方法 ……………………………………………… 65
　　3.5　混合特征 ………………………………………………………………… 65
　　　　3.5.1　混合特征的选项说明 ……………………………………………… 65
　　　　3.5.2　创建混合特征的方法 ……………………………………………… 66
　　3.6　综合实例 ………………………………………………………………… 67
　　　　3.6.1　综合实例 1 ………………………………………………………… 67
　　　　3.6.2　综合实例 2 ………………………………………………………… 74

第 4 章　工程特征 ………………………………………………………………… 81
　　4.1　倒圆角特征 ……………………………………………………………… 81
　　　　4.1.1　倒圆角特征的选项说明 …………………………………………… 81
　　　　4.1.2　创建倒圆角特征的方法 …………………………………………… 82
　　　　4.1.3　以过渡模式创建倒圆角特征 ……………………………………… 82
　　4.2　倒角特征 ………………………………………………………………… 86
　　　　4.2.1　边倒角特征的选项说明 …………………………………………… 86
　　　　4.2.2　创建边倒角特征的方法 …………………………………………… 87
　　　　4.2.3　拐角倒角特征的选项说明 ………………………………………… 87
　　　　4.2.4　创建拐角倒角特征的方法 ………………………………………… 87
　　4.3　抽壳特征 ………………………………………………………………… 88

　　　4.3.1　抽壳特征的选项说明 ……………………………………………… 88
　　　4.3.2　创建抽壳特征的方法 ……………………………………………… 89
　4.4　孔特征 …………………………………………………………………… 89
　　　4.4.1　孔特征的选项说明 ………………………………………………… 89
　　　4.4.2　创建孔特征的方法 ………………………………………………… 91
　4.5　筋特征 …………………………………………………………………… 91
　　　4.5.1　筋特征的选项说明 ………………………………………………… 91
　　　4.5.2　创建筋特征的方法 ………………………………………………… 93
　4.6　拔模特征 ………………………………………………………………… 93
　　　4.6.1　拔模特征的选项说明 ……………………………………………… 93
　　　4.6.2　创建拔模特征的方法 ……………………………………………… 94
　　　4.6.3　拔模特征的处理原则 ……………………………………………… 95
　4.7　螺旋扫描特征 …………………………………………………………… 95
　　　4.7.1　螺旋扫描特征的选项说明 ………………………………………… 95
　　　4.7.2　创建螺旋扫描特征的方法 ………………………………………… 96
　4.8　综合实例 ………………………………………………………………… 97

第 5 章　实体特征编辑 ………………………………………………………… 101
　5.1　阵列特征 ………………………………………………………………… 101
　　　5.1.1　阵列特征的选项说明 ……………………………………………… 101
　　　5.1.2　选择阵列方式 ……………………………………………………… 102
　　　5.1.3　选择阵列再生的方式 ……………………………………………… 103
　5.2　复制特征 ………………………………………………………………… 104
　　　5.2.1　复制特征简介 ……………………………………………………… 104
　　　5.2.2　建立复制特征 ……………………………………………………… 105
　5.3　修改和重定义特征 ……………………………………………………… 107
　　　5.3.1　修改特征 …………………………………………………………… 107
　　　5.3.2　重定义特征 ………………………………………………………… 108
　5.4　特征之间的父子关系 …………………………………………………… 109
　　　5.4.1　父子关系的定义 …………………………………………………… 109
　　　5.4.2　父子关系产生的原因 ……………………………………………… 110
　　　5.4.3　父子关系的查看 …………………………………………………… 110
　　　5.4.4　父子关系的意义 …………………………………………………… 112
　5.5　删除、隐含和隐藏特征 ………………………………………………… 112
　　　5.5.1　特征的删除和隐含 ………………………………………………… 113
　　　5.5.2　特征的隐藏 ………………………………………………………… 114
　5.6　特征的重新排序和重定参考 …………………………………………… 115
　　　5.6.1　特征的重新排序 …………………………………………………… 115
　　　5.6.2　特征的重定参考 …………………………………………………… 116

5.7　综合实例 ……………………………………………………………………… 118

　　5.7.1　综合实例 1 …………………………………………………………… 118

　　5.7.2　综合实例 2 …………………………………………………………… 121

第 6 章　装配体设计 ………………………………………………………………… 125

6.1　装配体基础 …………………………………………………………………… 125

　　6.1.1　装配体简介 …………………………………………………………… 125

　　6.1.2　模型树 ………………………………………………………………… 127

6.2　装配体约束 …………………………………………………………………… 128

6.3　编辑装配体 …………………………………………………………………… 131

　　6.3.1　修改元件 ……………………………………………………………… 131

　　6.3.2　修改装配关系 ………………………………………………………… 132

　　6.3.3　在装配中建立新零件 ………………………………………………… 133

　　6.3.4　在装配中建立新的子装配 …………………………………………… 134

6.4　装配体的分解状态 …………………………………………………………… 135

　　6.4.1　分解状态的基本生成方法 …………………………………………… 135

　　6.4.2　分解状态的主要特点 ………………………………………………… 136

　　6.4.3　手动创建分解状态 …………………………………………………… 136

　　6.4.4　生成物料清单 ………………………………………………………… 138

6.5　自顶向下装配设计 …………………………………………………………… 139

　　6.5.1　概念介绍 ……………………………………………………………… 139

　　6.5.2　自顶向下装配设计的步骤 …………………………………………… 140

　　6.5.3　骨架设计 ……………………………………………………………… 141

　　6.5.4　主控件设计 …………………………………………………………… 142

6.6　综合实例 ……………………………………………………………………… 143

第 7 章　工程图设计 ………………………………………………………………… 148

7.1　工程图的创建方法和配置文件 ……………………………………………… 148

　　7.1.1　工程图环境界面 ……………………………………………………… 148

　　7.1.2　创建工程图的过程 …………………………………………………… 150

　　7.1.3　系统配置文件的设置 ………………………………………………… 151

　　7.1.4　工程图配置文件的设置 ……………………………………………… 152

7.2　创建视图 ……………………………………………………………………… 153

　　7.2.1　创建三视图 …………………………………………………………… 153

　　7.2.2　创建全剖视图 ………………………………………………………… 156

　　7.2.3　创建半剖视图 ………………………………………………………… 157

　　7.2.4　创建局部剖视图 ……………………………………………………… 158

　　7.2.5　创建半视图 …………………………………………………………… 159

　　7.2.6　创建局部视图 ………………………………………………………… 160

7.2.7　创建破断视图 ································· 160

7.2.8　创建投影视图 ································· 162

7.2.9　创建旋转视图 ································· 162

7.2.10　创建辅助视图 ······························ 164

7.2.11　创建详细视图 ······························ 165

7.3　创建尺寸和标注 ····································· 165

7.3.1　创建尺寸 ····································· 165

7.3.2　创建标注 ····································· 167

7.3.3　创建几何公差 ································· 168

7.3.4　创建几何公差基准 ····························· 169

7.3.5　创建表面粗糙度 ······························ 170

7.4　编辑视图和尺寸 ····································· 171

7.4.1　编辑视图 ····································· 171

7.4.2　移动视图 ····································· 172

7.4.3　对齐视图 ····································· 172

7.4.4　删除视图 ····································· 173

7.4.5　编辑尺寸 ····································· 173

7.4.6　改变尺寸位置 ································· 174

7.4.7　编辑标注 ····································· 175

7.5　打印工程图 ··· 177

7.5.1　页面设置 ····································· 177

7.5.2　打印机配置 ··································· 177

7.5.3　快速打印及配置 ······························· 180

7.6　综合实例 ··· 180

第 8 章　曲面设计 ··· 196

8.1　创建简单曲面 ······································· 196

8.1.1　创建拉伸曲面 ································· 196

8.1.2　创建旋转曲面 ································· 197

8.1.3　创建扫描曲面 ································· 197

8.1.4　创建混合曲面 ································· 198

8.2　创建复杂曲面 ······································· 199

8.2.1　创建可变剖面扫描曲面 ························· 199

8.2.2　创建扫描混合曲面 ······························· 201

8.2.3　创建螺旋扫描曲面 ······························· 202

8.2.4　创建填充曲面 ································· 203

8.2.5　创建边界混合曲面 ······························· 204

8.3　编辑曲面 ··· 205

8.3.1　复制曲面 ····································· 205

8.3.2　移动与旋转曲面 ································· 206

8.3.3　偏移曲面 ······························· 207

8.3.4　相交曲面 ······························· 208

8.3.5　延伸曲面 ······························· 208

8.3.6　合并曲面 ······························· 208

8.3.7　修剪曲面 ······························· 209

8.3.8　加厚曲面 ······························· 210

8.3.9　实体化曲面 ····························· 211

8.4　综合实例 ································· 211

第 9 章　钣金设计 ···································· 217

9.1　创建分离的平整壁 ····················· 217

9.1.1　设置选项 ······························· 218

9.1.2　创建过程 ······························· 218

9.2　创建连接壁 ····························· 219

9.2.1　创建平整壁 ···························· 219

9.2.2　创建法兰壁 ···························· 222

9.2.3　创建拉伸壁 ···························· 225

9.2.4　创建高级壁 ···························· 228

9.3　添加钣金件特征 ······················· 229

9.3.1　创建折弯 ······························· 229

9.3.2　创建止裂槽 ···························· 230

9.3.3　创建扯裂 ······························· 231

9.3.4　创建切口 ······························· 232

9.3.5　创建凸模 ······························· 233

9.3.6　创建折弯回去 ························· 236

9.4　综合实例 ································· 237

第 10 章　模具设计 ·································· 244

10.1　模具设计简介 ························· 244

10.1.1　基本术语 ····························· 244

10.1.2　基本流程 ····························· 244

10.2　分析设计模型 ························· 245

10.2.1　拔模检查 ····························· 245

10.2.2　厚度检查 ····························· 247

10.3　建立参考模型 ························· 248

10.3.1　组装参考模型 ······················· 249

10.3.2　创建参考模型 ······················· 250

10.3.3　定位参考模型 ······················· 250

10.4　建立工件 ·· 252

　　10.4.1　组装工件 ··· 253

　　10.4.2　自动工件 ··· 253

　　10.4.3　创建工件 ··· 254

10.5　设置收缩率 ·· 254

10.6　创建分型面 ·· 255

　　10.6.1　手动创建分型面 ······································· 255

　　10.6.2　自动创建分型面 ······································· 256

10.7　创建模具体积块 ··· 257

　　10.7.1　分割模具体积块 ······································· 257

　　10.7.2　编辑模具体积块 ······································· 258

10.8　抽取模具元件 ··· 259

10.9　创建模具特征 ··· 260

　　10.9.1　创建流道 ··· 260

　　10.9.2　创建水线 ··· 261

10.10　填充模具型腔 ·· 261

10.11　模拟开模过程 ·· 262

10.12　综合实例 ··· 263

第11章　数控加工 ·· 272

11.1　数控加工的基本操作 ·· 272

　　11.1.1　NC模块简介 ··· 272

　　11.1.2　NC模块的操作界面 ··································· 273

　　11.1.3　NC数控加工的基本流程 ······························ 274

　　11.1.4　NC数控加工术语 ······································ 275

11.2　创建制造模型 ··· 276

　　11.2.1　以装配方式创建制造模型 ······························ 276

　　11.2.2　以创建方式创建制造模型 ······························ 277

　　11.2.3　以创建自动工件方式创建工件 ························· 277

11.3　操作设置 ··· 278

　　11.3.1　设置常规选项 ·· 278

　　11.3.2　机床设置 ·· 280

　　11.3.3　刀具设定 ·· 281

　　11.3.4　夹具设置 ·· 282

11.4　NC序列管理 ·· 282

　　11.4.1　NC序列的设置 ·· 283

　　11.4.2　演示轨迹 ·· 283

　　11.4.3　仿真加工 ·· 285

　　11.4.4　生成NC代码 ·· 288

11.5　常用加工参数 ……………………………………………………… 290

11.6　常用加工方式 ……………………………………………………… 293

11.7　综合实例 …………………………………………………………… 294

第 12 章　机构分析 ………………………………………………………… 305

12.1　机构分析简介 ……………………………………………………… 305

12.1.1　机构分析的功能 ……………………………………… 305

12.1.2　机构分析的常用术语 ………………………………… 305

12.1.3　机构分析的流程 ……………………………………… 307

12.1.4　机构分析的主操作界面 ……………………………… 307

12.2　建立运动模型 ……………………………………………………… 309

12.2.1　定义质量属性 ………………………………………… 309

12.2.2　建立连接 ……………………………………………… 310

12.2.3　运动轴设置 …………………………………………… 312

12.2.4　拖动与快照 …………………………………………… 313

12.2.5　伺服电动机 …………………………………………… 313

12.2.6　运动副 ………………………………………………… 315

12.3　设置运动环境 ……………………………………………………… 315

12.3.1　重力 …………………………………………………… 316

12.3.2　执行电动机 …………………………………………… 316

12.3.3　弹簧 …………………………………………………… 318

12.3.4　阻尼器 ………………………………………………… 318

12.3.5　力/扭矩 ……………………………………………… 319

12.3.6　初始条件 ……………………………………………… 319

12.4　分析 ………………………………………………………………… 320

12.4.1　位置分析 ……………………………………………… 320

12.4.2　运动分析 ……………………………………………… 321

12.4.3　静态分析 ……………………………………………… 321

12.4.4　动态分析 ……………………………………………… 322

12.4.5　力平衡分析 …………………………………………… 322

12.5　获取分析结果 ……………………………………………………… 322

12.5.1　回放 …………………………………………………… 322

12.5.2　测量 …………………………………………………… 323

12.5.3　轨迹曲线 ……………………………………………… 324

12.6　综合实例 …………………………………………………………… 324

第 13 章　结构/热分析 …………………………………………………… 335

13.1　Creo Simulate 简介 ……………………………………………… 335

13.1.1　模块分类 ……………………………………………… 335

　　　13.1.2　模块功能 ································· 335

　　　13.1.3　运行模式 ································· 336

　　　13.1.4　工作流程 ································· 339

　13.2　模型类型 ····································· 340

　13.3　材质分配 ····································· 341

　13.4　约束和载荷 ··································· 343

　　　13.4.1　约束 ····································· 343

　　　13.4.2　载荷 ····································· 347

　13.5　理想化模型 ··································· 353

　13.6　测量 ··· 355

　13.7　网格划分 ····································· 355

　13.8　建立分析和研究 ······························· 359

　13.9　获取结果 ····································· 364

　13.10　综合实例 ··································· 366

参考文献 ··· 377

第1章 Creo 软件基础

1.1 Creo 软件概述

1.1.1 Creo 发展历程

美国 PTC 公司于 1985 年成立于波士顿,于 1989 年上市,现在已经发展成为全球 CAID/CAD/CAM/CAE/PDM 领域最具代表性的著名软件公司。

2002 年,PTC 推出 Pro/ENGINEER Wildfire 版,全面改进了 Pro/ENGINEER 软件的用户界面,对各设计模块重新进行了组合,进一步完善了部分设计功能,使 Pro/ENGINEER 软件的界面更友好、使用更方便、设计功能更强大。两年后,PTC 推出 Pro/ENGINEER Wildfire 2.0,2006 年 4 月,推出 Pro/ENGINEER Wildfire 3.0,2007 年 7 月,推出 Pro/ENGINEER Wildfire 4.0。2009 年 6 月,PTC 正式推出了 Pro/ENGINEER Wildfire 5.0。

美国 PTC 公司于 2010 年 10 月推出全新的 CAD 设计软件包——Creo。Creo 是整合了 PTC 公司的 Pro/ENGINEER 的参数化技术、CoCreate 的直接建模技术和 ProductView 的三维可视化技术的新型 CAD 设计软件包,Creo 针对不同的任务应用采用更为简单化的子应用方式,所有子应用采用统一的文件格式。Creo 在于解决目前 CAD 系统难用及多 CAD 系统数据共用等问题,是 PTC 公司的闪电计划所推出的第一个产品。

1.1.2 Creo 主要应用程序

Creo 是一个可伸缩的套件,集成了多个可互操作的应用程序,功能覆盖整个产品开发领域。Creo 的产品设计应用程序使企业中的每个人都能使用最适合自己的工具,因此,他们可以全面参与产品的开发过程。Creo 还提供了空前的互操作性,可确保在内部和外部团队之间轻松共享数据。除了 Creo Parametric 之外,还有多个独立的应用程序在二维和三维 CAD 建模、分析及可视化方面提供了新的功能。表 1-1 是 Creo 主要的应用程序及相应简介。

1. Creo Sketch

该应用程序为构思和设计概念提供简单的二维手绘功能。

2. Creo Layout

该应用程序捕捉早期的二维概念布局,最终推动三维设计。

表 1-1　Creo 主要的应用程序及相应简介

名　称	应用程序名称	简　介
Creo	Parametric	使用强大、自适应的三维参数化建模技术创建三维模型
	Simulate	分析结构和热特性
	Direct	使用快速灵活的直接建模技术创建和编辑三维模型
Creo Sketch		轻松创建二维手绘草图
Creo Layout		轻松创建二维概念性工程设计方案
Creo View	MCAD	提供可视化机械 CAD 信息,以便加快设计审阅速度
	ECAD	快速查看和分析 ECAD 信息
Creo Schematics		创建管道和电缆系统设计的二维布线图
Creo Illustrate		重复使用三维 CAD 数据生成丰富、交互式的三维技术插图

3. Creo Parametric

该应用程序适用于 Creo Elements/Pro(原 Pro/ENGINEER)中强大的三维参数化建模功能,扩展提供了更多无缝集成的三维 CAD/CAID/CAM/CAE 功能。新的扩展功能将拥有更大的设计灵活性,并支持采用遗留数据。

4. Creo Direct

该应用程序使用直接建模技术提供快速、灵活的三维模型的创建和编辑功能,拥有与 Creo 参数化功能前所未有的协同性,使设计更加灵活。

5. Creo Simulate

该应用程序提供分析师进行结构仿真和热仿真所需的功能。

6. Creo Schematics

该应用程序创建管道和电缆系统设计的二维布线图。

7. Creo Illustrate

该应用程序针对三维技术的插图功能,将复杂的服务、零部件、培训、工作指导等信息连接起来,以三维图形的方式提高产品的可用性和性能。

8. Creo View ECAD

该应用程序检查、审核和标记电子元器件的几何特征。

9. Creo View MCAD

该应用程序检查、审核和标记机械元件的几何特征。

1.1.3　Creo 版本发布历史

Creo 的应用程序主要包括 Creo Parametric、Creo Direct、Creo Simulate、Creo Sketch、Creo Layout、Creo Schematics、Creo Illustrate、Creo View MCAD、Creo View ECAD,其中,

Creo 软件包含 Parametric、Direct 和 Simulate,Creo View 包含 MCAD 和 ECAD,其余应用程序都是单独发布的。

(1) Creo 1.0 F000 于 2011 年 6 月 12 日发布。

(2) Creo 1.0 M010 于 2011 年 9 月 23 日发布。

(3) Creo 1.0 M020 于 2011 年 11 月 28 日发布。

(4) Creo 1.0 M030 于 2012 年 2 月 22 日发布。

(5) Creo 2.0 F000 于 2012 年 4 月 06 日发布。

1.2　Creo 2.0 用户界面

启动 Creo 2.0 可以采用下列两种方法:

(1) 双击桌面上的 Creo 2.0 快捷方式图标。

(2) 在任务栏上单击【开始】按钮,然后选择【所有程序】| PTC Creo 中的命令。

每个 Creo 对象都在自己的窗口中打开,用户可以在多个窗口中利用功能区执行多项操作,而无须取消未决操作。另外,每次只有一个窗口是活动的,但用户仍可在非活动窗口中执行某些功能。如果要激活窗口,按 Ctrl+A 组合键即可。

Creo 2.0 用户界面如图 1-1 所示,其中包含标题栏、功能区、文件菜单、工具栏、导航区、图形窗口和状态栏几部分。

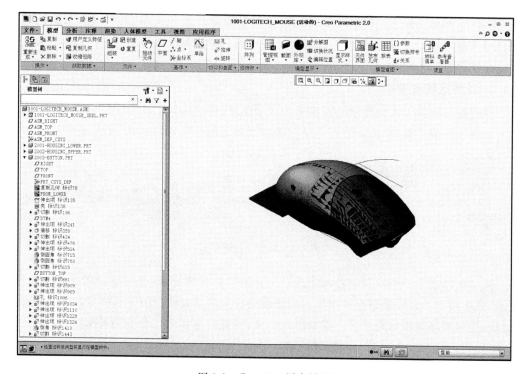

图 1-1　Creo 2.0 用户界面

1.2.1 标题栏

标题栏位于用户界面的最上面,用于显示当前正在运行的应用程序的名称和打开的文件名等信息。

1.2.2 功能区

功能区如图 1-2 所示,其中包含几组组成选项卡形式的命令按钮。在每个选项卡上,相关按钮组合在一起。用户可以最小化功能区以获得更大的屏幕空间,还可以通过添加、移除、移动按钮来自定义功能区。

图 1-2 功能区

1. 选项卡

在选中或取消选中选项卡的名称时,与特定环境相关的选项卡会自动打开或关闭。同样,在选中或取消选中相关对象时,与特定对象相关的选项卡也会分别打开或关闭。对于包含应用程序的工具或工具控制的选项卡有特定按钮来打开和关闭它们。【模型】、【分析】、【注释】、【渲染】、【工具】、【视图】和【应用程序】选项卡是通常可用的选项卡。当在 Creo 中没有打开模型时,【主页】选项卡可用。

2. 功能区按键提示

按键提示提供了一种简单的方法来访问功能区、快速访问工具栏、图形工具栏和文件菜单上的选项卡或按钮,是前面带有 Alt 键的键盘字母的序列,如图 1-3 所示。

图 1-3 功能区按键提示

按 Alt 键或 F10 键可以查看每个选项卡和按钮的按键提示,此时显示的是第一级按键提示,之后用户可以按按键提示中显示的键或键序列激活要使用的工具栏或按钮。注意,一次按一个键而不是按住每个键。根据所按的键,可能会显示第二级按键提示或者运行关联命令,按 Esc 键可以返回第一级按键提示。

按键提示示例:

- 按 Alt+S 组合键可以从任何其他选项卡切换到【注释】选项卡,并显示【注释】选项卡上按钮的按键提示。

- 要插入一个注释特征,按 Alt＋S＋NF 键即可,S 会切换到【注释】选项卡,NF 会插入注释特征。
- 要创建新文件,按 Alt＋F＋N 键即可。

3. 调整功能区大小

在减小 Creo 窗口宽度时,功能区会自动调整大小。在调整功能区大小时,选项卡标签会缩短,按钮标签会隐藏。当进一步减小宽度时,组会被压缩直到完全折叠。在完全折叠状态下,每个组显示一个图标。当所有组处于完全折叠状态时,如果继续减小宽度,在组的右边会出现一个滚动按钮。当将组滚动到右边时,会在组的左边出现滚动按钮。同样,滚动按钮也适用于选项卡。

组会根据预先分配的优先级指数进行折叠。在功能区自定义模式下,用户可以修改优先级指数。

4. 调整组的折叠优先级

调整步骤如下:

(1) 选择【文件】|【选项】菜单命令,弹出【Creo Parametric 选项】对话框。

(2) 在【Creo Parametric 选项】对话框中单击【自定义功能区】或者 Quick Access Toolbar 选项,如图 1-4 所示。

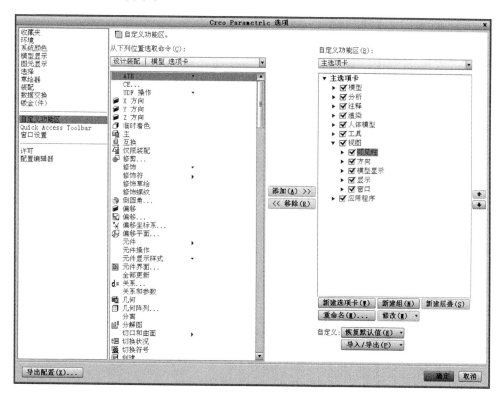

图 1-4　单击【自定义功能区】选项

(3) 根据需要进行调整。

(4) 单击【确定】按钮,应用调整并关闭【Creo Parametric 选项】对话框。

1.2.3 文件菜单

单击 Creo 窗口左上角的【文件】按钮可以打开如图 1-5 所示的文件菜单,其中包含用于管理文件、准备要分布的模型和设置 Creo 环境及配置选项的命令。

1.2.4 工具栏

Creo 工具栏包括快速访问工具栏和图像工具栏两部分。

1. 快速访问工具栏

快速访问工具栏如图 1-6 所示,不管用户在功能区中选择了哪个选项卡,快速访问工具栏都可用。

默认情况下,快速访问工具栏位于 Creo 窗口的顶部,提供了对常用按钮的快速访问,如用于打开和保存文件、撤销、重做、重新生成、关闭窗口、切换窗口等的按钮。此外,用户可以自定义快速访问工具栏来包含其他常用按钮和功能区的层叠列表。

图 1-5   文件菜单

2. 图像工具栏

图像工具栏被嵌入到图形窗口顶部,如图 1-7 所示。

图像工具栏上的按钮用于控制图形的显示,用户可以隐藏或显示图像工具栏上的按钮。在图像工具栏上右击,然后在弹出的快捷菜单中选择【位置】下的命令,可以更改该工具栏的位置。

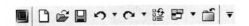

图 1-6   快速访问工具栏 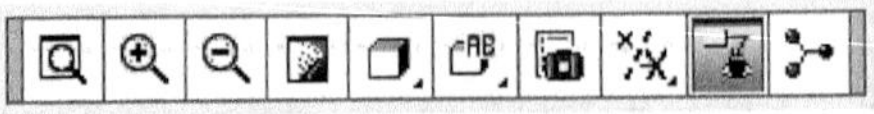   图 1-7   图像工具栏

1.2.5 导航区

导航区位于 Creo 窗口的左侧,包括【模型树】、【层树】、【细节树】、【文件夹浏览器】和【收藏夹】,如图 1-8 所示。

其中最常用的是模型树,模型树以树状结构按创建的顺序显示当前活动模型所包含的特征或零件,用户可以利用模型树选择要编辑、排序或重定义的特征。

1.2.6 图形窗口

图形窗口是主界面中位于导航区右边的区域,该窗口是 Creo 主要的工作窗口,用户可以在该区域中绘制、编辑和显示模型。

图 1-8　导航区

1.2.7　状态栏

状态栏用于显示与当前窗口中的操作相关的信息与提示,如图 1-9 所示。

　　　　　　消息区　　　　　　　　　　　模型重新生成状况区　选择过滤器区

图 1-9　状态栏

(1) ⿰: 切换导航区的显示。

(2) ⿰: 切换 Creo 浏览器的显示。

(3) 消息区: 显示与当前窗口中操作相关的单行消息。在消息区中右击,然后在弹出的快捷菜单中选择【消息日志】命令,可以查看过去的消息。

(4) 模型重新生成状况区: 表明模型重新生成的状况。

* ⿰: 重新生成完成。
* ⿰: 要求重新生成。 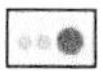
* ⿰: 重新生成失败。

(5) 选择过滤器区: 显示可用的选择过滤器。

1.2.8　浏览器

Creo 浏览器如图 1-10 所示。

使用 Creo 浏览器,可访问 Creo 网站、浏览文件系统、预模型、查看交互式特征信息和BOM 窗口等信息。该浏览器通常显示默认主页,用户可以为其设置不同的主页。该浏览器有多个选项卡,除用于信息、文件和 Web 浏览的一般选项卡外,还有特定于任务的选项卡。

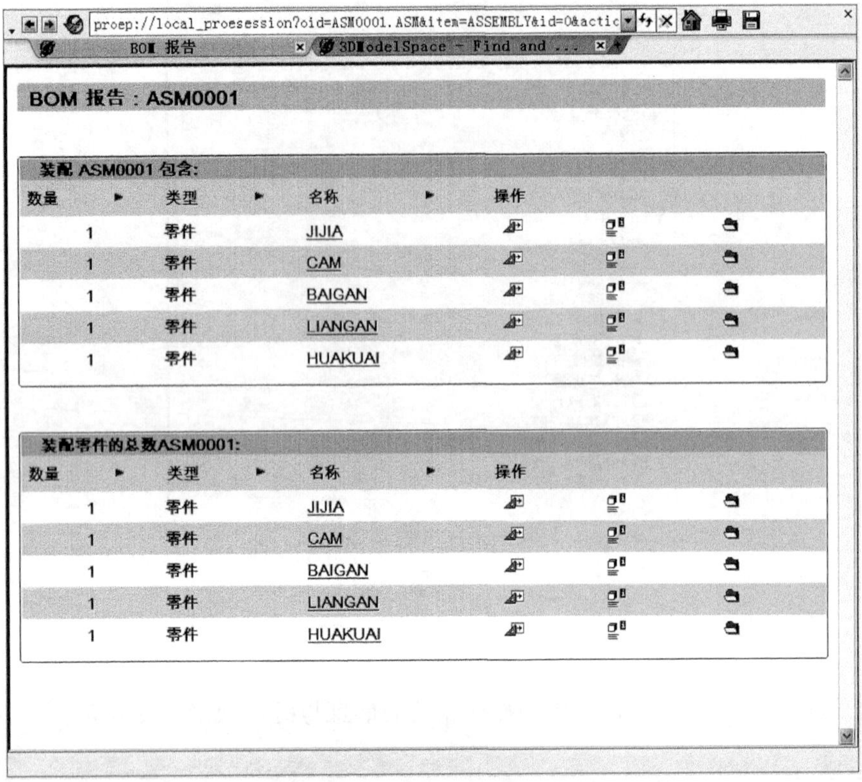

图 1-10　Creo 浏览器

1.3　文件的基本操作

1.3.1　新建文件

选择【文件】|【新建】菜单命令或单击快速访问工具栏中的【新建】按钮 □，可以调用相关的功能模块，创建不同类型的新文件。

操作步骤如下：

（1）选择【文件】|【新建】菜单命令或单击快速访问工具栏中的【新建】按钮 □，弹出如图 1-11 所示的【新建】对话框。

（2）在【类型】选项组中选择相关的功能模块，默认为【零件】模块，子类型模块为【实体】。

（3）在【名称】文本框中输入文件名。

（4）取消选中【使用默认模板】复选框，单击【确定】按钮，弹出如图 1-12 所示的【新文件选项】对话框。

（5）在列表框中选择相应模板，单击【确定】按钮。

图 1-11　【新建】对话框

图 1-12　【新文件选项】对话框

1.3.2　打开文件

选择【文件】|【打开】菜单命令或单击快速访问工具栏中的【打开】按钮，可以打开已保存的文件。

操作步骤如下：

（1）选择【文件】|【打开】菜单命令或单击快速访问工具栏中的【打开】按钮，弹出如图 1-13 所示的【文件打开】对话框。

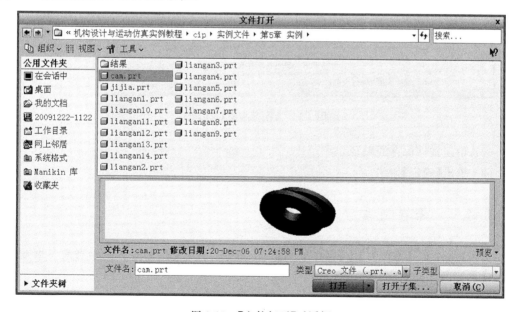

图 1-13　【文件打开】对话框

(2) 选择要打开的文件,单击【预览】按钮,可以预览其效果。

(3) 单击【打开】按钮,打开文件。

1.3.3　保存文件

选择【文件】|【保存】菜单命令或单击快速访问工具栏中的【保存】按钮 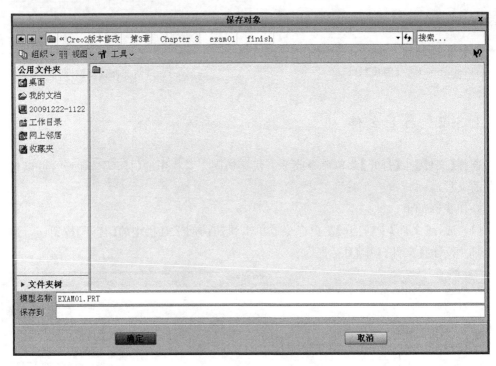,可以保存文件。

操作步骤如下:

(1) 选择【文件】|【保存】菜单命令或单击快速访问工具栏中的【保存】按钮,弹出如图 1-14 所示的【保存对象】对话框。

图 1-14　【保存对象】对话框

(2) 指定文件保存的路径。

(3) 单击【确定】按钮。

1.3.4　保存副本

选择【文件】|【另存为】|【保存副本】菜单命令,可以用新文件名保存当前图形或保存为其他类型的文件。

操作步骤如下:

(1) 选择【文件】|【另存为】|【保存副本】菜单命令,弹出如图 1-15 所示的【保存副本】对话框。

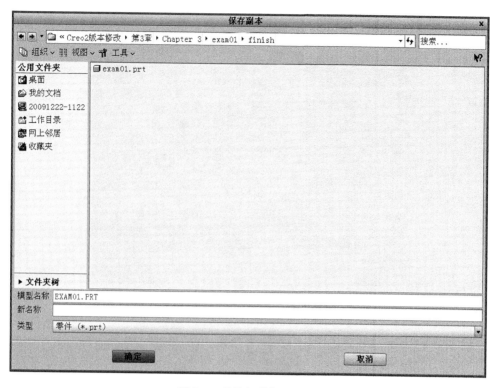

图 1-15　【保存副本】对话框

(2) 在【新名称】文本框中输入新文件名。

(3) 在【类型】下拉列表中选择文件保存的类型。

(4) 单击【确定】按钮。

1.3.5　设置工作目录

选择【文件】|【管理会话】|【选择工作目录】菜单命令,可以直接按照设置好的路径,在指定的目录中打开或保存文件。

操作步骤如下:

(1) 选择【文件】|【管理会话】|【选择工作目录】菜单命令,弹出如图 1-16 所示的【选择工作目录】对话框。

(2) 选择目标路径设置工作目录。

(3) 单击【确定】按钮。

1.3.6　删除所有版本文件

选择【文件】|【管理文件】|【删除所有版本】菜单命令,可以删除当前零件的所有版本文件。

操作步骤如下:

图 1-16　【选择工作目录】对话框

（1）选择【文件】|【管理文件】|【删除所有版本】菜单命令,弹出如图 1-17 所示的【删除所有确认】对话框。

（2）单击【是】按钮,删除当前零件的所有版本文件。

图 1-17　【删除所有确认】对话框

1.3.7　删除旧版本文件

选择【文件】|【管理文件】|【删除旧版本】菜单命令,可以删除当前零件的所有旧版本文件。

操作步骤如下:

（1）选择【文件】|【管理文件】|【删除旧版本】菜单命令,弹出如图 1-18 所示的【输入其旧版本要被删除的对象】输入框。

图 1-18　【输入其旧版本要被删除的对象】输入框

（2）输入要被删除的对象的文件名。

（3）单击☑按钮,则该零件文件的旧版本被删除,只保留最新版本。

1.3.8　拭除当前文件

选择【文件】|【管理会话】|【拭除当前】菜单命令,可以拭除内存中的文件,但并没有删

除硬盘中的原文件。

操作步骤如下：

（1）选择【文件】|【管理会话】|【拭除当前】菜单命令，弹出如图 1-19 所示的【拭除确认】对话框。

（2）单击【是】按钮，将当前活动窗口中的零件文件从内存中删除。

1.3.9　拭除未显示文件

选择【文件】|【管理会话】|【拭除未显示的】菜单命令，可以删除所有没有显示在当前窗口中的零件文件。

操作步骤如下：

（1）【文件】|【管理会话】|【拭除未显示的】菜单命令，弹出如图 1-20 所示的【拭除未显示的】对话框。

图 1-19　【拭除确认】对话框　　　图 1-20　【拭除未显示的】对话框

（2）单击【确定】按钮，将所有没有显示在当前窗口中的零件文件从内存中删除。

1.3.10　关闭文件

选择【文件】|【关闭】菜单命令，可以关闭当前模型工作窗口。

1.3.11　退出系统

选择【文件】|【退出】菜单命令，可以退出 Creo 系统。

1.4　零件的显示与视图的设置

1.4.1　零件的着色与隐藏线

在 Creo 中模型的显示方式有 6 种，如图 1-21 所示。在功能区的【视图】选项卡的【模型显示】组中单击【显示样式】按钮，在弹出的菜单中即可选择相应的显示样式。

- 　带边着色：模型表面为灰色，部分表面有阴影感，高亮显示所有边线，显示效果如图 1-22 所示。

图 1-21　【显示样式】按钮及对应菜单　　　　图 1-22　带边着色显示效果

- 　带反射着色：模型表面为灰色，增加环境光源的投影显示，显示效果如图 1-23 所示。

- 着色：模型表面为灰色，部分表面有阴影感，所有边线不可见，显示效果如图 1-24 所示。

- 隐藏线：模型以线框形式显示，可见的边线显示为深颜色的实线，不可见的边线以灰色显示，显示效果如图 1-25 所示。

图 1-24　着色显示效果

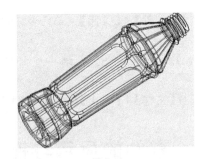

图 1-23　带反射着色显示效果　　　　　　图 1-25　隐藏线显示效果

- 消隐：模型以线框形式显示，可见的边线显示为深颜色的实线，不可见的边线不显示，显示效果如图 1-26 所示。

- 线框：模型以线框形式显示，所有的边线显示为深颜色的实线，显示效果如图 1-27 所示。

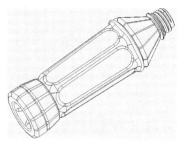

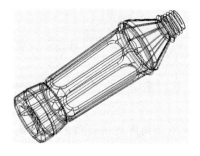

图 1-26　消隐显示效果　　　　　　　图 1-27　线框显示效果

1.4.2　基准特征的显示

在 Creo 用户界面中,基准特征的显示控制按钮集中在功能区的
【视图】选项卡的【显示】组中,如图 1-28 所示,依次用于控制基准平
面、基准轴、基准点、基准坐标系、所有注释、旋转中心、基准平面标
记、基准轴标记、基准点标记和基准坐标系标记的显示与隐藏。

图 1-28　基准特征的
显示按钮

选择【文件】|【选项】菜单命令,弹出【Creo Parametric 选项】对
话框,在其中选择【图元显示】选项,然后即可对基准特征的显示进行
更加详细的设置,如图 1-29 所示。

图 1-29　基准特征的显示设置

- 基准显示设置:选择要显示的基准特征及特征名称。
- 将点符号显示为:选择要指定给点的符号类型,可选项有十字形、点、圆、三角形和

正方形。

- 尺寸、注释、注解和位号显示设置：选择要显示的基准特征注释。

1.4.3　零件的缩放、旋转和平移

为了从不同角度观察模型的局部细节，需要旋转、平移和缩放模型。在 Creo 中，可以用三键鼠标来完成下列操作。

- 旋转：按住鼠标中键＋移动鼠标。如果【旋转中心】按钮 处于按下状态，则显示模型的旋转中心，模型绕旋转中心旋转，如图 1-30 所示；如果没有选中该按钮，则不显示模型的旋转中心，模型以当前鼠标位置为中心旋转，如图 1-31 所示。

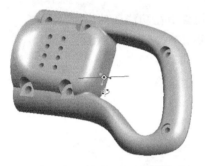 

图 1-30　显示旋转中心时的旋转状态　　　图 1-31　不显示旋转中心时的旋转状态

- 平移：按住鼠标中键＋Shift 键＋移动鼠标，如图 1-32 所示。
- 缩放：按住鼠标中键＋Ctrl 键＋垂直移动鼠标，如图 1-33 所示。
- 翻转：按住鼠标中键＋Ctrl 键＋水平移动鼠标，如图 1-34 所示。
- 动态缩放：转动鼠标中键滚轮。

另外，在图像工具栏中还有以下与模型观察相关的图标按钮，其操作方法类似于 AutoCAD 中的相关命令。

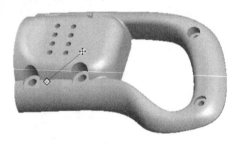

图 1-32　平移模型

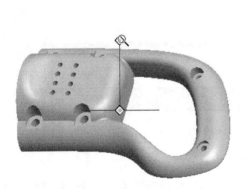 

图 1-33　缩放模型　　　　　图 1-34　翻转模型

- 🔍 放大：放大模型。
- 🔍 缩小：缩小模型。
- 🔲 重新调整：相对屏幕调整模型,使其完全显示在绘图窗口中。

1.4.4　使用默认视图设置零件的方向

在建模过程中,有时需要用默认视图显示模型。此时可以单击功能区的【视图】选项卡的【方向】组中的【已命名视图】按钮 ⬚,在其下拉列表中选择默认的视图,其可选项有标准方向、默认方向、BACK、BOTTOM、FRONT(主视图)、LEFT、RIGHT 和 POP,如图 1-35 所示。

【视图】选项卡的【方向】组中的【标准方向】按钮 ⮞,用于以标准方向显示模型;【视图】选项卡的【方向】组中的【上一个】按钮 ⬚,用于以之前的方向显示模型。

图 1-35　视图方向下拉列表　　　　　　图 1-36　【方向】对话框

1.4.5　使用重定向视图设置零件的方向

除了选择默认的视图外,用户还可以根据需要重定向视图。

操作步骤如下:

(1) 单击功能区的【视图】选项卡的【方向】组中的【已命名视图】按钮 ⬚,在其下拉列表中单击【重定向】按钮 ⬚,弹出如图 1-36 所示的【方向】对话框。

(2) 选择【按参考定向】作为定向模型的方向类型。

(3) 根据需要选取参考。

(4) 在【保存的视图】中的【名称】文本框中输入视图名称,单击【保存】按钮。

(5) 单击【确定】按钮,模型即按照新定义的视图方向显示。

1.4.6　视图的控制

在功能区的【视图】选项卡的【方向】组中还提供了其他用于视图控制的按钮，如图 1-37 所示。

图 1-37　用于视图控制的其他按钮

1.5　模型树与层树

1.5.1　模型树

模型树以树状结构按创建的顺序显示当前活动模型所包含的特征或零件，如图 1-38 所示。

模型树以树状结构显示，根对象（当前零件或组件）位于树的顶部，附属对象（零件或特征）位于下部。例如在零件文件中，模型树显示零件文件名称并在名称下显示零件中的每个特征；在组件文件中，模型树显示组件文件名称并在名称下显示其所包含的零件文件。如果打开了多个窗口，则模型树内容会反映当前窗口中的文件。

用户可使用模型树执行下列操作：

（1）重命名模型树中的文件。

（2）选取特征、零件或组件，并使用快捷菜单对其执行特定操作。

（3）按项目类型或状态过滤显示，例如显示或隐藏基准特征、显示或隐藏隐含特征。

（4）在模型树中，右击组件文件中的零件，将其打开。

（5）使用快捷菜单（通过右击零件名称得到）创建、修改特征并执行其他操作，例如删除或重定义零件或特征、将零件或特征重定参考等。

（6）显示特征、零件或组件的显示或再生状态（如隐含或未再生）。

1.5.2　层树

在层树中，可以控制层、层的项目及其显示状态，如图 1-39 所示。

通过单击层树中的【层】按钮 ▼、【设置】按钮 ▼、【显示】按钮 ▼ 可以执行与层相关的功能。

在层树中使用以下符号来指示与项目有关的层的类型。

- ：隐藏项目，在层树中临时隐藏的项目。
- ：简单层，将项目手动添加到层中。
- ：默认层，使用 def_layer 配置选项创建的层。
- ：规则层，由规则定义的层。
- ：嵌套层，包含其他层的层。
- ：同名层，含有组件中所有元件的同名层。

图 1-38　模型树

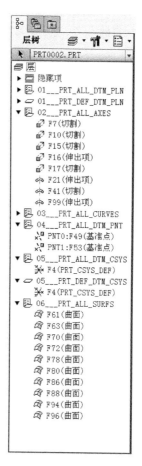

图 1-39　层树

1.6　创建基准特征

基准是进行建模时的重要参考,在 Creo 中不管是草绘、实体建模还是曲面,都需要一个或多个基准来确定其在空间中的具体位置。基准特征在设计时主要起辅助作用,在打印图纸时并不显示。

1.6.1　基准特征的分类

基准特征包括基准平面、基准轴、基准点、基准坐标系和基准曲线。

1.6.2　建立基准平面

基准平面是 Creo 基准特征中的一个很重要的特征,无论是在单个零件的设计还是在整体零件的装配过程中,都会用到基准平面。基准平面实际上是作为加入其他特征时参考的平面。基准平面可以作为特征的尺寸标注参考、剖面草图的绘制平面、剖面绘制平面的定向参考面、视角方向的参考、装配时零件相互配合的参考面、产生剖视图的镜像特征时的参考面等。

图 1-40　【基准平面】对话框

在功能区的【模型】选项卡的【基准】组中单击【平面】按钮 ，会弹出如图 1-40 所示的【基准平面】对话框。

创建基准平面的方式有很多种，但操作过程非常类似，只是根据不同的约束条件选择不同的参考对象而已。常用的几种创建方式如下。

（1）通过平面创建基准平面：这种方式将参考平面沿法向方向偏移指定的距离来创建基准平面。参考平面可以是基准平面、实体平面或其他形式的平面。创建示意如图 1-41 所示。

（2）通过三点创建基准平面：这是一种比较基本的创建基准平面的方法，操作过程也很简单，是利用穿过三点确定一平面来创建的。创建示意如图 1-42 所示。

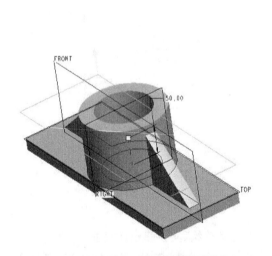

图 1-41　通过平面创建基准平面示意

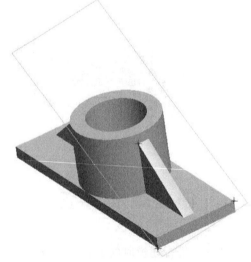

图 1-42　通过三点创建基准平面示意

（3）通过两条直线创建基准平面：通过这种方式创建基准平面，主要利用空间中两直线的平行或垂直关系，创建穿过两条平行线或一条直线而法向于另外一条直线的基准平面。创建示意如图 1-43 所示。

（4）通过一点和一条直线创建基准平面：该方式的创建示意如图 1-44 所示。

（5）通过直线和面创建基准平面：通过一直线和平面创建基准平面也是比较常用的方法，其中的直线可以是实体边线或轴线。该方式常用来创建与参考平面呈一定角度的基准平面。创建示意如图 1-45 所示。

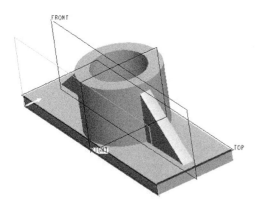

图 1-43　通过两条直线创建基准平面示意

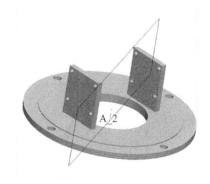

图 1-44　通过一点和一条直线创建基准平面示意

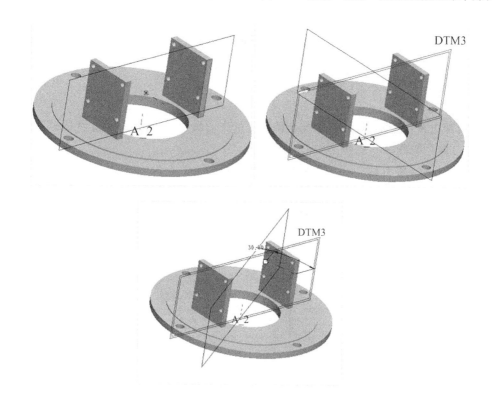

图 1-45　通过直线和面创建基准平面示意

（6）通过一点和一面创建基准平面：利用一点和一面来创建基准平面，创建的基准平面穿过该点，且与选择的参考平面平行、垂直或相切。创建示意如图 1-46 所示。

（7）通过两点和一面创建基准平面：通过该方式创建基准平面需要在模型上选择两个点和一个面作为参考，创建的基准平面穿过这两个点且平行或法向于参考平面。这两个点可以包含在该参考平面内，也可以不包含。创建示意如图 1-47 所示。

在创建基准平面时，系统会根据模型的大小自动调整基准平面的大小，有时这种默认的大小会影响用户在建模过程中的观察，这时可以对其大小进行调整，如图 1-48 所示。在【基准平面】对话框的【显示】选项卡中选中【调整轮廓】复选框,然后选择【大小】模式,在【宽度】和【高度】文本框中输入相应值,即可根据实际需要自定义基准平面的大小。

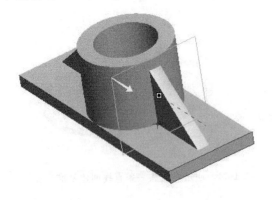 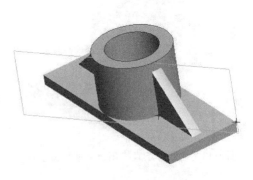

图 1-46　通过一点和一面创建基准平面示意　　　图 1-47　通过两点和一面创建基准平面示意

1.6.3　建立基准轴

基准轴主要作为柱体、旋转体及孔特征等的中心轴线,也可以在创建特征时作为定位参考,以及在阵列操作过程中作为中心参考等。

在功能区的【模型】选项卡的【基准】组中单击【轴】按钮 ∕ ,会弹出如图 1-49 所示的【基准轴】对话框。

图 1-48　【显示】选项卡　　　　　　　图 1-49　【基准轴】对话框

与创建基准平面一样,创建基准轴的方式也有很多种,它们的创建方法类似。用户并不需要记住这些创建方式,而应该学会在创建过程中灵活运用。常用的几种创建方式如下。

(1) 通过两点创建基准轴:该方式是通过两点确定一条直线创建基准轴。创建示意如图 1-50 所示。

(2) 通过一点和一平面创建基准轴:该方式是通过一点创建垂直于平面的基准轴。在通常情况下,用户可以选取实体边线上的顶点、交点以及在该平面上创建的基准点等类型的点,然后选取一参考平面。创建示意如图 1-51 所示。

图 1-50　通过两点创建基准轴示意

图 1-51　通过一点和一平面创建基准轴示意

　　(3) 通过两个不平行的平面创建基准轴：该方式根据空间中两个不平行的平面相交，有且只有一条公共交线来创建基准轴。这种相交包括两平面在延长面内相交或平面与圆弧面相切。创建示意如图 1-52 所示。

　　(4) 通过曲线上一点并相切于曲线创建基准轴：该方式主要运用了在同一平面内，有且只有一条直线通过曲线上的一点并与曲线相切，这里的曲线包括圆、圆弧及样条曲线等。创建示意如图 1-53 所示。

图 1-52　通过两个不平行的平面
创建基准轴示意

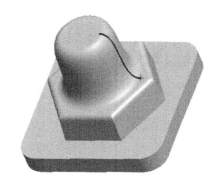
图 1-53　通过曲线上一点并相切于曲线
创建基准轴示意

　　(5) 通过圆弧轴线创建基准轴：在创建圆柱体、孔等特征时，系统会自动生成相应的基准轴。对于模型中的倒圆角、圆弧过渡等特征，系统则根据实体的圆弧部分，创建出与轴线同轴的基准轴。创建示意如图 1-54 所示。

　　(6) 通过垂直于曲面创建基准轴：通过这种方式创建基准轴，除了运用前面所讲的放置参考外，还需要运用偏移参考。其方法是利用通过曲面上的一点，加上两个定值的约束来确定一条唯一的基准轴。创建示意如图 1-55 所示。

　　在【基准轴】对话框中包含【放置】选项卡、【显示】选项卡和【属性】选项卡，其中，【放置】选项卡中又包含以下选项。

　　(1) 参考收集器：使用该收集器选取放置创建基准轴的参考，并选择参考模式。参考模式包括以下几种。

　　• 穿过：表示基准轴通过选定的参考。

图 1-54   通过圆弧轴线创建基准轴示意   图 1-55   通过垂直于曲面创建基准轴示意

- 法向：放置垂直于选定参考的基准轴。该模式的参考还需要用到添加附加点或在偏移参考收集器中定义参考来进行约束。
- 相切：放置与选定参考相切的基准轴。该模式需要添加附加点作为参考。
- 中心：通过选定圆弧的中心，且垂直于该圆弧所在的平面。

（2）偏移参考收集器：若参考收集器中所选的参考模式为【法向】，则可以激活该收集器选取偏移参考。

另外，【显示】选项卡中的【调整轮廓】复选框允许用户调整基准轴轮廓的长度，该选项卡中还包含以下选项。

- 大小：允许将基准轴的长度显示调整到指定的长度，用户可以通过使用控制柄手动调整或在【长度】文本框中输入具体数值精确调整。
- 长度：可以调整基准轴轮廓的长度，使其与选定参考相拟合。

1.6.4   建立基准点

基准点不仅可以用来构成其他基本特征，还可以作为创建拉伸、旋转等基础特征时的终止参考，以及作为创建孔特征、筋特征的放置和偏移参考对象。基准点包括草绘基准点、放置基准点、偏移坐标系基准点和域基准点。

- 草绘基准点：通过草绘创建的基准点。
- 放置基准点：在图元的交点或偏移某图元处建立的基准点。
- 偏移坐标系基准点：利用坐标系，输入坐标偏移值来产生的基准点。
- 域基准点：直接在曲线、边或者曲面上创建的基准点，该基准点用于行为建模。

在功能区的【模型】选项卡的【基准】组中单击【点】按钮，会弹出如图 1-56 所示的【基准点】对话框。

图 1-56   【基准点】对话框

创建放置基准点的方法和创建基准平面等的方法类似，创建时首先要定义放置参考，然后选择偏移参考,用于设置基准点的定位尺寸。用户可以通过多种方式来创建放置基准点,下面介绍几种常见的方式。

(1) 在曲线和边线上创建基准点:该创建方式主要在曲线或实体的边线上创建基准点,包括【曲线末端】和【参考】两种模式。创建示意如图 1-57 所示。

(2) 在曲线的交点处创建基准点:该方式需要用到空间中相交或相异的两条曲线或实体边线。若是相交关系,则在交点处创建基准点,如果有多个交点,可以单击【下一端点】按钮进行切换;若是相异关系,则会在第一条曲线上创建基准点,基准点的位置在两条曲线的最短距离处。创建示意如图 1-58 所示。

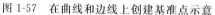

图 1-57　在曲线和边线上创建基准点示意　　　　图 1-58　在曲线的交点处创建基准点示意

(3) 在曲线和曲面的交点处创建基准点:该方式运用曲线与曲面相交处产生交点的原理来创建基准点,在操作过程中,不仅是曲线与曲面,也可以是实体边线和平面。创建示意如图 1-59 所示。

(4) 在圆的中心创建基准点:对于圆,既可以在它的中心创建基准点,也可以在圆弧上创建基准点。在设置约束类型时,可以选择【在其上】模式或【居中】模式。【在其上】模式即为前面讲的【在曲线和边线上创建基准点】;若选择【居中】模式,则创建的基准点在圆心处。创建示意如图 1-60 所示。

图 1-59　在曲线和曲面的交点处创建基准点示意　　　　图 1-60　在圆的中心创建基准点示意

(5) 通过偏移点创建基准点:除了通过线和面创建基准点之外,还可以通过点创建基准点,主要通过偏移的方式来实现。用来作为偏移参考的点包括图形中的各种类型的点,此外,还需要用到辅助参考,辅助参考可以是实体边线、曲线、平面的法向方向以及坐标系中的坐标轴。在辅助参考的规定下,偏移点沿指定方向偏移一定的距离来创建基准点。创建示意如图 1-61 所示。

图 1-61　通过偏移点创建基准点示意

（6）通过 3 个相交面创建基准点:该方式利用 3 个相交面在相交处创建基准点,相交的面可以是曲面,也可以是平面。如果相交处有多个点,可以单击【基准点】对话框中的【下一端点】按钮进行切换。创建示意如图 1-62 所示。

（7）在曲面或偏移曲面上创建基准点:通过该方式创建基准点时,在选择一个曲面后,会有两种创建模式可以选择。一种是【在其上】模式,选择此模式后需要继续选择两个面或一条实体边线作为定位参考,用来辅助确定基准点的位置。另一种是【偏移】模式,选择此模式后还需要选择两个平面或实体边线作为辅助定位的偏移参考,此外,该种模式还需要设置偏移的距离值。创建示意如图 1-63 所示。

图 1-62　通过 3 个相交面创建基准点示意

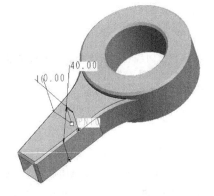

图 1-63　在曲面或偏移曲面上创建基准点示意

1.6.5　建立基准坐标系

基准坐标系可以添加到零件组件中作为参考特征,常用的基准坐标系有笛卡儿坐标系、圆柱坐标系和球坐标系,其中,笛卡儿坐标系是系统默认的基准坐标系。在进行三维建模时,通常使用默认坐标系。

在功能区的【模型】选项卡的【基准】组中单击【坐标系】按钮 ,会弹出如图 1-64 所示的【坐标系】对话框。

在创建基准坐标系时,选择的参考不同,创建的方式也不同。

（1）通过 3 个面创建基准坐标系:该方式选取 3 个平面作为创建基准坐标系的参考。创建示意如图 1-65 所示。

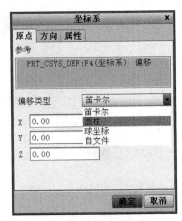

图 1-64　【坐标系】对话框

（2）通过两直线创建基准坐标系：在模型上选择两实体边线、轴线或曲线作为参考创建坐标系，它们的交点或最短距离处为坐标系原点，且原点位于选择的第一条直线上。创建示意如图 1-66 所示。

（3）通过一点和两直线创建基准坐标系：该方式先在模型上选择一个点作为创建坐标系的原点，然后将对话框切换到【方向】选项卡，激活使用收集器，选择两直线作为两个方向上的轴向，对于第三轴向系统将根据右手定则自动确定。创建示意如图 1-67 所示。

（4）通过偏移或旋转现有坐标系创建基准坐标系：选择一个现有坐标系，然后在【坐标系】对话框中设置偏移值，或在选择现有坐标系后切换到【方向】选项卡，在其中设置各轴向的旋转角度。创建示意如图 1-68 所示。

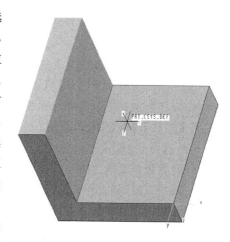

图 1-65　通过 3 个面创建基准坐标系示意

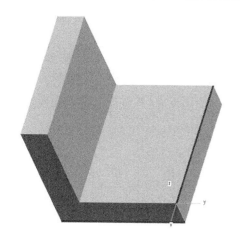

图 1-66　通过两直线创建基准坐标系示意

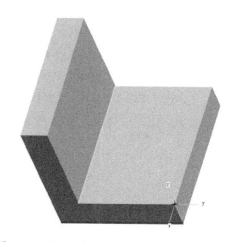

图 1-67　通过一点和两直线创建基准坐标系示意

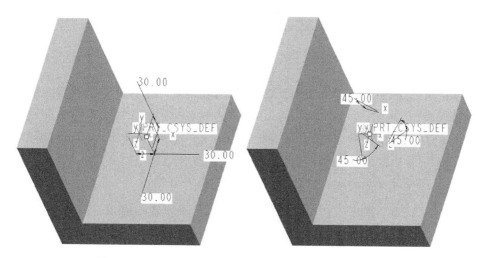

图 1-68　通过偏移或旋转现有坐标系创建基准坐标系示意

在【坐标系】对话框中包含【原点】选项卡、【方向】选项卡和【属性】选项卡,其中,【原点】选项卡中又包含以下选项。

- 参考:用于收集模型上的参考图元,当需要调整已选参考时,可在其上右击,然后在弹出的快捷菜单中选择【移除】命令。
- 偏移类型:用于选择以哪种方式偏移坐标系并设置相应的偏移值,包含【笛卡儿】、【圆柱】、【球坐标】和【自文件】几种方式。

另外,【方向】选项卡用来设置坐标系的位置,包含的选项如下。

- 参考选择:该选项在要求所选取的参考来确定轴向的情况下使用,如在前面介绍的通过三面、通过两线、通过一点两线的情况下。
- 选定的坐标系轴:该选项用来设置与原坐标系各轴向之间的旋转角度。

1.6.6 建立基准曲线

在 Creo 中,通过基准曲线可以快速、准确地完成曲面特征的创建。基准曲线可以作为扫描、混合扫描特征中的辅助线或者参考线。产生基准曲线的命令很多,操作也较复杂,有一些是专门用于建立高级曲面特征的构造命令。

绘制基准曲线是指在草绘环境下通过各种方式绘制几何曲线,包括直线、圆弧、一般曲线等。在绘制基准曲线的过程中,用户可以在功能区的【模型】选项卡的【基准】组中单击【草绘】按钮 ,弹出【草绘】对话框,设置草绘平面、参考及视图方向,然后进入草绘界面进行基准曲线的绘制。创建示意如图 1-69 所示。

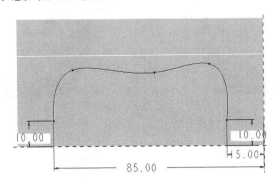

图 1-69　以草绘方式创建基准曲线示意

在功能区的【模型】选项卡的【基准】组中单击【曲线】按钮 ,可以选择建立几种不同方式的基准曲线。

(1) 通过点的曲线:单击【通过点的曲线】按钮 ,会弹出【曲线:通过点】操控面板,如图 1-70 所示。运用这种方式创建基准曲线,需要在操作过程中先定义好曲线的起始点、中间点和末点,然后定义点的连接类型。创建示意如图 1-71 所示。

图 1-70　【曲线:通过点】操控面板

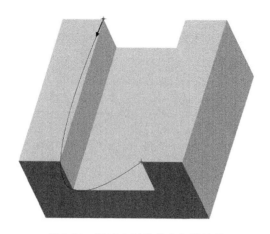

图 1-71　通过点创建基准曲线示意

（2）来自方程的曲线：单击【来自方程的曲线】按钮 ∿，会弹出【曲线：从方程】操控面板，如图 1-72 所示。该方式通过输入曲线方程来建立新的基准曲线，主要用于创建一些具有特定形状的模型特征。在创建过程中，用户可以选择坐标系，其中有笛卡儿、柱坐标和球坐标 3 个选项，选取其中一个即可。单击【方程】按钮，会打开【方程】窗口，如图 1-73 所示，在其中可以输入基准曲线的方程。创建示意如图 1-74 所示。

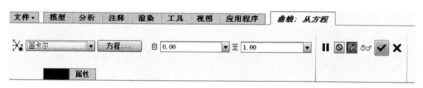

图 1-72　【曲线：从方程】操控面板

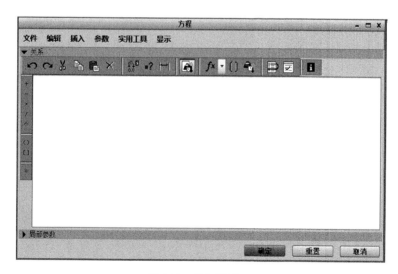

图 1-73　【方程】窗口

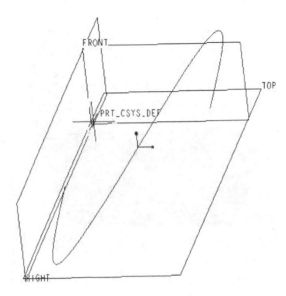

图 1-74   通过来自方程创建基准曲线示意

    （3）来自横截面的曲线：单击【来自横截面的曲线】按钮 $\sim$ ，可以从平面横截面边界（即平面横截面与零件轮廓的相交处）创建基准曲线。

第2章 草绘设计

用户在学习 Creo 的时候,首先了解绘制草图的基本知识是十分重要的,这将为以后的实体建模打下良好的基础。在本章中,将对草图绘制的基本知识和一般步骤等进行介绍。

2.1 草绘基础

2.1.1 进入二维草绘环境

在 Creo 中,二维草绘的环境称为草绘器,草绘截面可以作为单独对象创建,也可以在创建特征过程中创建,进入草绘环境有以下 3 种方式。

（1）由草绘模块直接进入草绘环境：即创建新文件时,在如图 2-1 所示的【新建】对话框的【类型】选项组中选择【草绘】模块,并在【名称】文本框中输入文件名称,直接进入草绘环境。在此环境下可以直接绘制二维草图,并以扩展名.sec 保存文件。此类文件可以导入零件模块的草绘环境中作为实体造型的二维截面,也可以导入工程图模块中作为二维平面图元。

（2）由零件模块进入草绘环境：即创建新文件时,在【新建】对话框的【类型】选项组中选择【零件】模块,进入零件环境。在此环境下通过单击功能区中的【草绘】按钮  进入草绘环境,绘制二维截面,以供实体造型时选用。用户也可以将在零件模块的草绘环境下绘制的二维截面保存为副本,即以扩展名.sec 保存为单独的文件,以供创建其他特征时使用。

图 2-1 【新建】对话框

（3）在创建某个三维特征时,系统提示"选择一个草绘",进入草绘环境,此时所绘制的二维截面属于所创建的特征。

2.1.2 草绘工作界面简介

进入二维草绘的环境后,将显示如图 2-2 所示的工作界面。该工作界面中包含标题栏、功能区、文件菜单、工具栏、导航区、图形窗口和状态栏几部分。

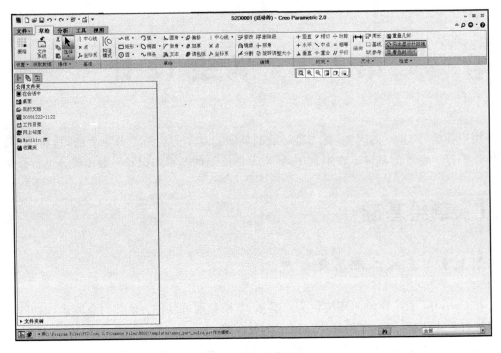

图 2-2　草绘工作界面

2.1.3　二维草图绘制的一般步骤

通常按以下步骤绘制二维草图：

（1）首先粗略地绘制出图形的几何形状，即草绘。如果使用系统默认设置，在创建几何图元移动鼠标时，草绘器会根据图形的形状自动捕捉几何约束，并以红色显示约束条件。在几何图元创建之后，系统将保留约束符号，并自动标注草绘图元，添加弱尺寸，并以灰色显示。

（2）草绘完成后，用户可以手动添加几何约束条件，控制图元的几何条件以及图元之间的几何关系，如水平、相切、平行等。

（3）根据需要，手动添加强尺寸，系统以白色显示。

（4）按草图的实际尺寸修改几何图元的尺寸（包括强尺寸和弱尺寸），精确控制几何图元的大小、位置，系统将按实际尺寸再生图形，最终得到精确的二维草图。

2.1.4　设置草绘环境

选择【文件】|【选项】菜单命令，弹出【Creo Parametric 选项】对话框，在【草绘器】选项对应的界面中可以设置草绘的环境，如图 2-3 所示。

在【草绘器】界面中可以进行的设置如下：

- 草图中的顶点、约束、尺寸及弱尺寸是否显示；
- 绘图时自动捕捉的几何约束；

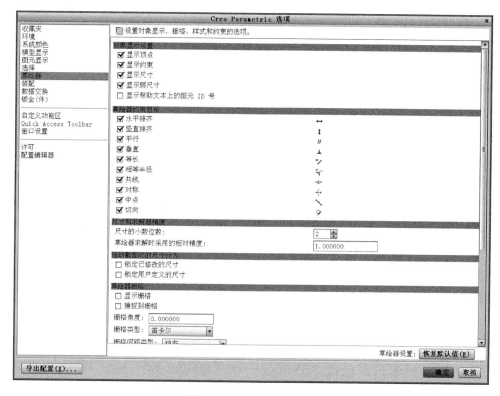

图 2-3　草绘环境的设置

- 尺寸的小数位数及求解精度；
- 是否需要锁定已修改的尺寸和用户定义的尺寸；
- **栅格参数**；
- 在建模环境中绘制草图时是否将草绘平面与屏幕平行；
- 导入截面图元时是否保持原始线型及显色；
- 是否通过选定背景几何自动创建参考；
- 草图诊断选项。

2.2　绘制二维草图

在 Creo 中，用户可以绘制各种几何线，以及对齐中心、指示对称与协助尺寸布置用的草绘中心线等。

二维草图的绘制包括绘制直线、矩形、圆、圆弧、样条曲线、圆角、倒角、构造点、构造坐标系、文本等。

2.2.1　绘制直线

Creo 中的直线图元包括普通直线、与两图元相切的直线以及中心线等。

1．普通直线的绘制

在功能区中单击【草绘】选项卡的【草绘】组中的【线链】按钮 ，可以通过两点创建普通直线图元，此为绘制直线的默认方式。

操作步骤如下：

（1）在草绘器中启动【线链】命令。

（2）在草绘区中单击，确定直线的起点。

（3）移动鼠标，草绘区中会显示一条橡皮筋线，在适当位置单击，确定直线段的端点，系统即在起点和终点之间创建一条直线段。

（4）移动鼠标，在草绘区中会接着上一线段显示一条橡皮筋线，再次单击，即可创建另一条首尾相接的直线段，直至单击鼠标中键为止。

（5）重复上述第（2）步～第（4）步，重新确定新的起点，绘制直线段；或单击鼠标中键，结束命令。

图 2-4 为绘制平行四边形的操作过程。其中，约束符号 H 表示水平线，∥1 表示绘制两条平行线，L1 表示两线长度相等。

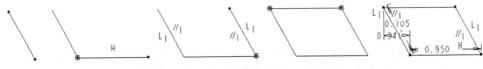

图 2-4   绘制平行四边形的操作过程

2．与两图元相切直线的绘制

在功能区中单击【草绘】选项卡的【草绘】组中的【直线相切】按钮 ，可以创建与两个圆或圆弧相切的公切线。

操作步骤如下：

（1）在草绘器中启动【直线相切】命令。

（2）系统提示"在弧、圆或椭圆上选择起始位置"，在弧、圆或椭圆的适当位置单击，确定直线的起始位置。

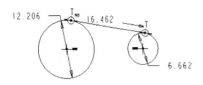

图 2-5   绘制与两图元相切的直线

（3）系统提示"在弧、圆或椭圆上选择结束位置"，移动鼠标，在另一个弧、圆或椭圆的适当位置单击，系统将自动捕捉切点，创建一条公切线，如图 2-5 所示。

（4）系统再次提示"在弧、圆或椭圆上选择起始位置"，重复上述第（2）步和第（3）步，或单击鼠标中键，结束命令。

3．中心线的绘制

构造中心线无法在草绘器以外参考，不能用于创建三维特征，而是作为辅助线，主要用于定义对称图元的对称线以及构造直线等。

单击功能区的【草绘】选项卡的【草绘】组中的【中心线】按钮 ，可以定义两点绘制无限长的构造中心线。

操作步骤如下：

（1）在草绘器中启动【中心线】命令。

（2）在草绘区中单击,确定中心线通过的一点。

（3）移动鼠标,在适当位置单击,确定中心线通过的另一点,则系统通过两点绘制一条中心线。

（4）重复上述第（2）步和第（3）步,绘制另一条中心线,或单击鼠标中键,结束命令。

2.2.2 绘制矩形

单击功能区的【草绘】选项卡的【草绘】组中的【拐角矩形】按钮□,可以通过指定矩形的两个对角点创建矩形,此为绘制矩形的默认方式。

操作步骤如下：

（1）在草绘器中启动【拐角矩形】命令。

（2）在适当位置单击,确定矩形的一个顶点,如图 2-6 所示的点 1；然后移动鼠标,在另一位置单击,确定矩形的另一对角点,如图 2-6 所示的点 2,矩形绘制完成。

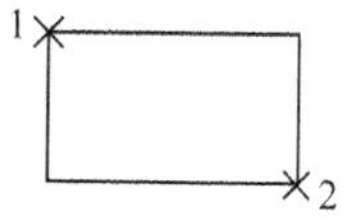

（3）重复上述第（2）步,继续指定另一矩形的两个对角点,绘制另一矩形,直至单击鼠标中键,结束命令。

图 2-6　绘制矩形

此外,用户还可以选择【草绘】组中的【斜矩形】和【平行四边形】命令直接绘制斜矩形和平行四边形。

2.2.3 绘制圆

在 Creo 中绘制圆的方法有指定圆心和半径绘制圆、绘制同心圆、指定 3 点绘制圆、绘制与 3 个图元相切的圆。

1. 指定圆心和半径绘制圆

单击功能区的【草绘】选项卡的【草绘】组中的【圆心和点】按钮◎,可以指定圆心和圆上一点绘制圆,即指定圆心和半径绘制圆,该方式是绘制圆的默认方式。

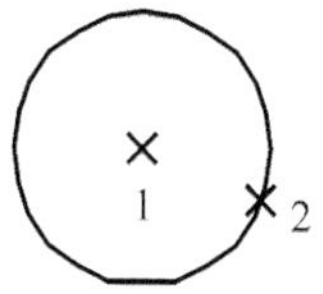

操作步骤如下：

（1）在草绘器中启动【圆心和点】命令。

（2）在草绘区中的适当位置单击,确定圆的圆心位置,如图 2-7 所示的点 1。

图 2-7　指定圆心和
半径绘制圆

（3）移动鼠标,在适当位置单击,指定圆上的一点,如图 2-7 所示的点 2,系统则以指定的圆心,以及圆心与圆上一点的距离为半径绘制圆。

（4）重复上述第（2）步和第（3）步,绘制另一个圆,或单击鼠标中键,结束命令。

2. 绘制同心圆

单击功能区的【草绘】选项卡的【草绘】组中的【同心】按钮◎,可以绘制与指定圆或圆弧同心的圆。

操作步骤如下：

（1）在草绘器中启动【同心】圆命令。

（2）系统提示"选择一弧（去定义中心）"，选择一个圆弧或圆，如图 2-8 所示，在小圆的点 1 处单击。

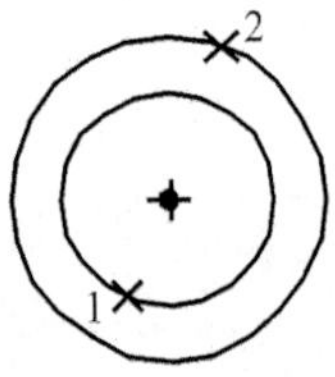

（3）移动鼠标，在适当位置单击，指定圆上的一点，如图 2-8 所示的点 2，则系统绘制与指定圆同心的圆。

（4）移动鼠标，再次单击，绘制另一个同心圆，或单击鼠标中键，结束命令。

图 2-8　绘制同心圆

（5）系统再次提示"选择一弧（去定义中心）"，可重新选择另一个圆弧或圆，或单击鼠标中键，结束命令。

3. 指定 3 点绘制圆

单击功能区的【草绘】选项卡的【草绘】组中的【3 点】按钮 ◯，可以通过指定 3 点绘制一个圆。

操作步骤如下：

（1）在草绘器中启动【3 点】命令。

（2）分别在适当位置单击，确定圆上的第 1、2、3 点，则系统通过指定的 3 点绘制圆，如图 2-9 所示。

（3）重复上述第（2）步，再创建另一个圆，最后单击鼠标中键，结束命令。

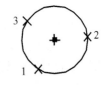

图 2-9　指定 3 点绘制圆

4. 绘制与 3 个图元相切的圆

单击功能区的【草绘】选项卡的【草绘】组中的【3 相切】按钮 ◯，可以绘制与 3 个图元相切的圆。其中，图元可以是圆弧、圆、直线。

操作步骤如下：

（1）在草绘器中启动【3 相切】圆命令。

（2）系统提示"在弧、圆或直线上选择起始位置"，选择一个弧、圆或直线，如图 2-10 所示，在直线点 1 处单击。

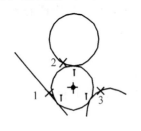

（3）系统提示"在弧、圆或直线上选择结束位置"，选择第 2 个弧、圆或直线，如图 2-10 所示，在上面的圆的点 2 处单击。

（4）系统提示"在弧、圆或直线上选择第三个位置"，选择第 3 个弧、圆或直线，则系统绘制与 3 个选择图元相切的圆，如图 2-10 所示，在右侧的圆弧点 3 处单击。

（5）系统再次提示"在弧、圆或直线上选择起始位置"，重复上述第（2）步～第（4）步，绘制另一个圆，直至单击鼠标中键，结束命令。

图 2-10　绘制与 3 个图元相切的圆

2.2.4　绘制圆弧

1. 指定 3 点绘制圆弧

单击功能区的【草绘】选项卡的【草绘】组中的【3 点/相切端】按钮 ◠，可以指定 3 点绘制圆弧,该方式是绘制圆弧的默认方式。

操作步骤如下:

(1) 在草绘器中启动【3 点/相切端】命令。

(2) 在适当位置单击,确定圆弧的起始点,如图 2-11 所示的点 1。

(3) 移动鼠标,在适当位置单击,指定圆弧的终点,如图 2-11
所示的点 2。

(4) 移动鼠标,在适当位置单击,指定如图 2-11 所示的点 3,
确定圆弧的半径。

(5) 重复上述第(2)步~第(4)步,创建另一个圆弧,或单击
鼠标中键,结束命令。

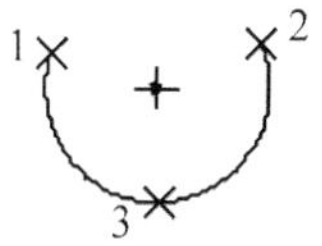

图 2-11　指定 3 点绘制
圆弧

2. 绘制同心圆弧

单击功能区的【草绘】选项卡的【草绘】组中的【同心】按钮，可以绘制与指定圆或圆弧
同心的圆弧。

操作步骤如下:

(1) 在草绘器中启动【同心】弧命令。

(2) 系统提示"选择一弧(去定义中心)",选择一个圆弧或圆,如图 2-12 所示,在已知圆
弧上的点 1 处单击。

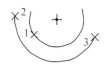

图 2-12　绘制同心圆弧

(3) 移动鼠标,在适当位置单击,指定圆弧的起点,如图 2-12 所
示的点 2。

(4) 移动鼠标,在另一适当位置单击,指定圆弧的端点,如
图 2-12 所示的点 3,则系统绘制与指定圆或圆弧同心的圆弧。

(5) 重复上述第(3)步和第(4)步,再创建选定圆或圆弧的同心
圆弧,或单击鼠标中键,结束命令。

3. 指定圆心和端点绘制圆弧

单击功能区的【草绘】选项卡的【草绘】组中的【圆心和端点】按钮，可以通过指定圆弧
的圆心点和端点绘制圆弧。

操作步骤如下:

(1) 在草绘器中启动【圆心和端点】命令。

(2) 移动鼠标,在适当位置单击,指定圆弧的圆心,如图 2-13
所示的点 1。

(3) 移动鼠标,在适当位置单击,指定圆弧的起始点,如图 2-13
所示的点 2。

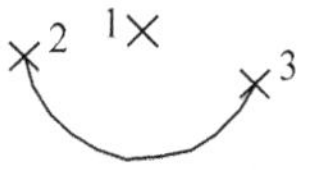

图 2-13　指定圆心和端点
绘制圆弧

(4) 移动鼠标,在适当位置单击,指定圆弧的端点,如图 2-13
所示的点 3。

(5) 重复上述第(2)步~第(4)步,再创建另一个圆弧,直至单击鼠标中键,结束命令。

4. 绘制与 3 个图元相切的圆弧

单击功能区的【草绘】选项卡的【草绘】组中的【3 相切】按钮，可以绘制与 3 个图元相
切的圆弧。

操作步骤如下：

（1）在草绘器中启动【3 相切】弧命令。

（2）系统提示"在弧、圆或直线上选择起始位置"，选择一个弧、圆或直线。

（3）系统提示"在弧、圆或直线上选择结束位置"，选择第 2 个弧、圆或直线。

（4）系统提示"在弧、圆或直线上选择第三个位置"，选择第 3 个弧、圆或直线，则系统绘制与 3 个选择图元相切的弧。

（5）系统再次提示"在弧、圆或直线上选择起始位置"，重复上述第（2）步～第（4）步，绘制另一个弧，直至单击鼠标中键，结束命令。

2.2.5　绘制样条曲线

样条曲线是通过一系列指定点的平滑曲线，是三阶或三阶以上多项式形成的曲线。

单击功能区的【草绘】选项卡的【草绘】组中的【样条】按钮～，可以创建样条曲线。

操作步骤如下：

（1）在草绘器中启动【样条】命令。

（2）移动鼠标，依次单击，确定样条曲线所通过的点，直至单击鼠标中键终止该曲线的绘制。

（3）重复上述第（2）步，绘制另一条曲线，或单击鼠标中键，结束命令。

2.2.6　创建圆角

利用圆角命令可以在选取的两个图元之间自动创建圆角过渡，这两个图元可以是直线、弧和样条曲线。圆角的半径和位置取决于两个图元的位置，系统选取离开两线段交点最近的点创建圆角。

单击功能区的【草绘】选项卡的【草绘】组中的【圆形】按钮﹨，可以创建圆角。

操作步骤如下：

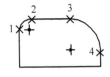

图 2-14　绘制圆角

（1）在草绘器中启动【圆形】圆角命令。

（2）系统提示"选择两个图元"，分别在两个图元上单击如图 2-14 所示的点 1、点 2，系统自动创建圆角。

（3）系统再次提示"选择两个图元"，继续选择两个图元，单击如图 2-14 所示的点 3、点 4，创建另一个圆角，直至单击鼠标中键，结束命令。

在创建圆角时，用户需要注意以下几点：

（1）倒圆角时不能选择中心线，且不能在两条平行线之间倒圆角。

（2）如果在两条非平行的直线之间倒圆角，则为修剪模式，即两直线从切点到交点之间的线段被修剪掉。

（3）如果被倒圆角的两个图元中存在非直线图元，则系统自动在圆角的切点处将两个图元分割，用户可以删除多余的线段，如图 2-15 所示。其中，粗实线圆弧表示绘制的圆角。

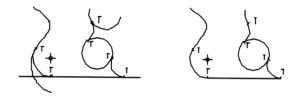

图 2-15　绘制圆角

2.2.7　创建倒角

利用倒角命令可以在选取的两个图元之间自动创建倒角过渡和延伸到交点的构造线，这两个图元可以是直线、弧和样条曲线。

单击功能区的【草绘】选项卡的【草绘】组中的【倒角】按钮，可以创建倒角。

操作步骤如下：

（1）在草绘器中启动【倒角】命令。

（2）系统提示"选择两个图元"，分别在两个图元上单击，则系统自动创建倒角。

（3）系统再次提示"选择两个图元"，继续选取两个图元，创建另一个倒角，直至单击鼠标中键，结束命令。

2.2.8　创建构造点和构造坐标系

构造点和构造坐标系无法在草绘器以外参考，不能用于创建三维特征，而是作为标注样条和创建参考等。

（1）单击功能区的【草绘】选项卡的【草绘】组中的【点】按钮，可以创建构造点。

（2）单击功能区的【草绘】选项卡的【草绘】组中的【坐标系】按钮，可以创建构造坐标系。

2.2.9　调用常用截面

在零件模式下进入草绘环境，用户可以使用边界图元，即将实体特征的边投影到草绘平面上创建几何图元或偏移图元，系统在创建的图元上会添加"∽"约束符号。

操作步骤如下：

（1）单击功能区的【草绘】选项卡的【草绘】组中的【偏移】按钮，在草绘器中启动【编移】命令。

（2）系统会弹出如图 2-16 所示的【类型】对话框，并提示"选择要偏移的图元或边"。

（3）选择后，系统会显示如图 2-17 所示的【于箭头方向输入偏移［退出］】输入框，并在草绘区中显示偏移方向的箭头，在该命令提示栏中输入偏移量。

图 2-16　【类型】对话框

图 2-17　【于箭头方向输入偏移［退出］】输入框

（4）若输入偏移量为0，创建与已存在实体特征的边相重合的几何图元；若输入偏移量为其他值，创建与已存在实体特征的边偏移一定距离的几何图元。

（5）系统再次提示"选择要偏移的图元或边"，移动鼠标，在实体特征的另一条边上单击，系统则创建与所选边偏移的图元，直至单击【类型】对话框中的【关闭】按钮。

图 2-18 所示为原始模型及以其顶面作为草绘平面，进入草绘环境，使用边界图元命令创建的几何图元。

- 单一(S)：选取实体特征上单一的边创建草绘图元，该类型为默认的边类型。
- 链(H)：选取实体特征上的两条边，创建连续的边界。

在此以图 2-19 所示的模型为例进行介绍。

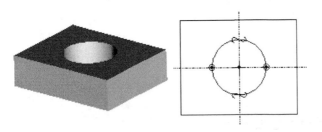

图 2-18　创建单个边界图元　　　　　　图 2-19　三维模型

进入草绘环境，使用"链(H)"偏移边类型，当系统提示"通过选择两个图元指定一个链"时，选取实体特征上的一条边，在此选取图 2-20 左图所示的顶端圆弧，再按住 Ctrl 键选取另一条边，在此选取图 2-20 左图所示的右侧圆弧，则系统将这两条边之间的所有边以红色粗实线显示。随即弹出如图 2-21 所示的选取菜单，如果直接单击【接受】，关闭【类型】对话框后，输入偏移量为 0 时则创建如图 2-20 右图所示的边界图元。

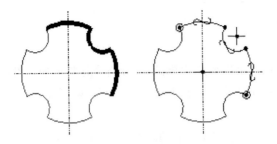

图 2-20　使用"链(H)"边类型创建图元 1　　　　图 2-21　选取菜单

如果单击【下一个】，则另一侧的连续边被选中，如图 2-22 左图所示，然后单击【接受】，则创建如图 2-22 右图所示的图元。

- 环(L)：选取实体特征上图元的一个环来创建循环边界图元。当系统提示"选择指定图元环的图元或选择指定围线的曲面"时，选取实体特征的面。如果所选面上只有一个环，则系统直接创建循环的边界图元，如图 2-23 所示。如果所选面上含有多

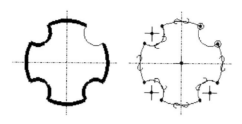

图 2-22　使用"链（H）"边类型创建图元 2

个环，则系统提示"选择所需围线"并弹出如图 2-24 所示的选取链菜单，选择其中的一个环，单击【接受】或单击【下一个】，再单击【接受】，创建所需要的环。

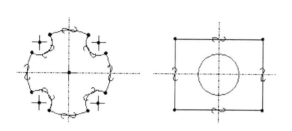

图 2-23　使用"环（L）"边类型创建图元　　　　　图 2-24　选取链菜单

通过偏移边创建图元的示意如图 2-25 所示。

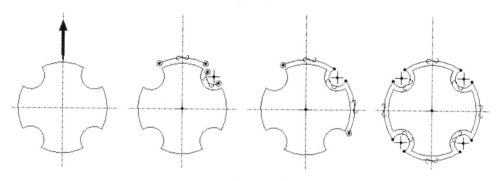

图 2-25　通过偏移边创建图元示意

使用该方式时，用户需要注意以下几点：

（1）若偏距值为正，则沿箭头方向偏移边；若偏距值为负，则沿箭头的反方向偏移边。

（2）当偏移边被删除时，系统将保留其参考图元，如果在二维截面中不使用这些参考，当退出草绘器时，系统将参考图元删除。

2.2.10　创建文本

在 Creo 中可以使用文本命令创建文字图形，同时文字也是剖面，可以用拉伸命令对文字进行操作。

单击功能区的【草绘】选项卡的【草绘】组中的【文本】按钮 🅰，可以创建文字图形。

操作步骤如下：

（1）在草绘器中启动【文本】命令。

（2）系统提示"选择行的起点，确定文本高度和方向"，移动鼠标，在适当位置单击，确定文本行的起点。

（3）系统提示"选择行的第二点，确定文本高度和方向"，移动鼠标，在适当位置单击，确定文本行的第二点，则系统在起点与第二点之间显示一条直线（构建线），并弹出如图 2-26 所示的【文本】对话框。

（4）在【文本】对话框的【文本行】文本框中输入文字，最多可输入 79 个字符，且输入的文字动态显示于草绘区中。

（5）在【文本】对话框的【字体】选项组中选择字体，设置文本行的位置、长宽比、斜角等。

（6）单击【确定】按钮，关闭对话框，系统创建单行文本。

图 2-26　【文本】对话框

创建文本的一些操作及说明如下：

（1）单击【文本符号】按钮，会弹出如图 2-27 所示的【文本符号】对话框，从中可以选取要插入的符号。

图 2-27　【文本符号】对话框

（2）在【字体】下拉列表中显示了系统提供的字体文件名。其中有两类字体，PTC 字体为 Creo 系统提供的字体，TrueType 字体是由 Windows 系统提供的已注册的字体，在字体文件名前分别用回、T前缀区别。

（3）在【位置】选项区选取水平和竖直位置的组合，确定文本行相对于起点的对齐方式。其中，"水平"定义文字沿文本行方向（即垂直于构建线方向）的对齐方式，有"左侧"、"中心"、"右侧"3 个选项，"左侧"为默认设置，其效果如图 2-28 所示；"竖直"定义文字沿垂直于文本行（即构建线方向）的对齐方式，有"底部"、"中间"、"顶部"3 个选项，"底部"为默认设置，其效果如图 2-29 所示，"△"表示文本行的起点。

图 2-28　设置文本的水平位置

图 2-29　设置文本的竖直位置

（4）在【长宽比】文本框中输入文本宽度与高度的比例因子，或使用滑动条设置文本的长宽比。

（5）在【斜角】文本框中输入文本的倾斜角度，或使用滑动条设置文本的斜角。

（6）选中【沿曲线放置】复选框，则设置将文本沿一条曲线放置，然后选取要在其上放置文本的曲线，如图 2-30 所示。

（7）选中【字符间距处理】复选框，将启用文本字符串的字体字符间距处理功能，以控制某些字符对之间的空格，设置文本的外观。

图 2-30　沿曲线放置文本

2.3　编辑草图

在编辑二维草图时，经常需要选择几何图元、几何约束、尺寸等，被选中的对象呈现红色。Creo 提供了"依次"、"链"、"所有几何"、"全部"4 种选取对象的方法。

- 依次：在某一对象上单击，则选择该对象，被选中的对象呈现红色；如果需要选择多个对象，可以在按下 Ctrl 键的同时，依次在各对象上单击；或在适当位置按下鼠标左键，并拖动鼠标，构成一个选择窗口，松开鼠标左键时，窗口内的对象即被选中；当创建选项集后，系统在状态栏上的"所选项目"区域指示"选择了 n 项"。
- 链：使用"链"方法选取对象时，系统会弹出【选取】对话框，并提示"选择作为所需链一端或所需环一部分的图元"，单击其中一个图元，即可选中与该对象具有公共顶点或相切关系的连续的多条边或曲线。
- 所有几何：系统自动选取所有的几何图元。
- 全部：系统自动选取所有的几何图元、几何约束、尺寸。

2.3.1　镜像

镜像指利用中心线作为对称线，将几何图元镜像复制到中心线的另一侧。对于对称的二维草图，可以只绘制对称中心线一侧的半个图形，然后使用镜像命令，复制得到另一侧图形。

单击功能区的【草绘】选项卡的【编辑】组中的【镜像】按钮 ，可以对选定的图元执行镜像操作。

操作步骤如下：

（1）选取需要镜像的几何图元。

（2）在草绘器中启动【镜像】命令。

（3）系统提示"选择一条中心线"，选取中心线作为镜像线，系统则将所选图元镜像至中心线的另一侧，如图 2-31 所示。

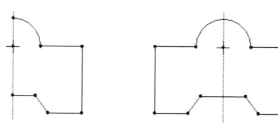

图 2-31　镜像图元

（4）单击图元，结束命令。

2.3.2　旋转、移动和缩放

单击功能区的【草绘】选项卡的【编辑】组中的【旋转调整大小】按钮 ⊙ ，可以将选定的图元移动、缩放和旋转。

操作步骤如下：

（1）选取几何图元。

（2）在草绘器中启动【旋转调整大小】命令。

（3）系统打开如图2-32所示的【旋转调整大小】操控面板，同时在绘图区中显示带有控制滑块句柄的虚线方框。

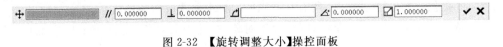

图2-32　【旋转调整大小】操控面板

（4）在【旋转调整大小】操控面板中输入平移距离、缩放比例或旋转角度，效果如图2-33所示。

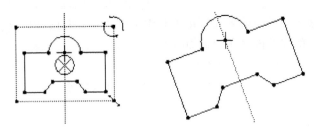

图2-33　缩放旋转图元

（5）单击 ✔ 按钮，关闭操控面板。

2.3.3　修剪

利用修剪功能可以将不需要的部分图元修剪掉。

1. 拖动修剪图元

采用鼠标拖动端点的方式可以修剪线段或圆弧。操作方法如下：

移动鼠标至线段或圆弧的端点上，按住 Ctrl 键并按住鼠标左键不放，拖动该端点，则线段在其方向上被修剪，圆弧在其圆周上被修剪，如图2-34所示。

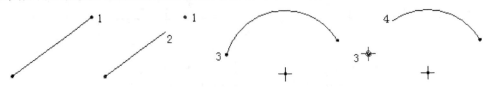

图2-34　拖动修剪图元

2. 动态修剪图元

单击功能区的【草绘】选项卡的【编辑】组中的【删除段】，可以动态修剪图元。

操作步骤如下：

（1）在草绘器中启动【删除段】命令。

（2）单击选取需要修剪的图元，系统将其显示为绿色后，随即删除该图元。图 2-35 所示为水平线段与右侧圆相切的切点右侧被修剪。

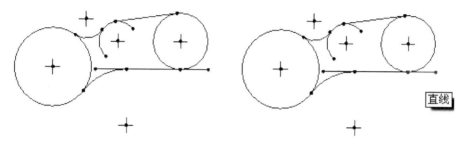

图 2-35　动态修剪图元

3. 拐角修剪图元

单击功能区的【草绘】选项卡的【编辑】组中的【拐角】按钮，可以拐角方式修剪图元。

操作步骤如下：

（1）在草绘器中启动【拐角】命令。

（2）系统提示"选择要修剪的两个图元"，单击选取两条线，则系统自动修剪或延伸所选的两条线，如图 2-36 所示。

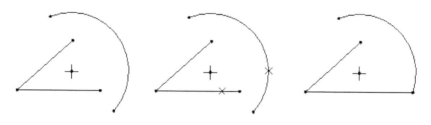

图 2-36　拐角修剪图元

2.3.4　分　割

单击功能区的【草绘】选项卡的【编辑】组中的【分割】按钮，可以将所选的图元分割成两段。

操作步骤如下：

（1）在草绘器中启动【分割】命令。

（2）在要分割的位置单击图元，则系统在指定位置将所选的图元分割成两段，如图 2-37所示。

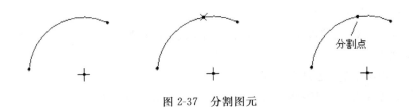

图 2-37 分割图元

2.3.5 剪切、复制和粘贴

通过复制操作可以将选定的对象置于剪贴板中,再使用粘贴操作将复制到剪贴板中的对象粘贴到当前窗口的草绘器(活动草绘器)中,可以进行复制的对象有几何图元、中心线以及与选定几何图元相关的强尺寸和约束等。并且允许用户多次使用剪贴板上复制或剪切的草绘几何,用户可以在多个草绘器窗口中通过复制、粘贴操作来移动某个草图对象。被粘贴的草绘图元可以平移、旋转或缩放。

1. 剪切

单击功能区的【草绘】选项卡的【操作】组中的【剪切】按钮 ✄,可以执行剪切操作。

操作步骤如下:

(1) 将需要进行剪切操作的草绘器窗口激活为当前活动窗口。

(2) 选择需要剪切的对象。

(3) 在草绘器中启动【剪切】命令,系统则将选定的图元及其相关的强尺寸和约束一起剪切到剪贴板上。

2. 复制

单击功能区的【草绘】选项卡的【操作】组中的【复制】按钮 ⧉,可以执行复制操作。

操作步骤如下:

(1) 将需要进行复制操作的草绘器窗口激活为当前活动窗口。

(2) 选择需要复制的对象。

(3) 在草绘器中启动【复制】命令,系统则将选定的图元及其相关的强尺寸和约束一起复制到剪贴板上。

3. 粘贴

单击功能区的【草绘】选项卡的【操作】组中的【粘贴】按钮 📋,可以执行粘贴操作。

操作步骤如下:

(1) 将需要进行粘贴操作的草绘器窗口激活为当前活动窗口。

(2) 在草绘器中启动【粘贴】命令。

(3) 当光标显示为 ⬚ 时,单击鼠标左键确定放置粘贴图元的位置。

(4) 系统打开【旋转调整大小】操控面板,同时被粘贴图元的中心在指定位置,并位于带有句柄的虚线方框内,如图 2-38 所示。

(5) 在【旋转调整大小】操控面板中可以调整平移距离、缩放比例或旋转角度等。

(6) 单击 ✔ 按钮,关闭对话框。

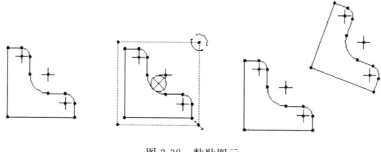

图 2-38　粘贴图元

2.4　几何约束

在草绘器中,几何约束是指利用图元的几何特性(如等长、平行等)对草图进行定义,也称为几何限制。几何约束可以减少不必要的尺寸,以利于图形的编辑和设计变更,达到参数化设计的目的,满足设计要求。

2.4.1　几何约束符号

在默认设置下绘制图元时,系统会随着鼠标的移动自动捕捉几何约束,以帮助用户定位几何图元,即自动设置几何约束,并在几何图元旁边显示相应的约束符号。表 2-1 列出了几何约束的符号、含义等。

表 2-1　几何约束的符号及含义

约束符号	含义	解释
V	竖直图元	铅垂的直线
H	水平图元	水平的直线
//	平行图元	互相平行的直线
⊥	垂直图元	互相垂直的直线
T	相切图元	与圆或圆弧相切的线段
R	相等半径	具有相等半径的圆或圆弧
L	相等长度	具有相等长度的直线段
M	中点	点或圆心处于线段的中点
→←	对称图元	关于中心线对称的两点
⊙	相同点	点或圆心重合
⊕	图元上的点	点或圆心位于图元上
—	水平排列	两点水平对正
┊	竖直排列	两点垂直对正

图 2-39 所示的二维草图设置了多种几何约束。其中,带有相同下标号的约束符号为一对几何约束。如 R1 表示两个圆的半径相等,R2 表示两个圆角的半径相等。

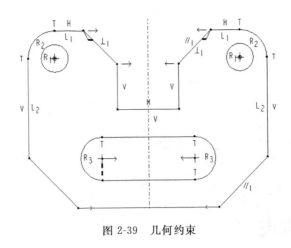

图 2-39　几何约束

2.4.2　设置约束优先选项

几何约束符号的显示以及用于自动设置的约束类型,均可以在草绘环境中进行设置。
操作步骤如下:

(1) 选择【文件】|【选项】菜单命令,系统弹出如图 2-40 所示的【Creo Parametric 选项】
对话框,选择【草绘器】选项。

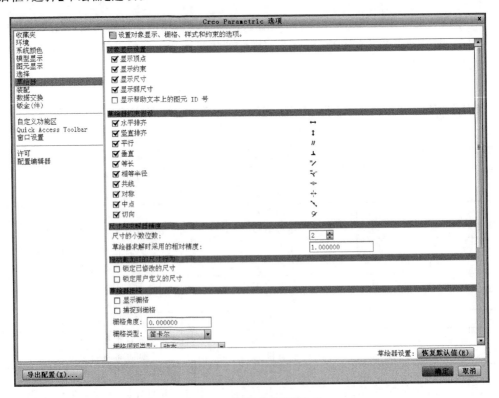

图 2-40　选择【草绘器】选项

（2）【显示约束】复选框用于控制是否显示约束符号，根据需要进行设置。

（3）【草绘器约束假设】下列出了约束类型，默认情况下各约束前的复选框均处于选中状态，单击复选框，可以启用或移除约束条件。

（4）单击【确定】按钮，确认所做的设置，关闭对话框。

2.4.3　几何约束的控制

在使用自动设置约束创建图元的过程中，系统所显示的几何约束为活动约束，并以红色显示，用户可以在单击鼠标进行定位前，对几何约束加以控制。

（1）如果不希望设置系统显示的活动约束，可以右击禁用该约束。图 2-41 所示为禁止使用两点水平对正约束。再次右击，可以重新启用活动约束。

（2）如果某个活动约束重要，可以右击锁定该约束。图 2-42 所示为锁定水平约束。再次右击，可以解除锁定约束。

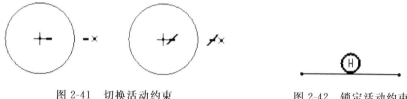

图 2-41　切换活动约束　　　　　　　　　　图 2-42　锁定活动约束

（3）当多个约束处于活动状态时，可以使用 Tab 键在各活动约束之间进行切换，以选择所需要的约束。

2.4.4　手动添加几何约束

一般情况下，绘制图元时无须力求形状准确，也不一定要使用系统自动捕捉的约束，只需要根据草图形状粗略地绘制几何图元，得到草图的初始图形，然后根据几何条件手动添加约束。

操作步骤如下：

（1）在草绘器中根据要添加的几何约束启动对应的约束命令。

（2）按照系统提示，单击选取需要添加约束的图元。

（3）重复上述第（1）步和第（2）步，添加其他约束。

下面介绍几种常见几何约束的添加。

1. 竖直约束

操作步骤如下：

（1）单击功能区的【草绘】选项卡的【约束】组中的【竖直】按钮 ＋。

（2）系统提示"选择一直线或两点"，选取一条斜线或两个点，则所选的斜线更新为铅垂线或使两点位于一条铅垂线上。

2. 水平约束

操作步骤如下：

（1）单击功能区的【草绘】选项卡的【约束】组中的【水平】按钮 ＋ 。

（2）系统提示"选择一直线或两点"，选取一条斜线或两个点，则所选的斜线更新为水平线或使两点位于一条水平线上。

3．垂直约束

操作步骤如下：

（1）单击功能区的【草绘】选项卡的【约束】组中的【垂直】按钮 ⊥ 。

（2）系统提示"选择两图元使它们正交"，选取两条线（包括圆弧），则被选择的两条线成为互相垂直的线条，如图 2-43 所示。

4．相切约束

操作步骤如下：

（1）单击功能区的【草绘】选项卡的【约束】组中的【相切】按钮 ✆ 。

（2）系统提示"选择两图元使它们相切"，选取直线段以及圆弧或圆，则被选中的直线与圆弧或圆成为相切的图元，如图 2-44 所示。

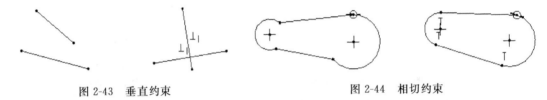

图 2-43　垂直约束　　　　　　　　　　图 2-44　相切约束

5．对中约束

操作步骤如下：

（1）单击功能区的【草绘】选项卡的【约束】组中的【中点】按钮 ╲ 。

（2）系统提示"选择一点和一条线或弧"，分别选取一个点或圆心以及一条直线或圆弧，则所选的点将置于所选线的中点。

6．重合约束

操作步骤如下：

（1）单击功能区的【草绘】选项卡的【约束】组中的【重合】按钮 ◉ 。

（2）系统提示"选择要对齐的两图元或顶点"，选择两个点或点与线条或两条直线段。图 2-45 所示为选择两个点，即直线 L 的下端点和直线 R 的左端点，此时所选的两点将重合。

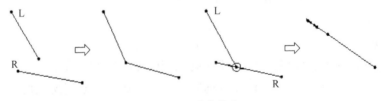

图 2-45　重合约束

7. 对称约束

操作步骤如下：

（1）单击功能区的【草绘】选项卡的【约束】组中的【对称】按钮 ➕ 。

（2）系统提示"选择中心线和两顶点来使它们对称"，选择对称的中心线以及两个点，在此选择铅直中心线以及水平线段的左端点和右端点，则所选的两个端点关于铅直中心线对称，如图 2-46 所示。

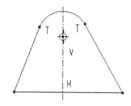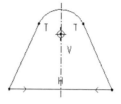

图 2-46　对称约束

8. 相等约束

操作步骤如下：

（1）单击功能区的【草绘】选项卡的【约束】组中的【相等】按钮 ＝ 。

（2）系统提示"选择两条或多条直线（相等段），两个或多个弧/圆/椭圆（等半径）、一个样条与一条线或弧（等曲率）、两个或多个线性/角度尺寸（等尺寸）"，分别选取两条直线或两个弧/圆/椭圆，添加相等约束，如图 2-47 所示。

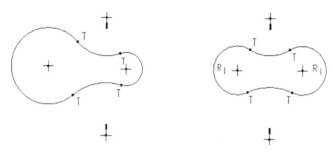

图 2-47　相等约束

9. 平行约束

操作步骤如下：

（1）单击功能区的【草绘】选项卡的【约束】组中的【平行】按钮 ∥ 。

（2）系统提示"选择两个或多个线图元使它们平行"，选取两条线（包括圆弧），则被选取的两条线成为互相平行的线条，如图 2-48 所示。

2.4.5　删除几何约束

几何约束虽然可以帮助用户准确地定义草图，减少所标注的尺寸。但在某些情况下，有些系统自动设置的

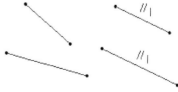

图 2-48　平行约束

约束并不是用户所需要的,而在创建图元时又没有禁用该约束,那么在创建图元之后可以将该约束删除,通过尺寸加以控制。

操作步骤如下:

(1) 单击功能区的【草绘】选项卡的【操作】组中的【选择】按钮 ▶ 。

(2) 选取需要删除的约束符号。

(3) 按 Delete 键,删除所选取的约束。

删除一个约束,系统将自动添加一个尺寸。在图 2-49 中,如果修改尺寸 2.3,具有等长约束条件 L1 的两条线段的长度会同时变化。如果希望上面的水平边能够单独更改长度,可删除等长约束条件 L1,此时系统会自动添加尺寸 2.30,将其修改为 2.50。

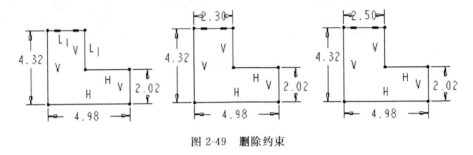

图 2-49　删除约束

2.5　尺寸标注

在绘制几何图元后,系统会自动为其标注弱尺寸,以完全定义草图。但弱尺寸标注的基准无法预测,且有些弱尺寸往往不是用户所需要的,不能满足设计要求。要完成精确的二维草图,且能根据设计要求控制尺寸,在设置几何约束后,应该手动标注所需要的尺寸,即标注强尺寸,然后根据具体尺寸数值对各尺寸加以修改,这样系统便能再生出最终的二维草图。

2.5.1　手动标注尺寸

手动标注尺寸的类型有线性标注、径向标注、角度标注等。

手动标注尺寸的操作步骤如下:

(1) 单击功能区的【草绘】选项卡的【尺寸】组中的【法向】按钮 ⊢⊣ 。

(2) 选取需要标注的图元。

(3) 移动鼠标,在适当位置单击鼠标中键,确定尺寸的放置位置。

(4) 重复上述第(2)步和第(3)步,标注其他尺寸。

(5) 单击【选择】按钮 ▶ 或选择其他命令,结束尺寸标注。

下面具体介绍手动标注尺寸的类型。

1. 线性标注

线性标注包括直线的长度、两平行线的距离、点到直线的距离、两点之间的距离等,如图 2-50 所示。

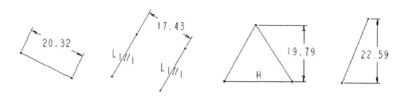

图 2-50 标注线性尺寸

- 直线的长度：标注命令执行后，单击选取需要标注长度的直线或直线段的两个端点，以鼠标中键单击选取尺寸位置。
- 两平行线的距离：标注命令执行后，单击选取需要标注距离的两条直线，以鼠标中键单击选取尺寸位置。
- 点到直线的距离：标注命令执行后，单击选取点以及直线，以鼠标中键单击选取尺寸位置。
- 两点之间的距离：标注命令执行后，分别单击选取两个点（包括点图元、线的端点、圆或圆弧圆心），以鼠标中键单击选取尺寸位置，系统会根据单击选取的尺寸位置，标注这两个点之间的垂直或水平距离。

2. 径向标注

径向标注是指圆或圆弧的半径或直径尺寸的标注。

- 半径的标注：标注命令执行后，单击选取需要标注半径的圆或圆弧，以鼠标中键单击选取尺寸位置，如图 2-51 所示。
- 直径的标注：标注命令执行后，双击选取需要标注直径的圆或圆弧，以鼠标中键单击选取尺寸位置，如图 2-52 所示。

图 2-51 标注径向尺寸（半径）　　　图 2-52 标注径向尺寸（直径）

3. 角度标注

角度标注是指两非平行直线之间的夹角以及圆弧的中心角。

- 两直线夹角的标注：标注命令执行后，分别单击选取需要标注角度的两条非平行直线，以鼠标中键单击选取尺寸位置，如图 2-53 所示。

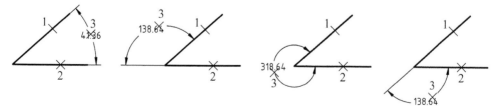

图 2-53 标注两直线的夹角

- 圆弧中心角的标注：标注命令执行后,单击选取某圆弧,再分别单击选取该圆弧的两个端点,以鼠标中键单击选取尺寸位置,如图 2-54 所示。

4. 对称标注

当需要标注用于旋转造型的二维截面的直径时,可以利用对称标注。

如图 2-55 所示,在标注命令执行后,在旋转截面的一条边上单击,在右侧边上单击点 1,再选取作为旋转轴的中心线,在点 2 处单击中心线,再在右侧边上单击点 3,最后以鼠标中键单击选取尺寸位置。

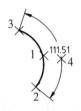

图 2-54　标注圆弧的
中心角

5. 圆或圆弧的位置标注

圆或圆弧的位置可以由以下操作确定：

(1) 选择圆心与参考图元,标注圆心与参考图元之间的距离,如图 2-56 所示。

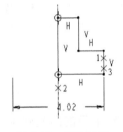

图 2-55　对称标注

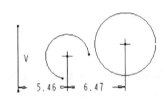

图 2-56　由圆心确定圆、圆弧的位置

(2) 选择圆或圆弧与参考图元,标注圆周与参考图元之间的距离,系统自动将尺寸界线与所选的圆或圆弧相切,如图 2-57 所示。

标注命令执行后,分别单击选取圆或圆弧的圆周以及参考图元,以鼠标中键单击选取尺寸位置,即可标注圆周与参考图元之间的距离。

6. 圆角位置标注

由于在两条非平行的直线之间倒圆角时,两直线从切点到交点之间的线段被修剪掉,如果需要标注交点的位置,则在倒圆角之前,要先利用点命令,在交点处创建点图元,倒圆角后标注点图元与参照图元之间的距离,即可确定圆角的位置。图 2-58 所示为创建两个点图元,倒圆角后,标注两个点之间的距离。

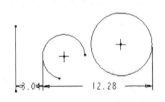

图 2-57　由圆周确定圆、圆弧的位置

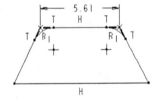

图 2-58　标注圆角位置

2.5.2　编辑尺寸

设计时,通常需要修改弱尺寸或手动标注的强尺寸,即进行设计变更。使用【修改尺寸】对话框可以修改几何图元的尺寸数值。

操作步骤如下:

(1) 单击功能区的【草绘】选项卡的【编辑】组中的【修改】按钮 ,启动【修改】命令。

(2) 选取需要修改的某个尺寸。

(3) 系统弹出如图 2-59 所示的【修改尺寸】对话框,继续选取其他需要修改的尺寸,则所有选取的尺寸均列在该对话框中。

(4) 取消选中【重新生成】复选框(系统默认为选中)。

(5) 依次在各尺寸的文本框中输入新的尺寸数值,然后按 Enter 键。

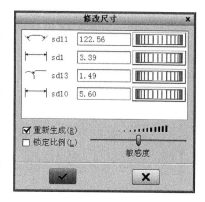

图 2-59　【修改尺寸】对话框

(6) 单击 按钮,系统再生二维草图,并关闭对话框。

对【修改尺寸】对话框中的操作及选项说明如下:

(1) 默认设置下,每输入一个新的数值,系统随即重新生成草图,使草图形状发生变化,如果输入的数值不合适,则会造成计算失败。故在修改尺寸数值之前,需要取消选中【重新生成】复选框,在输入所有的尺寸数值后,单击 按钮,系统才再生草图。

(2) 在【修改尺寸】对话框中,单击并拖动每个尺寸文本框右侧的旋转轮盘,或在旋转轮盘上使用鼠标滚轮,动态修改尺寸数值。如果需要增大尺寸值,可以向右拖动相应旋转轮盘,或在相应的旋转轮盘上使鼠标滚轮向上滚动。

(3)【锁定比例】复选框默认为不选中,若选中【锁定比例】复选框,一个尺寸数值发生变化,被选择的尺寸将一起发生变化,以保证尺寸数值之间的比例关系。

2.5.3　解决约束和尺寸冲突问题

在手动添加几何约束和尺寸时,如果有多余的约束或尺寸存在,就会与已有的强约束或强尺寸发生冲突。如图 2-60 所示,两条水平线已有水平约束和相切约束,且标注有半径尺寸 4.34,如再标注宽度尺寸,就会发生约束和尺寸冲突,此时草绘器会加亮显示冲突的约束和尺寸,同时弹出如图 2-61 所示的【解决草绘】对话框,提示用户相冲突的约束和尺寸,并给出解决冲突的处理方法,用户需要使用一种方法,删除加亮的尺寸或约束之一。

对【解决草绘】对话框中的操作及选项说明如下:

(1) 单击【撤销】按钮,可以取消正在添加的约束或尺寸,回到冲突之前的状态。

(2) 选取某个约束或尺寸,单击【删除】按钮,可以将其删除。

(3) 当存在冲突尺寸时,【尺寸>参考】按钮将亮显,选取一个尺寸,单击该按钮,可以将所选尺寸转换为参考尺寸,如图 2-62 所示的尺寸 8.68。

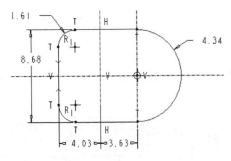

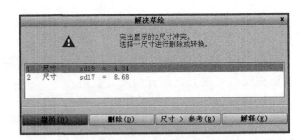

图 2-60　标注多余尺寸　　　　　　　　　　图 2-61　【解决草绘】对话框

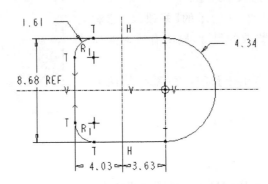

图 2-62　将选定的多余尺寸转换为参考尺寸

（4）选取一个约束，单击【解释】按钮，草绘器将加亮与该约束有关的图元，以获取该约束的说明。

2.6　综合实例

本实例绘制如图 2-63 所示的几何图形草图。

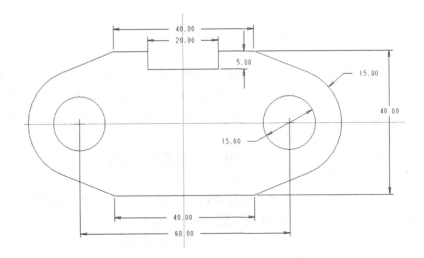

图 2-63　最终完成的几何图形草图

在该几何图形草图中,左右对称,上下基本对称,并存在线段与圆弧相切、圆弧与圆同心等多种约束关系。

1. 建立新的草绘文件

(1) 选择【文件】|【新建】菜单命令或单击快速访问工具栏中的【新建】按钮 □ 。

(2) 在弹出的如图 2-64 所示的【新建】对话框中选择类型为【草绘】,单击【确定】按钮,进入草绘模式。

图 2-64　【新建】对话框

2. 绘制构造中心线

单击功能区的【草绘】选项卡的【草绘】组中的【中心线】按钮 ⋮ ,绘制两条垂直相交的构造中心线,如图 2-65 所示。

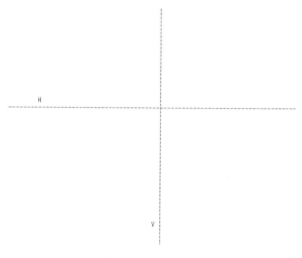

图 2-65　绘制中心线

3.绘制草图轮廓

绘制如图 2-66 所示的草图轮廓。

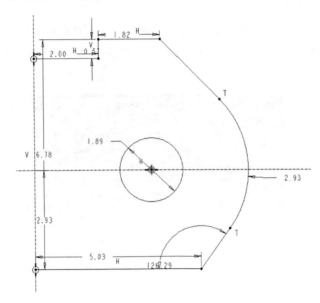

图 2-66　绘制草图轮廓

4.修改草图尺寸

单击功能区的【草绘】选项卡的【编辑】组中的【修改】按钮 ⫽,启动【修改】命令,修改草图尺寸,结果如图 2-67 所示。

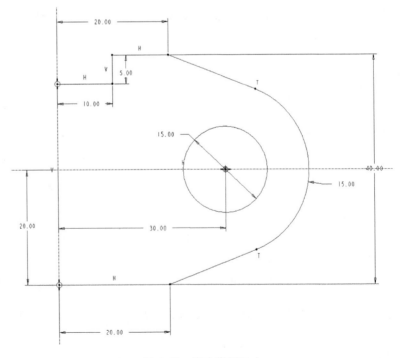

图 2-67　修改草图尺寸

5. 镜像草图

单击功能区的【草绘】选项卡的【编辑】组中的【镜像】按钮 ，执行镜像操作，完成草图绘制，结果如图 2-68 所示。

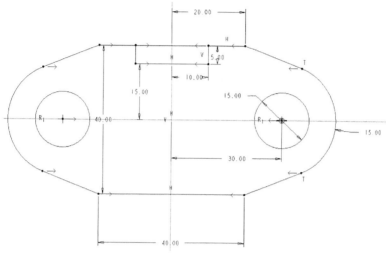

图 2-68　镜像草图

6. 保存文件

保存文件，完成实例练习。

第3章 基础实体特征

3.1 实体特征简介

Creo是基于特征的实体造型软件。"基于特征"是指零件模型的构建是由各种特征生成的,零件模型的设计就是特征的累积过程。

所谓特征是可以用参数驱动的实体模型。特征是具有工程含义的实体单元,包括拉伸、旋转、扫描、混合、倒角、圆角、孔、壳、筋等,这些特征在机械工程设计中几乎都有对应的对象,因此采用特征设计实体具有直观、工程性强的特点。同时,特征技术也是Creo操作的基础。

Creo中所应用的特征可以分为两大类:基本特征和工程特征。

3.1.1 了解基本特征

基本特征包括拉伸特征、旋转特征、扫描特征、混合特征等。

基本特征也可以称为草绘特征,用于构建基本空间实体。基本特征通常要求先草绘出特征的一个或多个截面,然后根据某种形式生成基本特征。

3.1.2 了解工程特征

工程特征包括倒角特征、圆角特征、孔特征、拔模特征、抽壳特征、筋特征等。

工程特征也可以称为拖放特征,用于针对基本特征的局部进行细化操作。工程特征是系统提供或自定义的一类模板特征,其几何形状是确定的,构建时只需要提供工程特征的放置位置和尺寸即可。

3.2 拉伸特征

拉伸特征是将一个截面沿着与截面垂直的方向延伸从而形成实体的造型方法。拉伸特征虽然简单,但却是最基本、最常用的特征造型方法,工程实践中的多数零件模型都可以看作多个拉伸特征相互叠加或切除的结果。拉伸特征适合创建比较规则的实体。

3.2.1 拉伸特征的选项说明

在功能区的【模型】选项卡的【形状】组中单击【拉伸】按钮 ,可以打开如图3-1所示的

【拉伸】操控面板,进行使用拉伸方式建立实体特征的操作。

图 3-1 【拉伸】操控面板

下面对【拉伸】操控面板中的一些相关按钮、选项进行说明。

- ☐ 按钮:用于设置拉伸生成实体特征。
- ☐ 按钮:用于设置拉伸生成曲面特征。
- ☐ · 按钮:用于设置计算拉伸长度的方式。
- 150.29 数值框:用于输入拉伸长度。
- ☑ 按钮:用于选择拉伸方向。
- ☑ 按钮:用于选择移除材料。
- ☐ 按钮:用于选择生成薄壁特征。
- Ⅱ ⊙ 鼬 ☑ ✖ :分别为暂停、无预览、分离方式预览、连接方式预览、校验方式预览、确定和取消按钮,可以预览生成的拉伸特征,进而完成或取消拉伸特征的建立。

在【拉伸】操控面板中单击【放置】标签,切换到如图 3-2 所示的【放置】选项卡,可以选择已有曲线作为拉伸特征的截面,也可以草绘拉伸特征的截面。

在【拉伸】操控面板中单击【选项】标签,切换到如图 3-3 所示的【选项】选项卡,可以设置计算拉伸长度的方式和拉伸长度,并且为提高设计效率增加拔模角度。

图 3-2 【拉伸】操控面板的【放置】选项卡

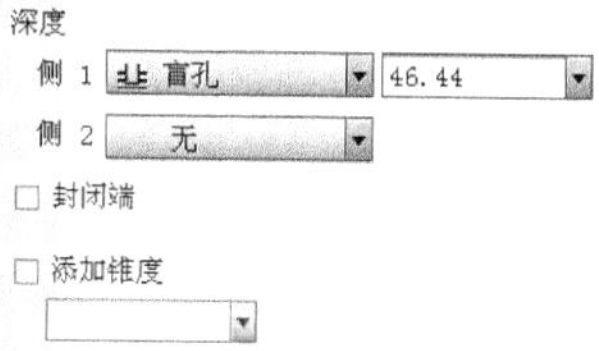

图 3-3 【拉伸】操控面板的【选项】选项卡

在【拉伸】操控面板中单击【属性】标签,会切换到【属性】选项卡,用于显示或更改当前拉伸特征的名称。单击【显示此特征的信息】按钮 🛈,可以显示当前拉伸特征的具体信息。

3.2.2 创建拉伸特征的方法

创建拉伸特征的方法如下:

(1)单击功能区的【模型】选项卡的【形状】组中的【拉伸】按钮 🗗,打开【拉伸】操控面板。

(2)在【拉伸】操控面板中使用默认的【拉伸为实体】按钮 ☐,用于生成实体特征。

(3)在【拉伸】操控面板的【放置】选项卡中单击【定义】按钮,弹出如图 3-4 所示的【草绘】对话框,选取一个草绘平面并

图 3-4 【草绘】对话框

指定其方向,然后单击【草绘】对话框中的【草绘】按钮,进入草绘状态。

(4) 绘制拉伸特征的截面图形。

(5) 单击【草绘】选项卡中的 ✔ 按钮,退出草绘状态。

(6) 在【拉伸】操控面板中设置计算拉伸长度的方式。

(7) 在【拉伸】操控面板中设置拉伸特征的拉伸长度。如果要相对于草绘平面反转特征创建的方向,可单击操控面板中的【反转】按钮 ％。

(8) 预览无误后单击 ✔ 按钮,完成拉伸特征的创建。

3.3　旋转特征

旋转特征是将一个截面围绕一条中心线旋转一定的角度从而形成实体的造型方法。旋转特征也是常用的特征造型方法。旋转特征适合创建轴、盘类等回转形的实体。

3.3.1　旋转特征的选项说明

单击功能区的【模型】选项卡的【形状】组中的【旋转】按钮 ↔,可以打开如图 3-5 所示的【旋转】操控面板,进行使用旋转方式建立实体特征的操作。

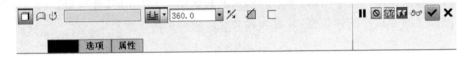

图 3-5　【旋转】操控面板

下面对【旋转】操控面板中的一些相关按钮、选项进行说明。

- □ 按钮:用于设置旋转生成实体特征。
- ◠ 按钮:用于设置旋转生成曲面特征。
- ⬚· 按钮:用于设置计算旋转角度的方式。
- 360.00 数值框:用于输入旋转角度。
- ％ 按钮:用于选择旋转方向。
- ◿ 按钮:用于选择移除材料。
- ☐ 按钮:用于选择生成薄壁特征。
- Ⅱ ⊘ 🗇 🗇 ∞ ✔ ✕ :分别为暂停、无预览、分离方式预览、连接方式预览、校验方式预览、确定和取消按钮,可以预览生成的旋转特征,进而完成或取消旋转特征的建立。

在【旋转】操控面板中单击【放置】标签,切换到如图 3-6 所示的【放置】选项卡,可以选择已有曲线作为旋转特征的截面,也可以草绘旋转特征的截面;可以选择已有轴线作为旋转特征的中心线,也可以草绘旋转特征的中心线。

在【旋转】操控面板中单击【选项】标签,切换到如图 3-7 所示的【选项】选项卡,可以设置计算旋转角度的方式和旋转角度。

图 3-6　【旋转】操控面板的【放置】选项卡　　　图 3-7　【旋转】操控面板的【选项】选项卡

在【旋转】操控面板中单击【属性】标签,会切换到【属性】选项卡,用于显示或更改当前旋转特征的名称。单击【显示此特征的信息】按钮 🛈,可以显示当前旋转特征的具体信息。

3.3.2　创建旋转特征的方法

创建旋转特征的方法如下:

(1) 单击功能区的【模型】选项卡的【形状】组中的【旋转】按钮 ✳,打开【旋转】操控面板。

(2) 在【旋转】操控面板中使用默认的【作为实体旋转】按钮 □,用于生成实体特征。

(3) 在【旋转】操控面板的【放置】选项卡中单击【定义】按钮,弹出如图 3-8 所示的【草绘】对话框,选取一个草绘平面并指定其方向,然后单击【草绘】对话框中的【草绘】按钮,进入草绘状态。

(4) 绘制旋转特征的旋转轴及截面图形。

(5) 单击【草绘】选项卡中的 ✔ 按钮,退出草绘状态。

(6) 在【旋转】操控面板中设置计算旋转角度的方式。

图 3-8　【草绘】对话框

(7) 在【旋转】操控面板中设置旋转特征的旋转角度。如果要相对于草绘平面反转特征创建的方向,可单击操控面板中的【反转】按钮 ╱。

(8) 预览无误后单击 ✔ 按钮,完成旋转特征的创建。

3.4　扫描特征

扫描特征是将一个截面沿着某一轨迹曲线延伸从而形成实体的造型方法。在建立某些形状复杂的加材料或切除材料特征时,如果只使用拉伸特征或旋转特征,通常难以在短时间内绘制完成,为了绘制这些复杂的特征,可以使用扫描特征。

3.4.1　扫描特征的选项说明

单击功能区的【模型】选项卡的【形状】组中的【扫描】按钮 ⬙,可以打开如图 3-9 所示的【扫描】操控面板,进行使用扫描方式建立实体特征的操作。

图 3-9　【扫描】操控面板

下面对【扫描】操控面板中的一些相关按钮、选项进行说明。

- □ 按钮：用于设置扫描生成实体特征。
- ◻ 按钮：用于设置扫描生成曲面特征。
- ▨ 按钮：用于创建或编辑扫描截面。
- ◿ 按钮：用于选择移除材料。
- □ 按钮：用于选择生成薄壁特征。
- ⊢ 按钮：用于选择生成恒定截面扫描特征。
- ↙ 按钮：用于选择生成可变截面扫描特征。
- Ⅱ ◎ ⦿ ⧉ 60 ✔ ✕：分别为暂停、无预览、分离方式预览、连接方式预览、校验方式预览、确定和取消按钮，可以预览生成的扫描特征，进而完成或取消扫描特征的建立。

图 3-10　【扫描】操控面板的【参考】选项卡

在【扫描】操控面板中单击【参考】标签，会切换到如图 3-10 所示的【参考】选项卡，用于显示各轨迹线及指定各轨迹线。选择的第一条轨迹为原点轨迹，有且仅有一条；原点轨迹必须是一条相切曲线链，而轨迹则没有这个要求。【截平面控制】下拉列表用于控制扫描截面的法向方向，包括垂直于轨迹、垂直于投影和恒定法向 3 种方式。【水平/竖直控制】下拉列表用于控制截面的水平轴及垂直轴。

在【扫描】操控面板中单击【选项】标签，会切换到如图 3-11 所示的【选项】选项卡，用于控制扫描曲面时是否封闭端点。

在【扫描】操控面板中单击【相切】标签，会切换到如图 3-12 所示的【相切】选项卡，用于指定扫描轨迹线的切线参考方向。

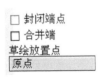

图 3-11　【扫描】操控面板的【选项】选项卡

图 3-12　【扫描】操控面板的【相切】选项卡

在【扫描】操控面板中单击【属性】标签,会切换到【属性】选项卡,用于显示或更改当前扫描特征的名称。单击【显示此特征的信息】按钮 ，可以显示当前扫描特征的具体信息。

3.4.2　创建扫描特征的方法

创建扫描特征的方法如下:

(1) 在功能区的【模型】选项卡的【形状】组中单击【扫描】按钮 ，打开【扫描】操控面板。

(2) 在【扫描】操控面板中使用默认的【扫描为实体】按钮 ，用于生成实体特征。

(3) 选择生成扫描轨迹的方式,可以使用已有曲线作为扫描轨迹或草绘扫描轨迹。

(4) 根据第(3)步的选择,选择或草绘扫描轨迹。

(5) 设置属性是合并终点还是自由端点。

(6) 进入草绘状态,草绘扫描特征的截面图形。

(7) 单击【草绘】选项卡中的 ✔ 按钮,退出扫描截面图形的草绘状态。

(8) 预览无误后单击 ✔ 按钮,完成扫描特征的创建。

3.5　混合特征

混合特征是在多个截面间产生的连接特征。混合特征的创建需要两个以上的截面才可以进行,截面的每一段与下一截面的一段相匹配,在对应段间形成过渡曲面。

扫描特征是单一截面沿一条或多条扫描轨迹生成实体的方法。在扫描特征中,截面虽然可以按照轨迹的变化而变化,但其基本形状是不变的。如果需要在一个实体中实现多个形状各异的截面,可以考虑使用混合特征。

3.5.1　混合特征的选项说明

在功能区的【模型】选项卡的【形状】组中单击【混合】按钮 ，可以打开如图 3-13 所示的【混合】操控面板,进行使用混合方式建立实体特征的操作。

图 3-13　【混合】操控面板

下面对【混合】操控面板中的一些相关按钮、选项进行说明。

- 按钮:用于设置混合生成实体特征。
- 按钮:用于设置混合生成曲面特征。
- 按钮:用于创建或编辑混合截面。

- 〇 按钮：用于选择移除材料。
- □ 按钮：用于选择生成薄壁特征。
- 〜 按钮：用于设置与选定截面生成混合特征。
- ‖ ⊘ 🖩 🗇 ⚬ ✓ ✕：分别为暂停、无预览、分离方式预览、连接方式预览、校验方式预览、确定和取消按钮，可以预览生成的混合特征，进而完成或取消混合特征的建立。

在【混合】操控面板中单击【截面】标签，会切换到如图 3-14 所示的【截面】选项卡，用于定义混合截面。截面生成的方式有两种，即【草绘截面】和【选定截面】。

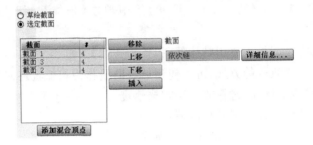

图 3-14　【混合】操控面板的【截面】选项卡

在【混合】操控面板中单击【选项】标签，会切换到如图 3-15 所示的【选项】选项卡，用于设定混合截面之间的过渡曲面是直的还是光滑的，以及控制混合生成曲面时是否封闭端点。

在【混合】操控面板中单击【相切】标签，会切换到，如图 3-16 所示的【相切】选项卡，用于指定截面边界的状态，有自由、相切和垂直 3 种方式。

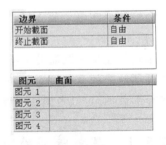

图 3-15　【混合】操控面板的【选项】选项卡　　图 3-16　【混合】操控面板的【相切】选项卡

在【混合】操控面板中单击【属性】标签，会切换到【属性】选项卡，用于显示或更改当前混合特征的名称。单击【显示此特征的信息】按钮 🛈，可以显示当前混合特征的具体信息。

3.5.2　创建混合特征的方法

创建混合特征的方法如下：

(1) 在功能区的【模型】选项卡的【形状】组中单击【混合】按钮 ✍，打开【混合】操控面板。

(2) 在【混合】操控面板中使用默认的【混合为实体】按钮 □，用于生成实体特征。

(3) 选择截面生成方式并进行相关定义。

（4）草绘截面时先设置草绘平面，进入草绘状态，草绘混合特征的截面图形。

（5）单击【草绘】选项卡中的 ✔ 按钮，退出混合截面图形的草绘状态。

（6）设定混合截面间过渡曲面的性质。

（7）设定混合截面边界的状态。

（8）预览无误后单击 ✔ 按钮，完成混合特征的创建。

3.6 综合实例

3.6.1 综合实例 1

本实例制作一个滑动轴承座零件模型，在制作过程中，将详细介绍滑动轴承座的设计方法及应用到的造型方法与技巧。本实例完成的滑动轴承座零件模型如图 3-17 所示。

该零件模型为滑动轴承座的原始模型，配合其他章节的相应细化操作，可以得到最终的滑动轴承座。在本实例中使用拉伸特征、旋转特征，并配合不同的特征选项来完成零件模型的构建。

1. 建立新的零件模型

（1）选择【文件】|【新建】菜单命令或单击快速访问工具栏中的【新建】按钮 □。

（2）在弹出的如图 3-18 所示的【新建】对话框中选择类型为【零件】、子类型为【实体】，设置零件名为 exam01，并取消选中【使用默认模板】复选框，然后单击【确定】按钮。

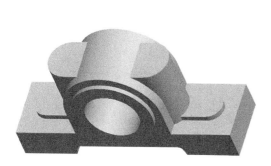

图 3-17 完成的滑动轴承座零件模型

图 3-18 【新建】对话框

（3）在弹出的如图 3-19 所示的【新文件选项】对话框中选择 mmns_part_solid 模板，单击【确定】按钮，进入零件模型的设计模式。

2. 使用拉伸特征创建滑动轴承座的基座

（1）在功能区的【模型】选项卡的【形状】组中单击【拉伸】按钮 🔊，打开【拉伸】操控面板。

(2) 在【拉伸】操控面板中使用默认的【拉伸为实体】按钮 □,用于生成实体特征。

(3) 在【拉伸】操控面板的【放置】选项卡中单击【定义】按钮,弹出【草绘】对话框,选择 FRONT 基准平面作为草绘平面、RIGHT 基准平面作为草绘视图的右参考面,设置完毕后【草绘】对话框如图 3-20 所示,然后单击【草绘】对话框中的【草绘】按钮,进入草绘状态。

图 3-19 【新文件选项】对话框

图 3-20 【草绘】对话框

(4) 绘制如图 3-21 所示的图形,作为拉伸特征的截面图形。

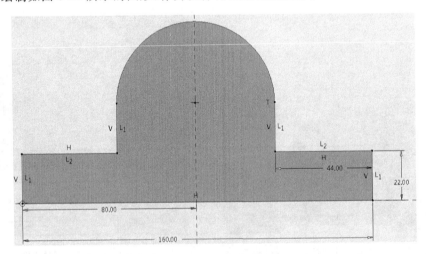

图 3-21 基座的截面图形

(5) 单击【草绘】选项卡中的 ✓ 按钮,退出草绘状态。

(6) 在【拉伸】操控面板中设置计算拉伸长度的方式为 ⊟,即关于草绘平面双向对称。

(7) 在【拉伸】操控面板中设置拉伸特征的拉伸长度为 44.00。

(8) 预览无误后单击 ✓ 按钮,完成拉伸特征的创建,结果如图 3-22 所示。

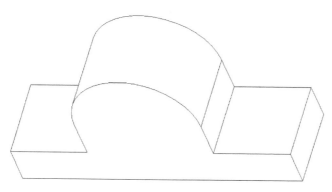

图 3-22　使用拉伸特征创建基座

3. 使用拉伸特征创建轴孔的基体

（1）在功能区的【模型】选项卡的【形状】组中单击【拉伸】按钮 🔲，打开【拉伸】操控面板。

（2）在【拉伸】操控面板中使用默认的【拉伸为实体】按钮 ⬜，用于生成实体特征。

（3）在【拉伸】操控面板的【放置】选项卡中单击【定义】按钮，弹出【草绘】对话框。由于轴孔基体的草绘平面、参考平面与基座相同，故只需在【草绘】对话框中单击 使用先前的 按钮，此时系统自动按照先前的设置，选择 FRONT 基准平面作为草绘平面、RIGHT 基准平面作为草绘视图的右参考面，单击【草绘】对话框中的【草绘】按钮，进入草绘状态。

（4）绘制如图 3-23 所示的图形，作为拉伸特征的截面图形。

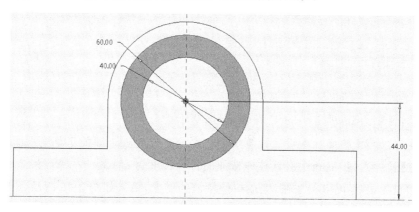

图 3-23　轴孔基体的截面图形

（5）单击【草绘】选项卡中的 ✔ 按钮，退出草绘状态。

（6）在【拉伸】操控面板中设置计算拉伸长度的方式为 ⏥，即关于草绘平面双向对称。

（7）在【拉伸】操控面板中设置拉伸特征的拉伸长度为 50.00。

（8）预览无误后单击 ✔ 按钮，完成拉伸特征的创建，结果如图 3-24 所示。

4. 使用拉伸特征创建凸台

（1）在功能区的【模型】选项卡的【形状】组中单击【拉伸】按钮 🔲，打开【拉伸】操控面板。

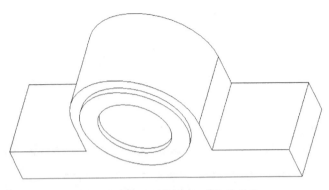

图 3-24　使用拉伸特征创建轴孔基体

（2）在【拉伸】操控面板中使用默认的【拉伸为实体】按钮 ▢ ，用于生成实体特征。

（3）在【拉伸】操控面板的【放置】选项卡中单击【定义】按钮，弹出【草绘】对话框，选择基座上表面作为草绘平面、基座前表面作为草绘视图的底参考面，设置完毕后单击【草绘】对话框中的【草绘】按钮，进入草绘状态。

（4）绘制如图 3-25 所示的图形，作为拉伸特征的截面图形。

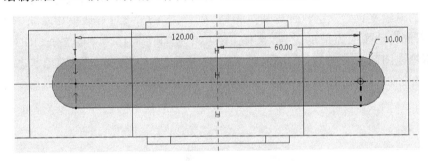

图 3-25　凸台的截面图形

（5）单击【草绘】选项卡中的 ✔ 按钮，退出草绘状态。

（6）在【拉伸】操控面板中设置计算拉伸长度的方式为 ⬛ ，即关于草绘平面单向拉伸。

（7）在【拉伸】操控面板中设置拉伸特征的拉伸长度为 4.00。

（8）预览无误后单击 ✔ 按钮，完成拉伸特征的创建，结果如图 3-26 所示。

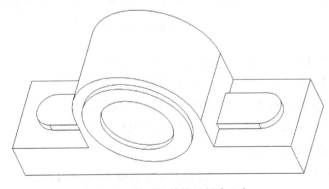

图 3-26　使用拉伸特征创建凸台

5．使用拉伸特征创建固定连接的基体

（1）在功能区的【模型】选项卡的【形状】组中单击【拉伸】按钮 🗗，打开【拉伸】操控面板。

（2）在【拉伸】操控面板中使用默认的【拉伸为实体】按钮 ▢，用于生成实体特征。

（3）在【拉伸】操控面板的【放置】选项卡中单击【定义】按钮，在弹出的【草绘】对话框中单击 使用先前的 按钮，然后单击【草绘】对话框中的【草绘】按钮，进入草绘状态。

（4）绘制如图 3-27 所示的图形，作为拉伸特征的截面图形。

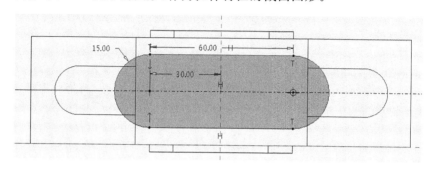

图 3-27 固定连接基体的截面图形

（5）单击【草绘】选项卡中的 ✔ 按钮，退出草绘状态。

（6）在【拉伸】操控面板中设置计算拉伸长度的方式为 ⊥，即关于草绘平面单向拉伸。

（7）在【拉伸】操控面板中设置拉伸特征的拉伸长度为 52.00。

（8）预览无误后单击 ✔ 按钮，完成拉伸特征的创建，结果如图 3-28 所示。

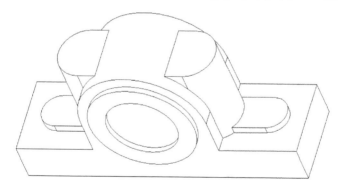

图 3-28 使用拉伸特征创建固定连接基体

6．使用拉伸特征切割基座

（1）在功能区的【模型】选项卡的【形状】组中单击【拉伸】按钮 🗗，打开【拉伸】操控面板。

（2）在【拉伸】操控面板中使用默认的【拉伸为实体】按钮 ▢，用于生成实体特征。

（3）在【拉伸】操控面板的【放置】选项卡中单击【定义】按钮，弹出【草绘】对话框，选择FRONT 基准平面作为草绘平面、RIGHT 基准平面作为草绘视图的右参考面，设置完毕后单击【草绘】对话框中的【草绘】按钮，进入草绘状态。

（4）绘制如图 3-29 所示的图形，作为拉伸特征的截面图形。

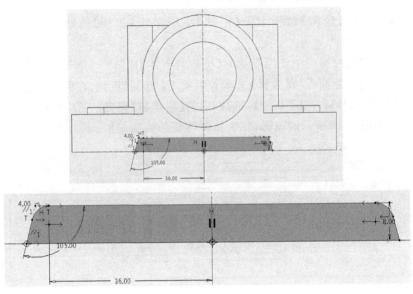

图 3-29　切割基座拉伸特征的截面图形

（5）单击【草绘】选项卡中的 ✔ 按钮，退出草绘状态。

（6）在【拉伸】操控面板中设置计算拉伸长度的方式为 ┠，即关于草绘平面双向对称。

（7）在【拉伸】操控面板中设置拉伸特征的拉伸长度为 50.00。

（8）在【拉伸】操控面板中单击【移除材料】按钮 ⟋，设置移除材料。

（9）在【拉伸】操控面板中单击【反转】按钮 ⟋，调整材料的移除方向。

（10）预览无误后单击 ✔ 按钮，完成拉伸特征的创建，结果如图 3-30 所示。

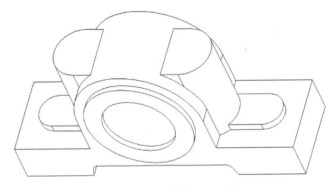

图 3-30　使用拉伸特征切割基座

7. 使用旋转特征切割轴承装配孔

（1）在功能区的【模型】选项卡的【形状】组中单击【旋转】按钮 ⬡，打开【旋转】操控面板。

（2）在【旋转】操控面板中使用默认的【作为实体旋转】按钮 ☐，用于生成实体特征。

（3）在【旋转】操控面板的【放置】选项卡中单击【定义】按钮，弹出【草绘】对话框，选择

RIGHT 基准平面作为草绘平面、TOP 基准平面作为草绘视图的顶参考面,如图 3-31 所示,然后单击【草绘】对话框中的【草绘】按钮,进入草绘状态。

（4）绘制如图 3-32 所示的水平中心线和旋转特征截面图形。

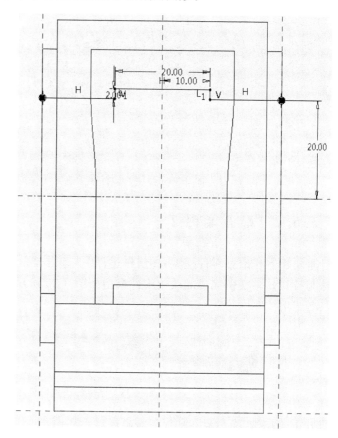

图 3-31　【草绘】对话框　　　　　　　　　图 3-32　轴承装配孔的中心线和截面图形

（5）单击【草绘】选项卡的 ✓ 按钮,退出草绘状态。此时【旋转】操控面板中的【放置】选项卡如图 3-33 所示。

（6）在【旋转】操控面板中设置计算旋转角度的方式为 ⊥ ,即关于草绘平面单向旋转。

（7）在【旋转】操控面板中设置旋转特征的旋转角度为 360.0。

（8）在【旋转】操控面板中单击【移除材料】按钮 ⼁ ,设置移除材料。

图 3-33　【放置】选项卡

（9）在【旋转】操控面板中单击【反转】按钮 ⼁ ,调整材料的移除方向。

（10）预览无误后单击 ✓ 按钮,完成旋转特征的创建,结果如图 3-34 所示。

8. 保存文件

保存文件,完成实例练习。

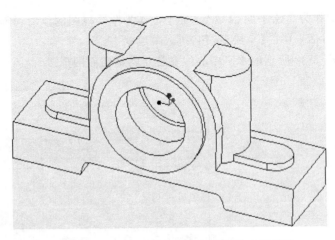

图 3-34　使用旋转特征切割轴承装配孔后的基座

3.6.2　综合实例 2

本实例制作改锥零件模型，在制作过程中，将详细介绍改锥的设计方法及应用到的造型方法与技巧。本实例完成的改锥零件模型如图 3-35 所示。

图 3-35　完成的改锥零件模型

在本实例中，使用混合特征完成零件模型的构建。

1. 建立新的零件模型

（1）选择【文件】|【新建】菜单命令或单击快速访问工具栏中的【新建】按钮 。

图 3-36　【新建】对话框

（2）在弹出的如图 3-36 所示的【新建】对话框中选择类型为【零件】、子类型为【实体】，设置零件名为 exam02，并取消选中【使用默认模板】复选框，然后单击【确定】按钮。

（3）在弹出的如图 3-37 所示的【新文件选项】对话框中选择 mmns_part_solid 模板，单击【确定】按钮，进入零件模型的设计模式。

2. 使用混合特征创建改锥把

（1）在功能区的【模型】选项卡的【形状】组中单击【混合】按钮 ，打开【混合】操控面板。

（2）在【混合】操控面板中使用默认的【混合为实体】按钮 ，用于生成实体特征。

（3）在【混合】操控面板的【截面】选项卡中选中【草绘截面】单选按钮，并单击【定义】按钮，在弹出的【草绘】对话框中选择 FRONT 基准平面作为草绘平面、RIGHT 基准平面作为草绘视图的右参考面，设置草绘视图方向以指向屏幕外面为正向，如图 3-38 所示。然后单击【草绘】对话框中的【草绘】按钮，进入草绘状态。

图 3-37　【新文件选项】对话框　　　　图 3-38　【草绘】对话框

（4）绘制一个直径为 350.00 的圆，作为混合特征的第一个截面图形。

（5）单击【草绘】选项卡的 ✓ 按钮，退出草绘状态。

（6）在【混合】操控面板的【截面】选项卡中进行第二个截面的相关设置，以第一个截面作为参考偏移 200.00 的距离，如图 3-39 所示，单击 草绘… 按钮，进入草绘状态，开始绘制第二个截面图形。

图 3-39　草绘第二个截面图形时的设置

（7）绘制一个直径为 200.00 的圆，作为混合特征的第二个截面图形。

（8）单击【草绘】选项卡中的 ✓ 按钮，退出草绘状态。

（9）在【混合】操控面板的【截面】选项卡中单击 插入 按钮，进行第 3 个截面的相关设置，以第二个截面作为参考偏移 300.00 的距离，单击 草绘… 按钮，进入草绘状态，开始绘制第 3 个截面图形。

（10）绘制一个直径为 400.00 的圆，作为混合特征的第 3 个截面图形。

(11) 单击【草绘】选项卡中的 ✔ 按钮，退出草绘状态。

(12) 在【混合】操控面板的【截面】选项卡中单击 插入 按钮，进行第 4 个截面的相关设置，以第 3 个截面作为参考偏移 1600.00 的距离，单击 草绘... 按钮，进入草绘状态，开始绘制第 4 个截面图形。

(13) 绘制一个直径为 400.00 的圆，作为混合特征的第 4 个截面图形。

(14) 单击【草绘】选项卡中的 ✔ 按钮，退出草绘状态。此时，【混合】操控面板中的【截面】选项卡如图 3-40 所示。

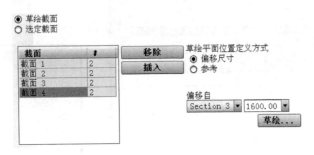

图 3-40　草绘截面图形后【截面】选项卡的设置

此时，屏幕显示如图 3-41 所示。

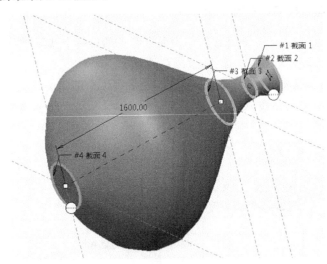

图 3-41　草绘截面图形后默认生成特征的预览

(15) 设定混合截面间过渡曲面的性质为 Straight（直的），此时，屏幕显示如图 3-42 所示。

(16) 预览无误后单击 ✔ 按钮，完成混合特征的创建，结果如图 3-43 所示。

3. 使用混合特征创建改锥头

(1) 在功能区的【模型】选项卡的【形状】组中单击【混合】按钮 ⬭，打开【混合】操控面板。

(2) 在【混合】操控面板中使用默认的【混合为实体】按钮 ⬭，用于生成实体特征。

(3) 在【混合】操控面板的【截面】选项卡中选中【草绘截面】单选按钮，并单击【定义】按

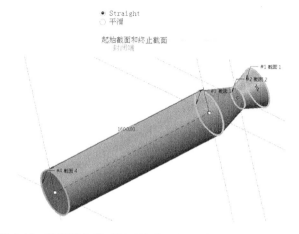

图 3-42　设定混合截面间过渡曲面的性质后生成特征的预览

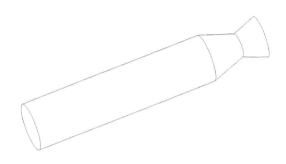

图 3-43　使用混合特征创建的改锥把

钮,弹出【草绘】对话框。选择 FRONT 基准平面作为草绘平面、RIGHT 基准平面作为草绘
视图的底部参考面,设置草绘视图方向以指向屏幕里面为正向,设置完毕后【草绘】对话框如
图 3-44 所示。然后单击【草绘】对话框中的【草绘】按钮,进入草绘状态。

图 3-44　【草绘】对话框

　　(4) 绘制一个直径为 120.00 的圆,并添加两条中心线作为参考,然后单击【草绘】选项
卡中的【分割】按钮 ,插入 4 个分割点,将圆形混合截面分割成 4 段(起始点及其方向如
图 3-45 所示),作为混合特征的第一个截面图形。

　　(5) 单击【草绘】选项卡中的 按钮,退出草绘状态。

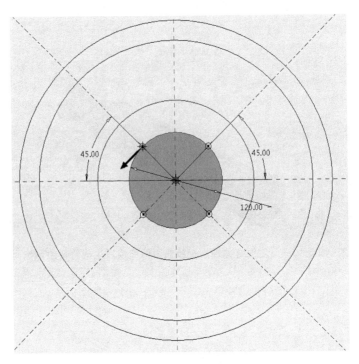

图 3-45 混合特征的第一个截面图形

　　(6) 在【混合】操控面板的【截面】选项卡中进行第二个截面的相关设置,以第一个截面作为参考偏移3000.00 的距离,如图 3-46 所示,然后单击 草绘... 按钮,进入草绘状态,开始绘制第二个截面图形。

图 3-46 草绘第二个截面图形时的设置

　　(7) 与绘制第一个截面图形的方式和方法相同绘制同样的截面图形,作为混合特征的第二个截面图形。

　　(8) 单击【草绘】选项卡中的 ✔ 按钮,退出草绘状态。

　　(9) 在【混合】操控面板的【截面】选项卡中单击 插入 按钮,进行第 3 个截面的相关设置,以第二个截面作为参考偏移 300.00 的距离,然后单击 草绘... 按钮,进入草绘状态,开始绘制第 3 个截面图形。

　　(10) 绘制如图 3-47 所示的图形,作为混合特征的第 3 个截面图形。

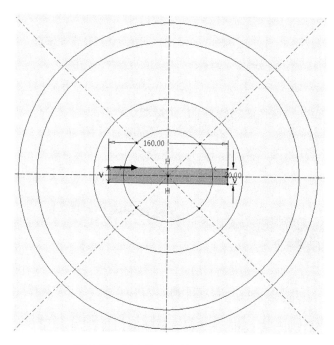

图 3-47　混合特征的第 3 个截面图形

（11）单击【草绘】选项卡中的 ✔ 按钮，退出草绘状态。此时，【混合】操控面板中的【截面】选项卡如图 3-48 所示。

图 3-48　草绘截面图形后【截面】选项卡的设置

此时，屏幕显示如图 3-49 所示。

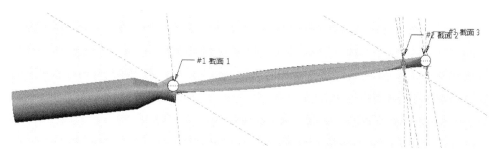

图 3-49　草绘截面图形后默认生成的特征

（12）设定混合截面间过渡曲面的性质为 Straight（直的），此时，屏幕显示如图 3-50所示。

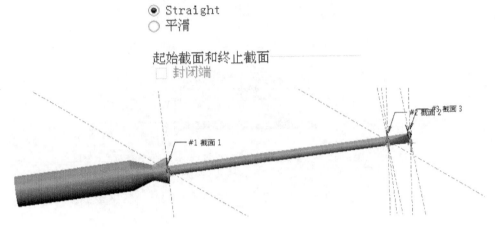

图 3-50　设定混合截面间过渡曲面性质后生成的特征

（13）预览无误后单击 ✓ 按钮，完成混合特征的创建，结果如图 3-51 所示。

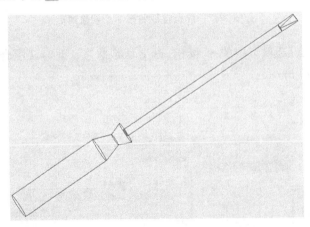

图 3-51　使用混合特征创建的改锥头

4. 保存文件

保存文件，完成实例练习。

第4章 工 程 特 征

Creo 中的工程特征可以看作是基本实体特征的扩展。工程特征是系统提供的或用户自定义的一类模板特征,用于针对基本特征的局部进行细化操作。

工程特征的几何形状是确定的,构建时只需要提供工程特征的放置位置和尺寸即可。工程特征包括倒圆角特征、倒角特征、抽壳特征、孔特征、筋特征、拔模特征等。

4.1 倒圆角特征

在零件模型中添加倒圆角特征,通常是为了增加零件造型的变化使其更为美观或者增加零件造型的强度。在 Creo 中,所有对倒圆角特征的控制都放在【倒圆角】操控面板中。

4.1.1 倒圆角特征的选项说明

在功能区的【模型】选项卡的【工程】组中单击【倒圆角】按钮 ,可以打开如图 4-1 所示的【倒圆角】操控面板,进行倒圆角的操作。

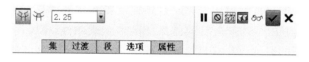

图 4-1 【倒圆角】操控面板

下面对【倒圆角】操控面板中的一些相关按钮、选项进行说明。

- 按钮:用于设置以集模式生成倒圆角特征,为 Creo 的默认方式。
- 按钮:用于设置以过渡模式生成倒圆角特征。
- 数值框:用于输入倒圆角半径。
- ‖◎◢◢◠◠✔✕:分别为暂停、无预览、分离方式预览、连接方式预览、校验方式预览、确定和取消按钮,可以预览生成的倒圆角特征,进而完成或取消倒圆角特征的建立。

在【倒圆角】操控面板中单击【集】标签,会切换到如图 4-2 所示的【集】选项卡,用于设置倒圆角特征的各种参数。

- 集:对应于不同的倒圆角集,可以通过鼠标右键进行

图 4-2 【倒圆角】操控面板的
【集】选项卡

添加或删除操作。

- 圆角截面形状：可以为圆形、圆锥、C2 连续、D1×D2 圆锥、D1×D2 C2。
- 圆角创建方式：可以为滚球、垂直于骨架。
- 完全倒圆角：将选定的面以倒圆角面取代。图 4-3 所示为使用完全倒圆角方式生成的倒圆角特征。
- 通过曲线：建立通过曲线驱动的倒圆角。使用这种方式，驱动曲线可以比实体边短，不足的部分系统会自动沿曲线的切线方向延伸。图 4-4 所示为使用通过曲线方式生成的倒圆角特征。

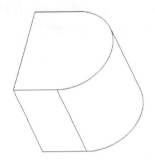 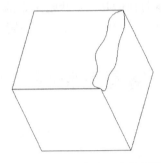

图 4-3　使用完全倒圆角方式生成的倒圆角特征　　图 4-4　使用通过曲线方式生成的倒圆角特征

- 参考：对应的是倒圆角边，可以通过鼠标右键进行移除或显示信息的操作。
- 半径：在半径数值框中输入半径值。

另外，【倒圆角】操控面板中的【过渡】选项卡对应于使用过渡模式生成倒圆角时过渡集的选择；【段】选项卡用于执行倒圆角段的管理，在其中可查看倒圆角特征的全部倒圆角集，查看当前倒圆角集中的全部倒圆角段，修剪、延伸或排除这些倒圆角段，以及处理放置模糊等问题；【选项】选项卡用于选择进行实体操作还是生成曲面；【属性】选项卡，用于显示或更改当前倒圆角特征的名称，单击【显示此特征的信息】按钮 🛈，可以显示当前倒圆角特征的具体信息。

4.1.2　创建倒圆角特征的方法

创建倒圆角特征的方法如下：

(1) 在功能区的【模型】选项卡的【工程】组中单击【倒圆角】按钮 ◝，打开【倒圆角】操控面板。

(2) 选择要倒圆角的边，选择一条边后，可以按住 Ctrl 键选择其他边。

(3) 在【倒圆角】操控面板的【集】选项卡中根据需要设置倒圆角类型，并根据所选类型输入相应尺寸。

(4) 预览无误后单击 ✔ 按钮，完成倒圆角特征的创建。

4.1.3　以过渡模式创建倒圆角特征

以过渡模式生成倒圆角特征时，对过渡区形式的说明如下。

- 默认（仅限倒圆角）：未规定过渡区形式，类似于使用简单倒圆角完成的结果。

- 继续：倒圆角直接继续到下一个倒圆角集。
- 混合：以混合方式连接两个倒圆角集。
- 相交：相邻的倒圆角集直接延伸相接。
- 拐角球：过渡区为球形曲面,半径不小于最大倒圆角集半径,仅限于 3 个倒圆角集的情况。
- 拐角扫描：以最大倒圆角集半径为主,其他两个较小半径的倒圆角集相互扫描相接,仅限于 3 个倒圆角集的情况。
- 曲面片：使用补片方式,利用过渡区的数个边铺成一个嵌面来构建过渡区,适用于 3 个或 4 个倒圆角集的情况,并且可在倒圆角相交处加上倒圆角。

为便于直观认识,在此将不同过渡区形式的效果整理为表 4-1。

表 4-1　不同过渡区形式的倒圆角效果

过渡区形式	完　成　前	完　成　后
默认		
继续		

过渡区形式	完 成 前	完 成 后
混合		
相交		
拐角球		

过渡区形式	完 成 前	完 成 后
拐角扫描		
曲面片		 过渡区未指定倒圆角
		 过渡区指定以前面为参考的倒圆角
		 过渡区未指定倒圆角
		 过渡区指定以前面为参考的倒圆角

　　虽然使用过渡模式生成倒圆角时,过渡区形式可以有多种选择,但使用集模式生成倒圆角也能构建出令人满意的效果,故两者要视设计需求而定。

4.2　倒角特征

　　在零件模型中添加倒角特征,通常是为了使零件模型便于装配或者用于防止锐利的边角割伤人。

　　Creo 中的倒角特征分为边倒角和拐角倒角两种。其中,边倒角是在棱边上进行操作的倒角特征;拐角倒角是在棱边交点处进行操作的倒角特征。

4.2.1　边倒角特征的选项说明

　　在功能区的【模型】选项卡的【工程】组中单击【边倒角】按钮 ,可以打开如图 4-5 所示的【边倒角】操控面板,进行边倒角的操作。

图 4-5　【边倒角】操控面板

下面对【边倒角】操控面板中的一些相关按钮、选项进行说明。

- 按钮:用于设置以集模式生成边倒角特征,为 Creo 的默认方式。
- 按钮:用于设置以过渡模式生成边倒角特征。
- D x D 下拉列表:用于选择边倒角类型。边倒角有 D×D、D1×D2、角度×D、45×D、O×O 和 O1×O2 共 6 种类型。
- Ⅱ ◎ ◎ ◎ ◎ ✔ ✕:分别为暂停、无预览、分离方式预览、连接方式预览、校验方式预览、确定和取消按钮,可以预览生成的边倒角特征,进而完成或取消边倒角特征的建立。

　　在【边倒角】操控面板中单击【集】标签,会切换到如图 4-6 所示的【集】选项卡,用于设置边倒角特征的各种参数。

图 4-6　【边倒角】操控面板的
　　　　　【集】选项卡

- 集:对应于不同的倒角集,可以通过鼠标右键进行添加或删除操作。
- 参考:对应的是倒角边,可以通过用鼠标右键进行移除或显示信息的操作。
- 倒角创建方式:可为偏移曲面或相切距离。当倒角的两个相邻面之间相互垂直时,这两种倒角创建方式生成的结果没有区别。

　　在【边倒角】操控面板中,【过渡】选项卡对应于使用过渡模式生成倒角时过渡集的选择;【选项】选项卡用于选择进行实体操作还是生成曲面;【属性】选项卡,用于显示或更改当前倒角特征的名称,单击【显示此特征的信息】按钮 ,可以显示当前倒角特征的具体信息。

4.2.2　创建边倒角特征的方法

创建边倒角特征的方法如下:

(1) 在功能区的【模型】选项卡的【工程】组中单击【边倒角】按钮 ,打开【边倒角】操控面板。

(2) 选择要倒角的边,选中一条边后,可以按住 Ctrl 键选择其他边。

(3) 选择倒角类型,并根据所选倒角类型输入相应尺寸。

(4) 预览无误后单击 ✓ 按钮,完成边倒角特征的创建。

4.2.3　拐角倒角特征的选项说明

在功能区的【模型】选项卡的【工程】组中单击【拐角倒角】按钮 ,可以打开如图 4-7 所示的【拐角倒角】操控面板,进行拐角倒角的操作。

图 4-7　【拐角倒角】操控面板

下面对【拐角倒角】操控面板中的一些相关按钮、选项进行说明。

- 数值框:用于输入数值,以确定倒角在高亮边上的位置。
- ‖ ◎ 🔅 🔲 ∞ ✓ ✗:分别为暂停、无预览、分离方式预览、连接方式预览、校验方式预览、确定和取消按钮,可以预览生成的拐角倒角特征,进而完成或取消拐角倒角特征的建立。

在【拐角倒角】操控面板中单击【放置】标签,会切换到如图 4-8 所示的【放置】选项卡,用于定义拐角顶点。

另外,【拐角倒角】操控面板中的【属性】选项卡用于显示或更改当前倒角特征的名称,单击【显示此特征的信息】按钮 ,可以显示当前倒角特征的具体信息。

图 4-8　【拐角倒角】操控面板的【放置】选项卡

4.2.4　创建拐角倒角特征的方法

创建拐角倒角特征的方法如下:

(1) 在功能区的【模型】选项卡的【工程】组中单击【拐角倒角】按钮 ,打开【拐角倒角】操控面板。

(2) 定义拐角顶点。

(3) 定义顶点到第一条相邻边的距离。

（4）定义顶点到第二条相邻边的距离。

（5）定义顶点到第三条相邻边的距离。

（6）预览无误后单击 ✓ 按钮，完成拐角倒角特征的创建。

4.3　抽壳特征

抽壳特征又称为壳特征，用于移除实体内部的材料，按指定厚度形成薄壁体。抽壳特征是零件建模中重要的特征，能使一些复杂的工作变得简单。

4.3.1　抽壳特征的选项说明

在创建抽壳特征时，首先要选择移除平面，系统允许选取多个移除平面，然后输入壳厚度值，即可完成抽壳特征的创建。通常抽壳时，指定的各个表面的厚度相等，也可以对某些表面厚度进行单独指定。

在功能区的【模型】选项卡的【工程】组中单击【壳】按钮 ▣ ，可以打开如图 4-9 所示的【壳】操控面板，进行抽壳的操作。

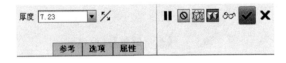

图 4-9　【壳】操控面板

下面对【壳】操控面板中的一些相关按钮、选项进行说明。

- 厚度 7.23 ▾ ：输入壳厚度。

- ％ ：反转壳的生成方向。

- ‖ ◎ 缸 ⏏ ⌀ ✓ ✕ ：分别为暂停、无预览、分离方式预览、连接方式预览、校验方式预览、确定和取消按钮，可以预览生成的抽壳特征，进而完成或取消抽壳特征的建立。

在【壳】操控面板中单击【参考】标签，会切换到如图 4-10 所示的【参考】选项卡，用于检查和修改抽壳特征的移除面及是否生成不同厚度的面等。

【壳】操控面板中的【选项】选项卡如图 4-11 所示，用于控制不进行抽壳操作的面及相关设置等。

图 4-10　【壳】操控面板的【参考】选项卡

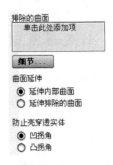

图 4-11　【壳】操控面板的【选项】选项卡

【壳】操控面板中的【属性】选项卡用于显示或更改当前抽壳特征的名称,单击【显示此特征的信息】按钮，可以显示当前抽壳特征的具体信息。

4.3.2　创建抽壳特征的方法

创建抽壳特征的方法如下:

(1) 在功能区的【模型】选项卡的【工程】组中单击【壳】按钮　,打开【壳】操控面板。

(2) 选择要移除的实体表面,注意,在选择多个面创建抽壳特征时,要按住 Ctrl 键进行选择。

(3) 输入壳的厚度。

(4) 若要建立不同厚度的抽壳特征,需要在【参考】选项卡中进行相应的设置。

(5) 预览无误后单击 ✓ 按钮,完成抽壳特征的创建。

4.4　孔特征

4.4.1　孔特征的选项说明

Creo 中的孔特征分为直孔和标准孔两大类,直孔又可以细分为简单孔和草绘孔两种。

1. 直孔

直孔是最简单的一类孔特征。

(1) 简单孔:可以看作矩形截面的旋转切除。

(2) 草绘孔:可以看作由草绘截面定义的旋转切除。

2. 标准孔

标准孔是由系统创建的基于相关工业标准的孔,可带有标准沉孔、埋头孔等不同的末端形状。

在功能区的【模型】选项卡的【工程】组中单击【孔】按钮 　 ,可以打开如图 4-12 所示的【孔】操控面板,进行孔的操作。

图 4-12　【孔】操控面板

下面对【孔】操控面板中的一些相关按钮、选项进行说明。

• 　按钮:用于设置生成直孔,该方式是系统的默认方式。

• 　按钮:用于设置生成标准孔,此时【孔】操控面板如图 4-13 所示。

标准孔包括 ISO、UNC 和 UNF 3 种标准体系,其中,ISO 与我国 GB 最为接近,也是最为广泛采用的机械类标准。

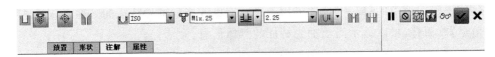

图 4-13　标准【孔】操控面板

- ⊔ 按钮：用于设置使用预定义的矩形作为钻孔的轮廓。
- ∪ 按钮：用于设置使用标准孔轮廓作为钻孔的轮廓，选择后【孔】操控面板中会出现 ⊔⋅ ⊤ ⨅ 等按钮，对应不同的标准孔类型。
- ▨ 按钮：用草绘定义钻孔的轮廓。
- ‖ ⊘ ⩎ ⨅ ∞ ✔ ✕ ：分别为暂停、无预览、分离方式预览、连接方式预览、校验方式预览、确定和取消按钮，可以预览生成的孔特征，进而完成或取消孔特征的建立。

在【孔】操控面板中单击【放置】标签，会切换到如图 4-14 所示的【放置】选项卡，用于检查和修改孔特征的主、次参考。

主参考用于设定孔的放置面，可以在收集栏中进行添加或删除。

孔位置的次参考的设定方法有线性、径向、直径和同轴 4 种。

- 线性：利用两个线性尺寸定位孔的位置。
- 径向：利用一个半径尺寸和一个角度尺寸定位孔的位置。
- 直径：利用一个直径尺寸和一个角度尺寸定位孔的位置。
- 同轴：通过选择轴线定位孔的位置，轴线与孔中心线重合。

在【孔】操控面板中单击【形状】标签，会切换到如图 4-15 所示的【形状】选项卡，用于浏览当前孔特征的二维视图和修改孔特征的深度、直径等属性。

图 4-14　【孔】操控面板的【放置】选项卡

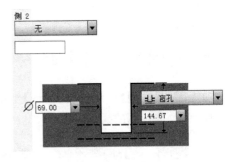

图 4-15　【孔】操控面板中的【形状】选项卡

【孔】操控面板中的【注释】选项卡如图 4-16 所示，仅适用于标准孔，用来预览孔特征的注释说明。

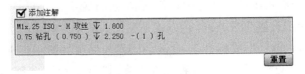

图 4-16　【孔】操控面板中的【注释】选项卡

【孔】操控面板中的【属性】选项卡用于显示或更改当前孔特征的名称,单击【显示此特征的信息】按钮 ，可以显示当前孔特征的具体信息。

4.4.2　创建孔特征的方法

创建孔特征的方法如下:

(1) 在功能区的【模型】选项卡的【工程】组中单击【孔】按钮 ，打开【孔】操控面板。

(2) 选择孔的类型,系统默认孔的类型为直孔。如果选择孔的类型为标准孔,则设定相应的直径、深度等属性。

(3) 设定孔的放置面。

(4) 如果需要,在【放置】选项卡中定义孔的放置方向。

(5) 定义孔的放置类型,系统默认为线性。

(6) 根据孔的放置类型设定相应的参考和定位尺寸。

(7) 定义孔的直径。

(8) 定义孔深度的计算方式及深度尺寸。

(9) 预览无误后单击 按钮,完成孔特征的创建。

4.5　筋特征

筋特征也称为加强筋,是为了增加零件模型薄弱环节的强度而添加的辅助性实体特征,筋特征是侧截面形态各异的薄壁实体。

Creo 中的筋特征分为轮廓筋和轨迹筋两种。其中,轮廓筋是设计中连接到实体的薄翼或腹板伸出项,轨迹筋常用于加固塑料零件。

4.5.1　筋特征的选项说明

对于筋特征的构建而言,需要设定筋的空间位置、侧截面形态和筋的壁厚。

(1) 在功能区的【模型】选项卡的【工程】组中单击【轮廓筋】按钮 ，可以打开如图 4-17 所示的【轮廓筋】操控面板,进行轮廓筋的操作。

下面对【轮廓筋】操控面板中的一些相关按钮、选项进行说明。

图 4-17　【轮廓筋】操控面板

- 5.79 ：输入筋厚度。

- ：反转筋的生成方向。

- ‖ ⊘ ⊠ ⊠ ∞ ✔ ✕ :分别为暂停、无预览、分离方式预览、连接方式预览、校验方式预览、确定和取消按钮,可以预览生成的筋特征,进而完成或取消筋特征的建立。

在【轮廓筋】操控面板中单击【参考】标签,会切换到如图 4-18 所示的【参考】选项卡,用于检查和修改筋特征的侧截面。

　　【轮廓筋】操控面板中的【属性】选项卡用于显示或更改当前筋特征的名称，单击【显示此特征的信息】按钮■，可以显示当前筋特征的具体信息。

　　（2）在功能区的【模型】选项卡的【工程】组中单击【轨迹筋】按钮，可以打开如图 4-19 所示的【轨迹筋】操控面板，进行轨迹筋的操作。

图 4-18　【轮廓筋】操控面板的　　　　　　　　图 4-19　【轨迹筋】操控面板
　　　　　　【参考】选项卡

　　下面对【轨迹筋】操控面板中的一些相关按钮、选项进行说明。

- ：反转筋的生成方向。
- ：输入筋厚度。
- ：为轨迹筋增加拔模角度。
- ：为轨迹筋增加底部倒圆角。
- ：为轨迹筋增加顶部倒圆角。
- ：分别为暂停、无预览、分离方式预览、连接方式预览、校验方式预览、确定和取消按钮，可以预览生成的筋特征，进而完成或取消筋特征的建立。

　　在【轨迹筋】操控面板中单击【放置】标签，会切换到如图 4-20 所示的【放置】选项卡，用于检查和修改筋特征的侧截面。

　　【轨迹筋】操控面板中的【形状】选项卡如图 4-21 所示，用于检查和修改筋特征的各种参数。

图 4-20　【轨迹筋】操控面板的
　　　　　　【放置】选项卡

　　【轮廓筋】操控面板中的【属性】选项卡用于显示或更改当前筋特征的名称，单击【显示此特征的信息】按钮■，可以显示当前筋特征的具体信息。

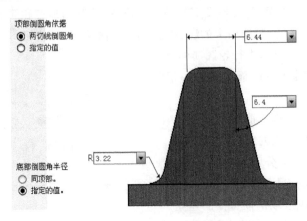

图 4-21　【轨迹筋】操控面板的【形状】选项卡

4.5.2　创建筋特征的方法

创建筋特征的方法如下：

（1）在功能区的【模型】选项卡的【工程】组中单击【轮廓筋】按钮 ，或【轨迹筋】按钮 ，
打开相应的操控面板。

（2）在操控面板中打开【参考】或【放置】选项卡，选取或草绘筋特征的侧截面。

（3）输入筋的厚度。

（4）根据需要改变筋的生成方向。

（5）根据需要改变筋的其他参数。

（6）预览无误后单击 按钮，完成筋特征的创建。

4.6　拔模特征

对于注塑件和铸件来说，为了使零件模型顺利地从模具中取出，在设计过程中往往需要
将零件模型的某些竖直面改为倾斜面，这种造型方法就是拔模。

在学习拔模特征之前，用户应先理解以下几个术语。

- 拔模曲面：零件模型中要进行拔模特征操作的模型表面。
- 拔模枢轴：拔模枢轴可为曲面或曲线，在拔模后不会改变形状、大小。
- 拖动方向：拔模的方向，用于测量拔模的角度。
- 拔模角度：拔模方向与拔模后的拔模面的夹角，取值范围为 $-30°\sim30°$。

4.6.1　拔模特征的选项说明

在功能区的【模型】选项卡的【工程】组中单击【拔模】按钮 ，可以打开如图 4-22 所示
的【拔模】操控面板，进行拔模的操作。

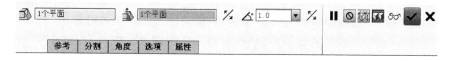

图 4-22　【拔模】操控面板

下面对【拔模】操控面板中的一些相关按钮、选项进行说明。

- ：拔模枢轴，在相应收集器中单击后选择中性面或中性曲线。
- ：拖动方向，在相应收集器中单击后选择面等以明确测量拔模角的方向。
- ：反转拖动的方向。
- 30.00 ：输入拔模角度。
- ：分别为暂停、无预览、分离方式预览、连接方式预览、校验方式预览、

确定和取消按钮,可以预览生成的拔模特征,进而完成或取消拔模特征的建立。

在【拔模】操控面板中单击【参考】标签,会切换到如图 4-23 所示的【参考】选项卡,用于检查和修改拔模特征的拔模曲面、拔模枢轴和拖动方向等。

【拔模】操控面板中的【分割】选项卡如图 4-24 所示,用于设定分割拔模面时的相关选项。

图 4-23　【拔模】操控面板中的【参考】选项卡　　图 4-24　【拔模】操控面板中的【分割】选项卡

- 分割选项:有不分割、根据拔模枢轴分割和根据分割对象分割 3 个选项,用于分割拔模面。
- 分割对象:该选项对应于【分割选项】中的【根据分割对象分割】,用于选择分割拔模面的曲线,也可以单击【定义】按钮绘制分割曲线。
- 侧选项:该选项对应于【分割选项】中的【根据拔模枢轴分割】和【根据分割对象分割】,有独立拔模侧面、从属拔模侧面、只拔模第一侧和只拔模第二侧等选项。

【拔模】操控面板中的【角度】选项卡如图 4-25 所示,用于进行拔模角度的设置。

【拔模】操控面板中的【选项】选项卡如图 4-26 所示,用于拔模面的一些其他设置。

图 4-25　【拔模】操控面板中的【角度】选项卡　　图 4-26　【拔模】操控面板中的【选项】选项卡

- 排除环:在拔模面中可以选中某些区域,使该区域不进行拔模操作。
- 拔模相切曲面:系统默认设置,沿着切面来分布拔模特征。
- 延伸相交曲面:当拔模面与一边相交时,以延长拔模面的方式进行拔模。

【拔模】操控面板中的【属性】选项卡用于显示或更改当前拔模特征的名称,单击【显示此特征的信息】按钮 🚹 ,可以显示当前拔模特征的具体信息。

4.6.2　创建拔模特征的方法

创建拔模特征的方法如下:

(1) 在功能区的【模型】选项卡的【工程】组中单击【拔模】按钮 ,打开【拔模】操控面板。

（2）选择要进行拔模的面，在选择多个面创建拔模特征时，要按住 Ctrl 键进行选择。

（3）单击【拔模枢轴】栏，然后选择中性面或中性曲线。

（4）明确测量拔模角的方向，零件模型会自动显示默认的拔模角度值。

（5）修改拔模角度值及其方向。

（6）若要建立更复杂的拔模特征，需要在【参考】、【分割】、【选项】选项卡中进行相应的设置。

（7）预览无误后单击 按钮，完成拔模特征的创建。

4.6.3 拔模特征的处理原则

一般而言，拔模特征与倒圆角特征都是在零件模型的最后完成阶段才建立的特征，因为具有倒圆角的面无法完成设计需求的拔模特征，因此应该先建立拔模特征后再建立倒圆角特征。

在遇到薄壳特征的时候，应该先建立拔模特征再完成薄壳特征，以保证零件模型各处的厚度均匀。

4.7 螺旋扫描特征

螺旋扫描特征是机械零件上常见的特征之一，在对螺纹、弹簧等零件模型进行造型的时候，需要使用螺旋扫描特征。

螺旋扫描特征既可以看作扫描特征，也可以看作特殊类型的旋转特征，即在旋转的同时沿轴向移动。

4.7.1 螺旋扫描特征的选项说明

在功能区的【模型】选项卡的【形状】组中单击【螺旋扫描】按钮 ，可以打开如图 4-27 所示的【螺旋扫描】操控面板，进行螺旋扫描的操作。

图 4-27 【螺旋扫描】操控面板

下面对【螺旋扫描】操控面板中的一些相关按钮、选项进行说明。

- □ 按钮：用于设置扫描生成实体特征。
- ○ 按钮：用于设置扫描生成曲面特征。
- ☑ 按钮：用于创建或编辑螺旋扫描截面。
- ⊿ 按钮：用于选择移除材料。
- □ 按钮：用于选择生成薄壁特征。

- 螺 27.30 ▼ ：用于输入螺旋扫描特征的间距。
- ℃：使用左手定则生成螺旋扫描特征。
- ♂：使用右手定则生成螺旋扫描特征。
- ‖ ⊙ Ⓣ ⌂ ♾ ✔ ✕：分别为暂停、无预览、分离方式预览、连接方式预览、校验方式预览、确定和取消按钮，可以预览生成的螺旋扫描特征，进而完成或取消螺旋扫描特征的建立。

　　在【螺旋扫描】操控面板中单击【参考】标签，会切换到如图 4-28 所示的【参考】选项卡，用于定义螺旋扫描特征的轮廓、总长度、旋转轴中心线和截面方向等。

　　【螺旋扫描】操控面板中的【间距】选项卡如图 4-29 所示，用于设定螺距，螺距可以为常数或者可变的值。

　　【螺旋扫描】操控面板中的【选项】选项卡如图 4-30 所示，用于进行扫描截面的设置。

　　【螺旋扫描】操控面板中的【属性】选项卡用于显示或更改

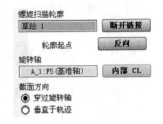

图 4-28　【螺旋扫描】操控面板的【参考】选项卡

当前螺旋扫描特征的名称，单击【显示此特征的信息】按钮 ，可以显示当前螺旋扫描特征的具体信息。

#	间距	位置类型	位置
1	27.30		起点
添加间距			

图 4-29　【螺旋扫描】操控面板中的【间距】选项卡

☐ 封闭端
沿着轨迹
◉ 保持恒定截面
○ 改变截面

图 4-30　【螺旋扫描】操控面板中的【选项】选项卡

4.7.2　创建螺旋扫描特征的方法

　　对于螺旋扫描特征的构建而言，需要设定螺旋的旋转轴、扫描外形、多个属性参数及扫描截面。其创建方法如下：

　　(1) 在功能区的【模型】选项卡的【形状】组中单击【螺旋扫描】按钮螺螺，打开【螺旋扫描】操控面板。

　　(2) 定义螺旋扫描特征的属性。

　　(3) 选择或草绘螺旋扫描特征的旋转轴和扫描外形。

　　(4) 输入螺旋扫描特征的间距。

　　(5) 草绘螺旋扫描特征的扫描截面。

　　(6) 预览无误后单击 ✔ 按钮，完成螺旋扫描特征的创建。

4.8　综合实例

本实例使用边倒角特征、倒圆角特征、孔特征和拔模等特征完成零件模型的构建,得到最终的滑动轴承座,如图 4-31 所示。

1. 打开已有的零件模型

（1）选择【文件】|【打开】菜单命令或单击快速访问工具栏中的【打开】按钮 📂 。

（2）打开配套光盘 Chapter 4 文件夹的 exam01 中的 exam01.prt 零件模型文件,如图 4-32 所示。

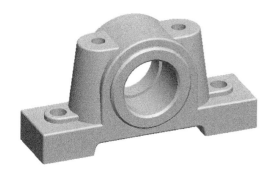

图 4-31　最终完成的零件模型

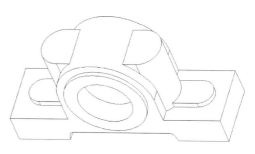

图 4-32　实例的零件模型

2. 建立边倒角特征

（1）在功能区的【模型】选项卡的【工程】组中单击【边倒角】按钮 🔌 ,打开【边倒角】操控面板。

（2）选择图 4-33 中所示的边作为要倒角的边,选中一条边后,按住 Ctrl 键选择另一条边。

（3）在【边倒角】操控面板中选择倒角类型为 45×D,并输入 D 的值为 1.50。

（4）预览无误后单击 ✔ 按钮,完成边倒角特征的创建,结果如图 4-34 所示。

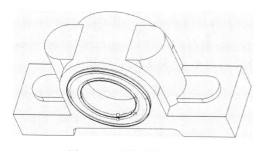

图 4-33　选择要倒角的边

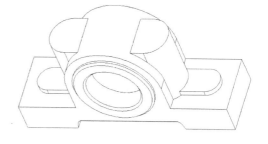

图 4-34　完成边倒角特征的滑动轴承座

3. 在对称侧建立边倒角特征

使用同样的方法、步骤和参数,在滑动轴承座的另一侧建立边倒角特征。

4．建立拔模特征

（1）在功能区的【模型】选项卡的【工程】组中单击【拔模】按钮 ，打开【拔模】操控面板。

（2）选择图 4-35 中所示的面作为拔模面。

（3）选择图 4-36 中所示的面作为拔模枢轴。

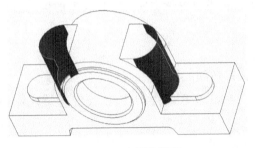
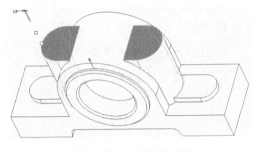

图 4-35　选择拔模面　　　　　　　　　图 4-36　选择拔模枢轴

（4）设定拔模角度为 7.0。

（5）修改拔模方向如图 4-37 所示。

（6）预览无误后单击 按钮，完成拔模特征的创建，结果如图 4-38 所示。

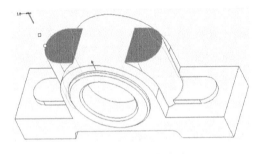
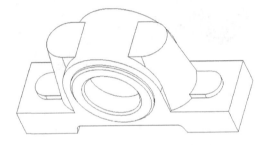

图 4-37　修改拔模方向　　　　　　　　图 4-38　完成拔模的滑动轴承座

5．建立倒圆角特征

（1）在功能区的【模型】选项卡的【工程】组中单击【倒圆角】按钮 ，打开【倒圆角】操控面板。

（2）选择图 4-39 中所示的边作为要倒圆角的边，选中一条边后，按住 Ctrl 键选择其他 3 条边。

（3）在【倒圆角】操控面板中输入倒圆角半径的值为 1.50。

（4）预览无误后单击 按钮，完成倒圆角特征的创建，结果如图 4-40 所示。

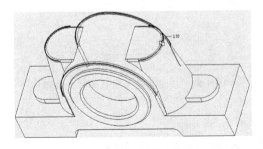
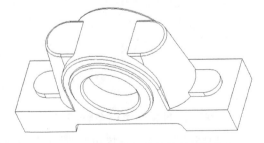

图 4-39　选择要倒圆角的边　　　　　　图 4-40　完成倒圆角特征的滑动轴承座

6．建立其他倒圆角特征

使用同样的方法、步骤和参数,在滑动轴承座中凸台和底座的相应边线上建立倒圆角特征,结果如图 4-41 所示。

需要注意的是,涉及的要倒圆角的边比较多,因此用户需要耐心、细心的选择。在选择的时候应一直按住 Ctrl 键,如果选择错误,再次单击可以取消选择。

7．建立底座安装孔

(1) 在功能区的【模型】选项卡的【工程】组中单击【孔】按钮 ，打开【孔】操控面板。

(2) 使用系统默认的孔类型,即以直孔来生成孔特征。

(3) 选择图 4-42 中所示的面作为孔特征放置的主参考面。

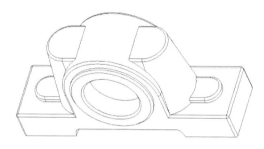

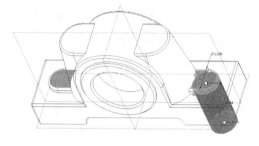

图 4-41　完成其他倒圆角特征的滑动轴承座　　　　图 4-42　选择孔特征的放置平面

(4) 在【孔】操控面板中打开【放置】选项卡,定义孔的放置类型为线性。

(5) 在偏移参考收集器中单击,然后按住 Ctrl 键,选择 FRONT 和 RIGHT 基准平面作为尺寸参考面,并设定定位尺寸分别为 0 和 60.00,此时【放置】选项卡如图 4-43 所示。

(6) 定义孔的直径为 12.00。

(7) 定义孔深度的计算方式为与所有曲面相交 。

(8) 预览无误后单击 按钮,完成孔特征的创建,结果如图 4-44 所示。

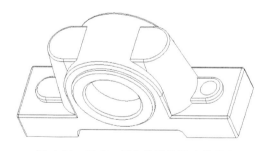

图 4-43　【放置】选项卡　　　　图 4-44　完成一侧安装孔的滑动轴承座

(9) 使用同样的方法和参数,在另一侧建立安装孔,结果如图 4-45 所示。

8．建立轴承座与轴承盖的装配孔

(1) 在功能区的【模型】选项卡的【工程】组中单击【孔】按钮 ,打开【孔】操控面板。

(2) 使用系统默认的孔类型,即以直孔来生成孔特征。

（3）选择图 4-46 中所示的面作为孔特征放置的主参考面。

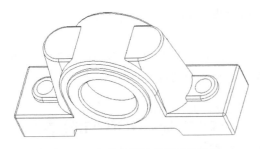

图 4-45   完成安装孔的滑动轴承座

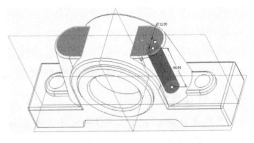

图 4-46   选择孔特征的放置平面

（4）在【孔】操控面板中打开【放置】选项卡，定义孔的放置类型为线性。

（5）在偏移参考收集器中单击，然后按住 Ctrl 键，选择 FRONT 和 RIGHT 基准平面作为尺寸参考面，并设定定位尺寸分别为 0 和 30.00，此时【放置】选项卡如图 4-47 所示。

（6）定义孔的直径为 10.00。

（7）定义孔深度的计算方式为指定深度 ，并指定深度为 60.00。

（8）预览无误后单击 按钮，完成孔特征的创建，结果如图 4-48 所示。

图 4-47   【放置】选项卡

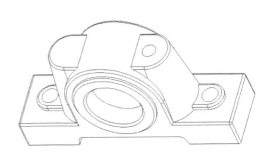

图 4-48   完成一侧装配孔的滑动轴承座

（9）使用同样的方法和参数，在另一侧建立装配孔，结果如图 4-49 所示。

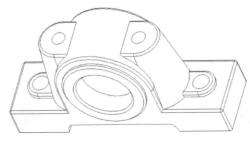

图 4-49   完成装配孔的滑动轴承座

9. 保存文件

保存文件，完成实例练习。

第5章 实体特征编辑

5.1 阵列特征

5.1.1 阵列特征的选项说明

在功能区的【模型】选项卡的【编辑】组中单击【阵列】按钮 ⊞，或者在模型树中右击特征，在弹出的快捷菜单中选择【阵列】命令，均可以打开如图 5-1 所示的【阵列】操控面板，进行特征的阵列操作。系统默认的阵列类型是尺寸阵列。

图 5-1 【阵列】操控面板

下面对【阵列】操控面板中的一些相关按钮、选项进行说明。

- 尺寸 ▼ ：在该下拉列表中可以选择阵列的方式。
- 1 2 1个项目 ：阵列数目及第一方向尺寸收集器。
- 2 3 1个项目 ：阵列数目及第二方向尺寸收集器。
- Ⅱ ◎ ☒ ∞ ✔ ✕ ：分别为暂停、无预览、分离方式预览、连接方式预览、校验方式预览、确定和取消按钮，可以预览生成的阵列特征，进而完成或取消阵列特征的建立。

在【阵列】操控面板中单击【尺寸】标签，会切换到如图 5-2 所示的【尺寸】选项卡中，在其中可以查看或修改阵列尺寸及增量。

【阵列】操控面板中的【选项】选项卡如图 5-3 所示，用于设置阵列再生的方式。

图 5-2 【阵列】操控面板中的【尺寸】选项卡   图 5-3 【阵列】操控面板中的【选项】选项卡

【阵列】操控面板中的【属性】选项卡用于显示或更改当前阵列特征的名称,单击【显示此特征的信息】按钮**i**,可以显示当前阵列特征的具体信息。

5.1.2 选择阵列方式

在 Creo 中,产生阵列的方式有尺寸、方向、轴、填充、表、参考等。

- 尺寸:通过特征生成时的定位尺寸并指定变化的增量来控制生成阵列。尺寸阵列可以为单向或双向。
- 方向:通过指定方向并指定变化的增量来控制生成阵列。方向阵列可以为单向或双向。
- 轴:通过指定角度增量和径向增量来控制生成阵列。
- 填充:通过选定栅格用实例填充区域来控制生成阵列。
- 表:通过使用阵列表为每一个阵列实例指定尺寸值来控制生成阵列。
- 参考:通过参考另一阵列来控制生成阵列。

选择不同的阵列方式,【阵列】操控面板中包含的内容有所不同。下面介绍几种常用的阵列方式。

1. 尺寸阵列

尺寸阵列的操控面板如图 5-4 所示。在尺寸阵列方式中,可以选取两个参考方向,在各自的设置栏中定义参考方向的选择及变更,并指定增量变化量。若只选择一个参考方向,则只生成该方向上指定数目的阵列特征,若同时选择两个参考方向,则阵列的特征数目是两者之积。

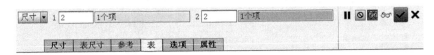

图 5-4 尺寸阵列的操控面板

2. 轴阵列

轴阵列的操控面板如图 5-5 所示。轴阵列的操控面板与尺寸阵列的操控面板相似,增量为组元素沿参考轴旋转的角度变化量,组成员个数与增量之积为 360.0。

图 5-5 轴阵列的操控面板

3. 曲线阵列

曲线阵列的操控面板如图 5-6 所示。曲线阵列的创建由用户选择或草绘样条曲线,生成的阵列特征将按指定间距沿样条曲线的形状排列。

4. 参考阵列

参考阵列的操控面板如图 5-7 所示。如果零件模型中已经建立了一个阵列特征,又希望在该阵列的基础上建立其他阵列,这时会用到参考阵列。

图 5-6　曲线阵列的操控面板

图 5-7　参照阵列的操控面板

参考阵列的操控面板中包含的选项只有暂停、预览、确定和取消按钮Ⅱ◎☒∽ ✔ ✕和属性选项,无须设定即可进行阵列特征的操作。

图 5-8 所示的沉孔特征阵列就是在孔特征阵列的基础上完成的。

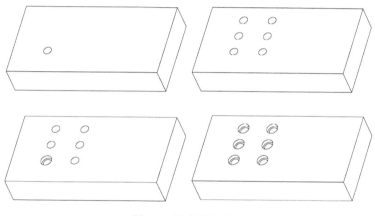

图 5-8　沉孔特征阵列

5.1.3　选择阵列再生的方式

【阵列】操控面板中的【选项】选项卡如图 5-9 所示,可以设置阵列的方式。

1. 相同

在阵列的方向上,产生的每个特征与原始特征完全相同,产生的每个特征与原始特征在同一平面上,且彼此之间互不干涉,阵列情形如图 5-10 所示。

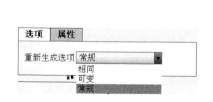

图 5-9　【阵列】操控面板中的【选项】选项卡

图 5-10　相同方式的阵列情形

2. 可变

在阵列的方向上,产生的每个特征与原始特征可以不同,产生的每个特征与原始特征可以在不同平面上,但彼此之间互不干涉,否则会提示出错,阵列情形如图5-11所示。

3. 常规

在阵列的方向上,产生的每个特征与原始特征可以不同,产生的每个特征与原始特征可以在不同平面上,彼此之间可以存在干涉,阵列情形如图5-12所示。

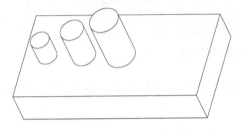

图 5-11   可变方式的阵列情形

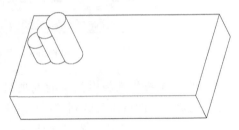

图 5-12   常规方式的阵列情形

5.2   复制特征

5.2.1   复制特征简介

复制特征操作是将零件模型中的单个特征、数个特征或组特征通过复制操作产生与原特征相同或相近的特征,并将其放置到当前零件的指定位置上的一种特征操作方法。在复制特征操作中,被复制的特征可以从当前模型中选取,也可以从其他模型文件中选取,经复制生成的特征的外形、尺寸、参考等定义元素可以与原特征相同,也可以不同,由复制操作的具体方式决定。

在复制特征的众多方法中,镜像是最简单的操作方法。选取要复制的对象(原特征)后,选择【镜像】命令,指定参照平面后单击 ✓ 按钮,即可实现特征的镜像复制,如图5-13所示。

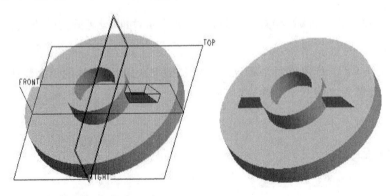

图 5-13   镜像复制操作

5.2.2　建立复制特征

在功能区的【模型】选项卡的【操作】组中单击【特征操作】命令,系统打开如图 5-14 所示的特征菜单,可以进行复制特征的操作。

选择特征菜单中的【复制】命令,系统打开如图 5-15 所示的复制特征菜单。

图 5-14　特征菜单　　　　图 5-15　复制特征菜单

在复制特征菜单中,系统提供了 4 种特征放置方式、5 种特征选择方式和两种特征关联方式。

特征放置方式包括新参考、相同参考、镜像和移动 4 种。

(1) 新参考:复制时可以修改特征的几何尺寸、定义新的参考及放置面。

(2) 相同参考:复制时只能修改特征的几何尺寸与位置尺寸,不能修改参考和放置面。

(3) 镜像:复制时不能修改特征的几何尺寸,只将选取的特征相对平面镜像。

(4) 移动:复制时通过平移或旋转两种方式进行,可以修改特征的几何尺寸。

特征选择方式包括选择、所有特征、不同模型、不同版本和自继承 5 种。

(1) 选择:选取特征进行复制特征操作。

(2) 所有特征:选取零件模型中的所有特征进行复制特征操作。

(3) 不同模型:在另外一个零件模型中选取特征进行复制特征操作。

(4) 不同版本:在当前零件模型的不同版本中选取特征进行复制特征操作。

(5) 自继承:选取被复制特征中的继承特征进行复制特征操作。

特征关联方式包括独立和从属两种。

(1) 独立:复制产生的特征与原特征彼此没有关联,原特征变更时复制产生的特征不变化。

(2) 从属:复制产生的特征从属于原特征,原特征变更时复制产生的特征也变化。

无论选择何种放置方式,系统均会打开如图 5-16 所示的选择特征菜单,提示用户"选择要复制的特征"。

（1）若用户选择 新参考 放置方式，在选取了要复制的特征后，系统会弹出如图 5-17 所示的【组元素】对话框和组可变尺寸菜单。

图 5-16　选择特征菜单

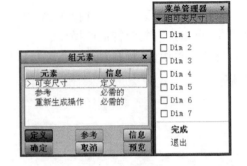

图 5-17　【组元素】对话框及组可变尺寸菜单

首先选择组可变尺寸菜单中的元素，单击【完成】选项后，系统会提示用户输入新的尺寸值，完成可变尺寸的定义。然后选择复制特征的新参考，系统打开如图 5-18 所示的参考菜单，全部定义完成后，生成新复制特征。

- 替代：替换原参考，先加亮原参考，再加亮新参考。
- 相同：与原参考相同。
- 跳过：跳过不选择。

（2）若用户选择 相同参考 放置方式，在选取了要复制的特征后，系统会同样弹出【组元素】对话框和组可变尺寸菜单。用户只需修改组可变尺寸菜单中的元素即可实现特征的复制，因为被复制特征与原特征参考相同（包括生成面及位置参考面），【组元素】对话框如图 5-19 所示。尺寸定义完成后即生成新复制特征。

图 5-18　参考菜单

图 5-19　【组元素】对话框

（3）若用户选择 镜像 放置方式，在选取了要复制的特征后，系统会打开如图 5-20 所示的设置平面菜单，选择参考平面后，即生成复制特征。

（4）若用户选择 移动 放置方式，在选取了要复制的特征后，系统会打开如图 5-21 所示的移动特征菜单，其中包括平移和旋转两种方式。在这两种方式下，用户需要为复制特征指定平移（或旋转）的参考平面、曲线/边/轴或坐标系，并指定平移（或旋转）的相对方向。

在方向定义完成后，系统会提示用户输入平移距离（或旋转角度），定义完成后即可生成新复制特征。

图 5-20　设置平面菜单　　　　　　　图 5-21　移动特征菜单

5.3　修改和重定义特征

5.3.1　修改特征

通过 Creo 创建的模型其参数是可以修改的，用户不仅可以修改特征的参数值，还可以对特征进行其他方面的修改，如修改特征的名称、使特征只读、修改特征的尺寸等。

1. 修改特征的名称

用户可以从模型树中直接修改特征的名称。在模型树中选取要修改名称的特征，然后右击，系统会弹出如图 5-22 所示的快捷菜单，选择其中的【重命名】命令，输入特征的新名称即可。

用户也可以在模型树中选择要修改的特征，单击后其名称栏显示为 ⊞ ◻▢　　　　　　　，输入新名称即可。

2. 使特征只读

在零件模型的构建过程中，如要确保某些特征在后续操作中不会被修改，可将其设为只读。再生零件后，尺寸、属性等只读特征不能修改也不能再生。但是，可以添加特征到与只读特征相交的零件中。当使特征成为只读时，Creo 将使该特征和再生列表中该特征之前的所有特征变为只读。

在功能区的【模型】选项卡的【操作】组中选择【只读】命令，系统打开如图 5-23 所示的只读特征菜单，在其中可以对零件模型中的特征进行只读设置。

图 5-22　右键快捷菜单　　　　　　　图 5-23　只读特征菜单

- 选择：在模型树或绘图区中选取特征,使其和之前的所有特征变为只读。
- 特征号：输入一个特征外部标识符,使其和之前的所有特征变为只读。
- 所有特征：使所有特征变为只读。
- 清除：从特征中取消只读设置。

3. 修改特征的尺寸

在参数化零件模型设计中,修改特征的尺寸是常用的手段之一。用户可在工作窗口中直接修改尺寸值,双击要修改的尺寸,然后输入新的尺寸即可。另外,在模型树或绘图区中选取要修改尺寸的特征,然后右击,在弹出的快捷菜单中选择【编辑】命令,所选特征的尺寸将全部显示在工作窗口中,如图 5-24 所示,用鼠标左键双击要修改的尺寸,然后输入新的尺寸即可。

选取要修改的尺寸,然后右击,系统会弹出如图 5-25 所示的快捷菜单,选择其中的【值】命令,可以选择尺寸的值。

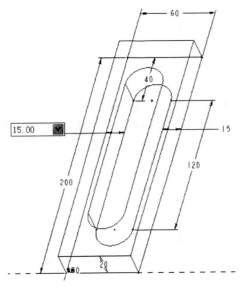

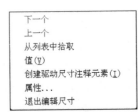

图 5-24　修改特征尺寸时工作窗口的显示　　　图 5-25　尺寸右键快捷菜单

在尺寸右键快捷菜单中选择【属性】命令,系统将弹出如图 5-26 所示的【尺寸属性】对话框,在其中可以改变尺寸属性、尺寸文本、尺寸文本样式等。

5.3.2　重定义特征

Creo 是基于特征的参数化设计,零件模型是由一系列的特征组成的,因此在完成模型设计后,如果某个特征不符合设计的要求,用户必须对特征进行重定义,以使其达到设计的要求。重定义是重新定义特征的创建方式,包括特征的几何数据、绘图平面、参考平面和二维截面等。

在绘图区或模型树中选择要重定义的特征,然后在功能区的【模型】选项卡的【操作】组中选择【编辑定义】命令,或选择右键快捷菜单中的【编辑定义】命令,系统会打开特征生成时

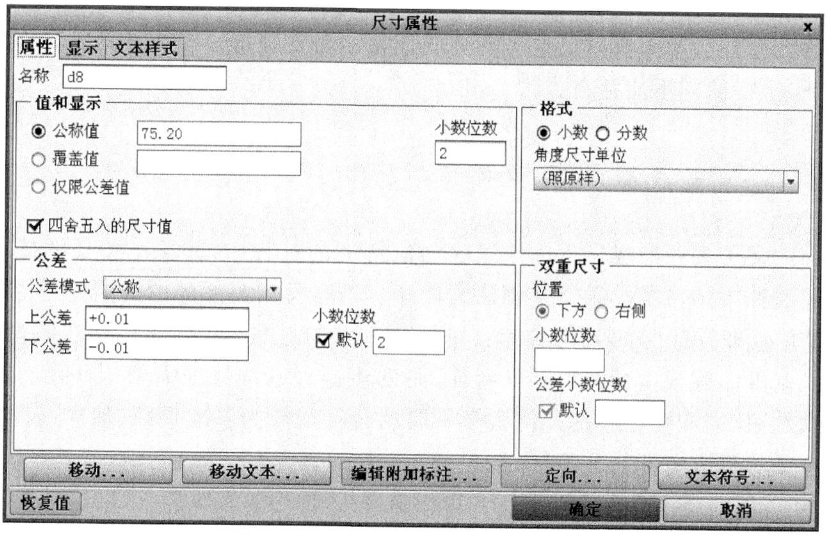

图 5-26 【尺寸属性】对话框

的操控面板或定义对话框,在其中可选择相应的选项进行重定义操作。

一般情况下,选择【编辑定义】命令后,系统会进入生成实体特征前的最后的定义界面,如实体特征的深度定义、生成方向等。若用户希望进行更进一步的重定义,如重定义草绘视图,可在选择【编辑定义】命令后,在实体特征处右击,在弹出的如图 5-27 所示的快捷菜单中选择【编辑内部草绘】命令,对实体草绘图样进行重定义。

```
编辑内部草绘...
清除
───────────
曲面
加厚草绘
反向深度方向
```

图 5-27 重定义特征时的
右键快捷菜单

在用户对零件模型特征的尺寸、特征截面、编辑关系或变更尺寸表等进行修改后,需要对零件模型进行再生操作,以重新计算发生变化的特征及被影响的特征。在功能区的【模型】选项卡的【操作】组中单击【重新生成】按钮 ,即可重新生成零件模型。【编辑定义】与【编辑】命令有时候具有相同的作用,但【编辑定义】是进行设计改变的几种方法中功能最为强大的一种。

5.4 特征之间的父子关系

5.4.1 父子关系的定义

在渐进创建实体零件的过程中,可使用各种类型的 Creo 特征。某些特征出于必要性,优先于设计过程中的其他特征先行建立;某些特征是以其他特征作为尺寸或几何参考建立起来的,即这些特征是依赖或从属于之前定义的特征的,这些特征即为子特征,之前的特征即为父特征,二者之间的关系即父子关系。

总的来讲,父子关系是 Creo 和参数化建模最强大的功能之一,在维护设计意图的过程中,此关系起着重要作用。了解特征的父子关系及其产生的原因是很有必要的,用户在编辑、修改和重定义特征时必须考虑特征间的这种关联性。在修改了零件中的某父特征后,其所有的子特征会被自动修改以反映父特征的变化。父特征可以没有子特征存在,但是,如果没有父特征,子特征则不能存在。

5.4.2　父子关系产生的原因

特征间的父子关系形成于以一定顺序创建特征的过程中,其父子关系的确立主要取决于特征创建过程中的参考关系以及创建的次序。产生父子关系的原因主要有以下几点。

(1) 设置基准特征时的几何参考:在创建一些特征的过程中,需创建基准平面、基准点、基准轴、基准曲线或坐标系等基准特征,而创建这些基准特征需要一些已存在的几何参考以指定其约束,这些已存在的几何参考所属的特征就成为基准平面、基准点、基准轴、基准曲线或坐标系等基准特征的父特征。

(2) 参考点:在创建一些特征时,常需要选择一个点作为参考点,则这个参考点所属的特征就成为此新建特征的父特征。

(3) 参考平面:在创建一些特征时,常需要选择一个水平或垂直的平面作为参考平面,从而确定绘图平面的方位,则这个参考平面所属的特征就成为此新建特征的父特征。

(4) 特征放置边或参考边:在创建一些特征时,常需要选择一个边作为参考边或放置边,则这个参考边或放置边所属的特征就成为此新建特征的父特征。

(5) 特征放置面或参考平面:在创建一些特征时,常需要选择一个面作为参考平面或放置面(如 RIGHT、TOP、FRONT 基准平面),则这个参考平面或放置面所属的特征就成为此新建特征的父特征。

(6) 绘图平面:在创建一些特征时,常需要选择一个面作为绘图平面,则这个绘图平面所属的特征就成为此新建特征的父特征。

(7) 尺寸标注几何参考:在创建一些特征时,常进行二维图形的绘制,这时常需要选用一些已存在特征的几何参考做二维图形的位置尺寸的标注或设置约束,则这些已存在的特征便成为此新建特征的父特征。

5.4.3　父子关系的查看

1. 模型信息的查看

用户可以通过查看特征的信息来了解特征的创建情况。在查看特征的信息之前,最好先查看整个模型的信息,从而了解零件模型特征建立的过程以及特征对应的特征号码。

在此以图 5-28 所示的零件模型为例进行介绍。

在功能区的【工具】选项卡的【调查】组中单击【模型】按钮 📑,或在模型树中右击特征,在弹出的快捷菜单中选择【信息】|【模型】命令,则在浏览器中将显示如图 5-29 所示的零件模型信息。

从模型信息窗口中用户可以看到零件模型的名称,从特征列表中可以查看特征的名称、类型和 ID 等详细信息。零件模型 EXAM01 有多个特征,其中,ID 为 1、3、5 的特征为 3 个基准平面特征,ID 为 7 的特征为坐标系特征,ID 为 39 的特征为伸出项特征。

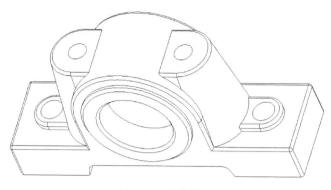

图 5-28　零件模型

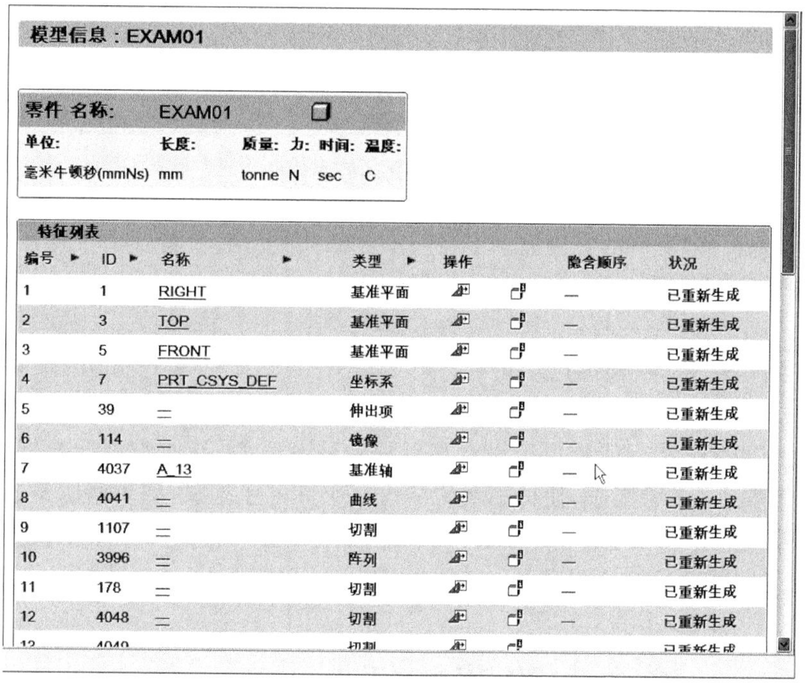

模型信息：EXAM01							

零件 名称：　EXAM01

单位：　　　　　长度：　　质量：力：时间：温度：

毫米牛顿秒(mmNs)　mm　　　　tonne N　sec　C

特征列表

编号 ►	ID ►	名称　►	类型	操作	隐含顺序	状况
1	1	RIGHT	基准平面		—	已重新生成
2	3	TOP	基准平面		—	已重新生成
3	5	FRONT	基准平面		—	已重新生成
4	7	PRT_CSYS_DEF	坐标系		—	已重新生成
5	39	—	伸出项		—	已重新生成
6	114	—	镜像		—	已重新生成
7	4037	A_13	基准轴		—	已重新生成
8	4041	—	曲线		—	已重新生成
9	1107	—	切割		—	已重新生成
10	3996	—	阵列		—	已重新生成
11	178	—	切割		—	已重新生成
12	4048	—	切割		—	已重新生成
13	4049	—	切割		—	已重新生成

图 5-29　零件模型信息

2．特征信息的查看

在功能区的【工具】选项卡的【调查】组中单击【特征】按钮，或在模型树中右击特征，在弹出的快捷菜单中选择【信息】|【特征】命令，则在浏览器中将显示如图 5-30 所示的特征信息。

从特征信息窗口中用户可以看到此特征的详细信息，如特征的名称、编号、内部特征 ID 号等。

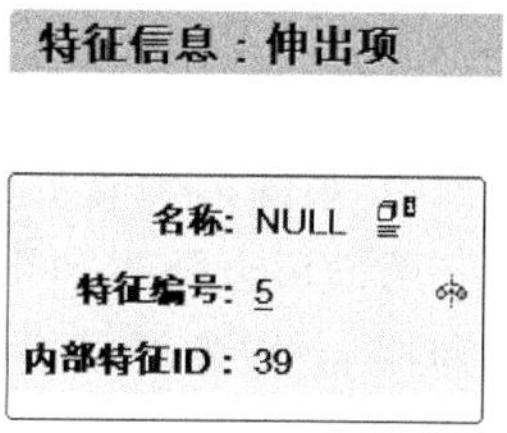

3．父子关系的查看

在功能区的【工具】选项卡的【调查】组中单击【参考查看器】按钮，或在模型树中右击特征，在弹出的快捷菜单中选择【信

特征信息：伸出项

名称：NULL

特征编号：5

内部特征ID：39

图 5-30　特征信息

息】|【参考查看器】命令,系统打开如图 5-31 所示的【参考查看器】窗口。

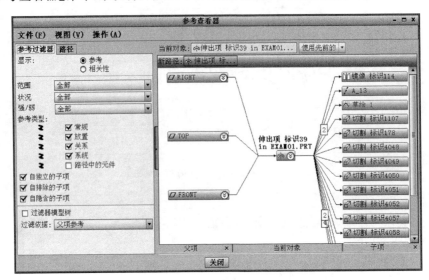

图 5-31　【参考查看器】窗口

在【参考查看器】窗口的右侧显示了当前零件特征的所有父特征和子特征,配合使用其他选项,用户可以进行更加详细的查看。

5.4.4　父子关系的意义

特征之间的父子关系能够保证设计者轻松地修改模型,从而为设计带来极大的方便。但是,由于父子关系非常复杂,使得模型的结构也变得更加复杂,如果修改不当会导致模型再生失败。因此,当用户对某一特征进行修改而希望不影响其他特征时,首先需要学会断开或变更特征之间的这种父子关系。

5.5　删除、隐含和隐藏特征

在模型的创建过程中,有时为了观察或满足其他要求需要对特征进行删除、隐含和隐藏等操作。删除特征就是将选定的特征删除,隐含和隐藏是控制特征属性的方法。当零件模型比较复杂时,为了简化零件模型、加速显示及再生的速度,可以将一些特征暂时消去,系统再生模型时不会再生该对象,这就是隐含。同样,在处理复杂组件时也可以隐含一些暂时不用的特征和元件。隐藏则是将选定的对象隐藏起来,使用户看不见,但是该对象仍然存在于模型中,系统再生模型时仍然会再生该对象。

用户可以随时利用恢复功能显示被隐含的特征或元件。隐含的特征不再参与任何计算和再生,因此可以提高零件模型的显示与再生速度,用来隐含零件模型中的某些复杂特征。

5.5.1 特征的删除和隐含

特征的删除和隐含操作十分相似,所不同的是删除特征是从零件模型中永久地移除该特征且不能恢复,而隐含特征只是将特征暂时地抑制,随时可以对隐含的特征进行恢复。

在绘图区或模型树中选择要删除的特征,然后在功能区的【模型】选项卡的【操作】组中单击【删除】按钮右侧的三角形,在系统打开的如图 5-32 所示的菜单中选择删除命令,可以进行删除特征的操作(隐含操作与此类似)。

该菜单中各命令的含义如下。

- 删除:只删除用户所选当前模型中的特征。
- 删除直到模型的终点:删除用户所选当前模型特征生成前的模型终点。
- 删除不相关的项:删除当前模型中除用户所选特征以外的特征。

图 5-32 删除菜单

无论删除或隐含特征,使用菜单命令后系统会相应弹出如图 5-33 所示的确认提示对话框,在对话框中单击【确定】按钮,即可删除或隐含选定的特征。

图 5-33 删除或隐含特征的确认提示对话框

如果删除或隐含的特征包括子特征,在进行删除或隐含操作时,系统会弹出如图 5-34 所示的确认提示对话框。

图 5-34 删除或隐含的特征含有子特征时的确认提示对话框

选定特征及其子特征在模型树和绘图区中都会加亮显示,在确认提示对话框中单击【选项】按钮,可以打开如图 5-35 所示的【子项处理】窗口对子特征进行相应设置。

在【子项处理】窗口中可以查看删除(或隐含)特征的子特征,并可以对子特征进行操作。用户可以在选择子特征后使用菜单命令,或在窗口中选择要进行操作的子特征,然后右击,在弹出的快捷菜单中选择要进行的操作。使用菜单命令和快捷菜单可进行以下几项操作。

- 删除(或隐含):删除(或隐含)子特征。
- 挂起:删除(或隐含)子特征,但需要重新定义该子特征的参考。
- 冻结:仅限组件模式,将所选特征保留在其当前位置,仅适用于元件(选择状态时可见)。
- 替换参考:重定义所选子特征的参考。

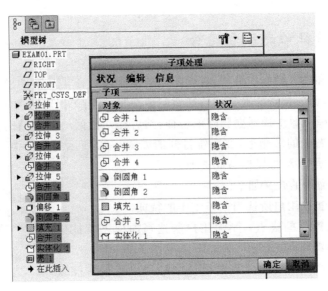

图 5-35 　【子项处理】窗口

- 重定义：重定义所选子特征。若重定义对象，会弹出相应的特征操控面板或对话框。
- 显示参考：显示所选子特征所使用的几何参考（快捷菜单中可见）。

用户要想恢复被删除（或隐含）的子特征，可以单击 ↻（撤销：恢复）按钮。

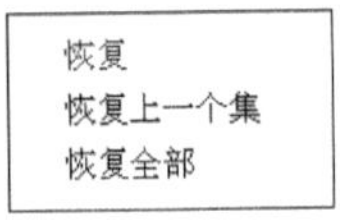

对于隐含特征，还可以使用图 5-36 所示的菜单中的【恢复】命令进行恢复特征的操作。

> 恢复
> 恢复上一个集
> 恢复全部

图 5-36 　恢复菜单

- 恢复：恢复所选的特征。
- 恢复上一个集：恢复最后一个隐含的特征。
- 恢复全部：恢复所有隐含的特征。

5.5.2 　特征的隐藏

隐藏对象时可先在模型树中选择需要隐藏的特征，然后单击功能区的【视图】选项卡的【可见性】组中的【隐藏】按钮，则被隐藏的特征将以暗灰色底纹显示在模型树中，如图 5-37 所示。

用户可以即时隐藏的特征主要有以下几种：单个基准平面（与同时隐藏或显示所有基准平面相对）、基准轴、含有轴和平面及坐标系的特征、分析特征（点和坐标系）、基准点（整个阵列）、坐标系、基准曲线（整条曲线，不是单个曲线段）、面组（整个面组，不是单个曲面）和组件元件等。

恢复被隐藏特征的方法是使用功能区的【视图】选项卡的【可见性】组中的【取消隐藏】或【全部取消隐藏】按钮，或在模型树中选择被隐藏的对象，然后右击，在弹出的快捷菜单中选择【取消隐藏】命令。

图 5-37　隐藏特征在模型树中的显示

5.6　特征的重新排序和重定参考

5.6.1　特征的重新排序

创建零件模型后,有时为了符合设计要求,需要调整特征建立的顺序。使用重新排序可在再生次序列表中向前或向后移动特征,以调整特征的创建顺序。对于多个特征的情况,只要这些特征以连续顺序出现,就可以在一次操作中对多个特征重新排序。

在功能区的【模型】选项卡的【操作】组中选择【特征操作】命令,系统会打开如图 5-38 所示的特征菜单。

在特征菜单中选择【重新排序】命令,系统打开如图 5-39 所示的选择特征菜单。

- 选择:在当前模型实体中选取需要重新排序的特征,被选取的特征将以红色加亮显示。

选取要重新排序的特征后,系统会打开如图 5-40 所示的重新排序菜单,并提示用户选择重新排序再生的插入点,选择插入点后,系统会自动再生出重新排序后的新特征。

图 5-38　特征菜单

图 5-39　选择特征菜单

图 5-40　重新排序菜单

在重新排序菜单中有两个命令,其中,【之前】表示选择以需要重新排序的特征之前生成的某个特征处作为插入点。【之后】表示选择以需要重新排序的特征之后生成的某个特征处作为插入点。

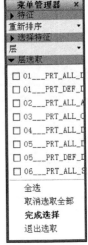

- 层:通过选择当前模型实体的各特征所在层来选取层中的所有特征,选择该命令后,系统会打开如图 5-41 所示的层选取菜单。选取层后,系统会提示用户所选的重新排序特征的新插入点的可能有效范围(以重新生成序号显示),如果合适,则自动再生新特征,否则报错。
- 范围:通过输入起始特征和终止特征的重新生成序号来指定特征范围。选择该命令后,系统会打开如图 5-42 所示的【输入起始特征的重新生成序号】和【输入终止特征的重新生成序号】输入框,输入相应数值后单击 ✓ 按钮。

重新生成序号确认输入完成后,系统同样会弹出提示,提示用户所选择的重新排序特征的新插入点的可能有效范围(以重新生成序号显示),如果选择合适,则自动再生新特征,否则报错。

图 5-41　层选取菜单

图 5-43 给出了特征重新排序前后的零件模型,从中可以看出,重新排序后模型发生了很大的变化。

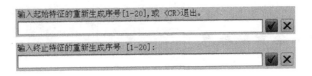

图 5-42　指定特征范围

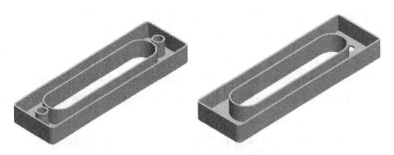

图 5-43　重新排序前后模型对比

5.6.2　特征的重定参考

当两个特征间有父子关系时,如果对父特征进行修改,则其子特征的生成会受影响且会使其修改产生困难。重定参考是重新定义特征构建时所选择的参考,让用户可以选取新的绘图平面、特征放置面或尺寸标注参考面等,从而改变特征间的父子关系,以方便地进行特征的修改。

在模型树或工作窗口中选取特征后,选择功能区的【模型】选项卡的【操作】组中的【编辑

参考】命令,或在模型树中选取特征,然后右击,在弹出的快捷菜单中选择【编辑参考】命令,系统会弹出如图 5-44 所示的【确认】对话框和重定参考菜单。

在【确认】对话框中,如果用户单击【是】按钮,零件将返回到创建特征之前的初始状态,所选特征的所有子特征将从绘图区中消失。【确认】对话框的默认选项为【否】。

图 5-44　【确认】对话框和重定参考菜单

在【确认】对话框中,如果用户单击【否】按钮,且在重定参考菜单中选择【重定特征路径】命令,则系统会打开如图 5-45 所示的重定参考和重定参考选取菜单。

- 替代:为特征选择或创建一个替换参考。需要时,可以选择【产生基准】命令构建新参考(确认基准平面本身没有参考父特征)。
- 相同参考:当前参考保持不变。
- 参考信息:显示有关加亮参考的信息。该选项显示参考标识符和参考类型,由于只能对同类参考重定参考,因此这一点非常重要。
- 完成:结束重定参考过程。
- 退出重定参考:退出当前特征的重定参考过程。即使退出重定参考操作,在特征重定参考过程中创建的基准仍会保留在模型中。

在【确认】对话框中,如果用户单击【否】按钮,且在重定参考菜单中选择【替换参考】命令,则系统会打开如图 5-46 所示的选择类型菜单。

图 5-45　重定参考和重定参考选取菜单

图 5-46　选择类型菜单

- 特征:选择一个特征替换所有参考(父项)图元。
- 单个图元:选择单个参考图元,如一条边、一个顶点或一个平面。

设置完成后系统会再生特征,若自动再生成功,则建立新的父子关系,若再生不成功,则恢复原来的参考。

5.7 综合实例

5.7.1 综合实例 1

本实例练习对特征进行阵列,在阵列过程中使用了轴和尺寸两种阵列方式。实例完成后的零件模型如图 5-47 所示。

1. 打开已有的零件模型

(1) 选择【文件】|【打开】菜单命令或单击快速访问工具栏中的【打开】按钮 ☞。

(2) 打开配套素材 Chapter 5 文件夹的 exam01 中的 exam01.prt 零件模型文件,如图 5-48 所示。

图 5-47　实例完成的零件模型

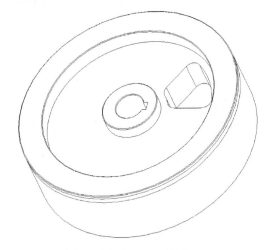

图 5-48　实例的零件模型

2. 对标识为 178 的剪切特征的阵列

(1) 在模型树中选择剪切特征(标识为 178),然后右击,在弹出的快捷菜单中选择【阵列】命令,或单击功能区的【模型】选项卡的【编辑】组中的【阵列】按钮 ⊞,打开【阵列】操控面板。

(2) 在【阵列类型】下拉列表中选择阵列方式为轴,如图 5-49 所示。

图 5-49　选择阵列方式

(3) 系统提示"选择基准轴、坐标等轴来定义阵列中心",在此选取图 5-50 中所示的 A_2 基准轴作为阵列中心。

(4) 此时的【阵列】操控面板如图 5-51 所示,在其中修改角度增量为 60.0、阵列个数为 6。

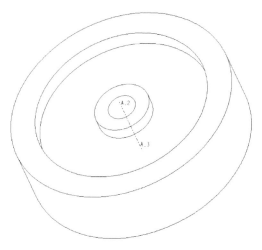

图 5-50　选取 A_2 基准轴作为阵列中心

图 5-51　选取轴后的【阵列】操控面板

此时,绘图区显示如图 5-52 所示,显示出了阵列的角度增量、特征分布等。

(5) 在【阵列】操控面板中单击 ✓ 按钮,完成特征的阵列,阵列结果如图 5-53 所示。

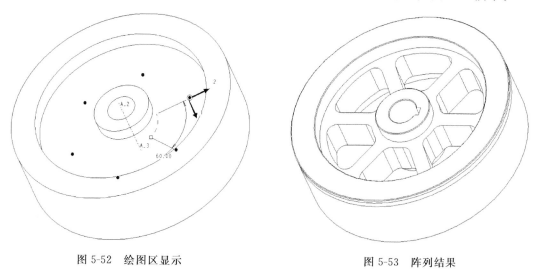

图 5-52　绘图区显示　　　　　　　　　　　　　图 5-53　阵列结果

3. 对标识为 1153 的剪切特征的阵列

(1) 在模型树中选择剪切特征(标识为 1153),然后右击,在弹出的快捷菜单中选择【阵列】命令,或单击功能区的【模型】选项卡的【编辑】组中的【阵列】按钮 ⊞,打开【阵列】操控面板。

(2) 使用系统默认的阵列方式(即尺寸)进行阵列,绘图区显示如图 5-54 所示,显示出了要阵列特征的全部尺寸。

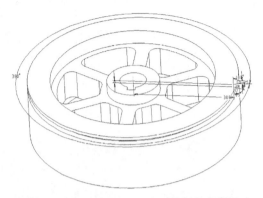

图 5-54　绘图区显示出要阵列特征的全部尺寸

（3）在零件模型中单击尺寸 10.25，并输入该尺寸方向的尺寸增量为 36，如图 5-55 所示。

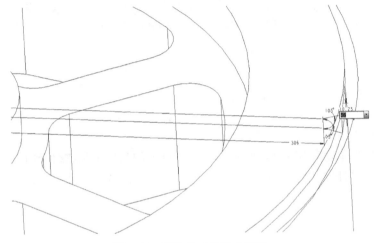

图 5-55　选取尺寸并输入增量

（4）在尺寸阵列的操控面板中修改阵列个数为 5。

（5）在【阵列】操控面板中单击 按钮，完成特征的阵列，阵列结果如图 5-56 所示。

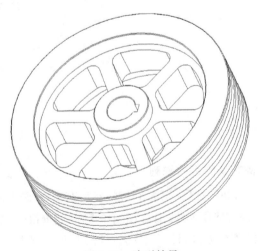

图 5-56　阵列结果

4. 保存文件

保存文件,完成实例练习。

5.7.2　综合实例 2

本实例练习对特征进行复制和镜像,实例完成后的零件模型如图 5-57 所示。

1. 打开已有的零件模型

(1) 选择【文件】|【打开】菜单命令或单击快速访问工具栏中的【打开】按钮 📂 。

(2) 打开配套素材 Chapter 5 文件夹的 exam02 中的 exam02.prt 零件模型文件,如图 5-58 所示。

图 5-57　实例完成的零件模型

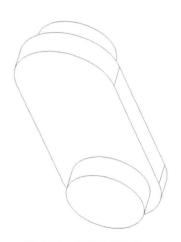

图 5-58　实例的零件模型

2. 对组特征进行旋转复制

(1) 在功能区的【模型】选项卡的【操作】组中选择【特征操作】命令,打开特征菜单,然后选择其中的【复制】命令,打开复制特征菜单。

(2) 在复制特征菜单中依次选择【移动】、【选择】、【独立】命令,此时复制特征菜单如图 5-59 所示,然后选择【完成】命令进行下一步操作。

(3) 系统提示"选择要平移的特征",在模型树中选择组特征,然后在如图 5-60 所示的选择特征菜单中选择【完成】命令进行下一步操作。

(4) 系统出现如图 5-61 所示的移动特征菜单,选择【旋转】命令进行下一步操作。

(5) 系统出现如图 5-62 所示的一般选择方向菜单,选择【坐标系】命令进行下一步操作。

图 5-59　完成选择后的
　　　　　复制特征菜单

（6）系统提示"为设置方向选择坐标系"，在此选择零件模型中的基准坐标系 PRT_CSYS_DEF。

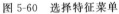

图 5-60　选择特征菜单

图 5-61　移动特征菜单

图 5-62　一般选择方向菜单

（7）系统出现如图 5-63 所示的选择轴菜单，选择【Y 轴】命令进行下一步操作。

（8）绘图区显示如图 5-64 所示，并会出现方向菜单，系统默认方向正确，直接在方向菜单中选择【确定】命令进行下一步操作。

图 5-63　选择轴菜单

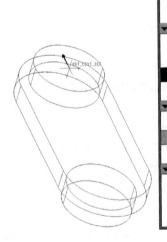

图 5-64　绘图区显示及方向菜单

（9）系统提示"输入旋转角度"，在此输入 180，系统返回移动特征菜单。

（10）在移动特征菜单中选择【旋转】命令进行下一步操作。

（11）在一般选择方向菜单中选择【曲线/边/轴】进行下一步操作。

（12）系统提示"选择一个边或轴作为所需方向"，在此选择如图 5-65 中所示的基准轴 A_2。

（13）系统默认方向正确，直接在方向菜单中选择【确定】命令。

（14）系统提示"输入旋转角度"，在此输入 120，系统返回移动特征菜单。

（15）在移动特征菜单中选择【完成移动】命令，进行下一步的操作。

（16）系统弹出如图 5-66 所示的【组元素】对话框和组可变尺寸菜单。

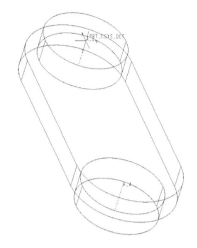

图 5-65　选取基准轴　　　　图 5-66　【组元素】对话框和组可变尺寸菜单

　　（17）在组可变尺寸菜单中选择【完成】命令，在【组元素】对话框中单击【确定】按钮，完成特征的复制，结果如图 5-67 所示。

3. 对组特征进行镜像复制

（1）在功能区的【模型】选项卡的【操作】组中选择【特征操作】命令，打开特征菜单，然后选择其中的【复制】命令，打开复制特征菜单。

（2）在复制特征菜单中依次选择【镜像】、【选择】、【从属】命令，然后选择【完成】命令进行下一步操作。

（3）系统提示"选择要镜像的特征"，在模型树中选择组特征 LOCAL_GROUP，然后在选择特征菜单中选择【完成】命令进行下一步操作。

（4）系统提示"选择一个平面或创建一个基准以其作镜像面"，在此选择图 5-68 中所示的面作为镜像面。

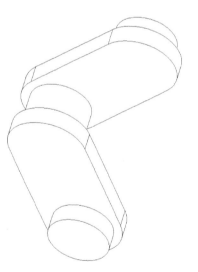

图 5-67　完成特征的复制

（5）选择【完成】命令，系统完成对组特征的镜像，结果如图 5-69 所示。

4. 对复制产生的组特征进行镜像复制

使用同样的方法对 5.7.2 复制产生的特征进行镜像，选择图 5-70 中所示的面作为镜像面。

完成结果如图 5-71 所示。

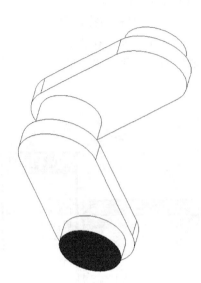

图 5-68　选择镜像面

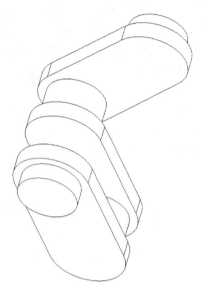

图 5-69　完成特征镜像的结果

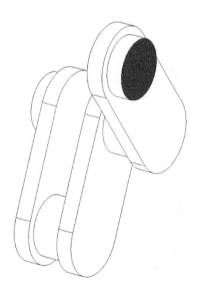

图 5-70　选择镜像特征的镜像面

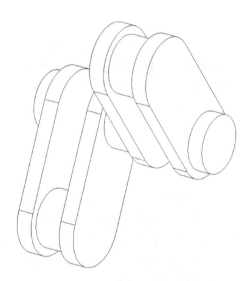

图 5-71　完成特征镜像的结果

5．保存文件

保存文件，完成实例练习。

第6章　装配体设计

6.1　装配体基础

在 Creo 中进行产品设计时,如果所有零件模型的设计、构建均已完成,则可以按要求的约束条件或连接方式将零件模型装配在一起,从而形成一个完整的产品或机构装置。

6.1.1　装配体简介

组件是指由多个零件或零部件按一定约束关系组成的装配件,也就是主装配体,装配模式下要装配的零件模型或子组件统称为元件。在创建组件之前必须有已经创建好的基本元件,然后才能创建或装配附加的组件到现有的组件中。在组件模式下进行装配时,可采用两种加入元件的方式,一种是在组件模式下添加元件,另一种是在组件模式下创建元件。

在快速访问工具栏中单击【新建】按钮 ,系统弹出如图 6-1 所示的【新建】对话框。在【类型】选项组中选择【装配】模块,在【子类型】选项组中选择【设计】模块,并在【名称】文本框中输入文件名,然后单击【确定】按钮,进入零件模型装配模式。

如果取消选中【使用默认模板】复选框,则单击【确定】按钮后,会弹出如图 6-2 所示的【新文件选项】对话框,在该对话框中选择相应的模板,然后单击【确定】按钮,即可进入零件模型装配模式。

图 6-1　【新建】对话框

图 6-2　【新文件选项】对话框

　　零件模型装配模式如图 6-3 所示,系统会自动产生 3 个相互垂直的基准平面,分别为 ASM_TOP、ASM_RIGHT 和 ASM_FRONT。

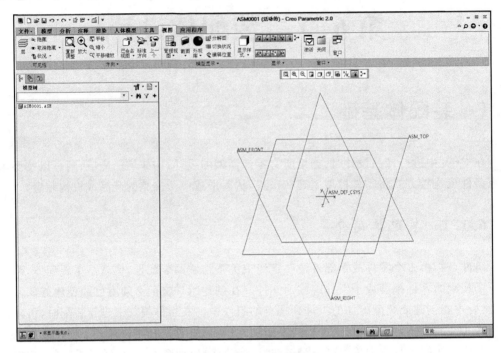

图 6-3　零件模型装配模式

　　在创建组件之后,就可以向组件中装配其他元件了,既可以装配单个元件,也可以装配子组件。在装配较复杂的机械结构时,一般将整个结构按照功能的不同分为几部分,先将这几部分分别装配成几个子组件,然后再将这些子组件装配到机械主体上。

　　在功能区的【模型】选项卡的【元件】组中单击【组装】按钮 ,在弹出的【打开】对话框中选择需要添加的元件,然后单击【打开】按钮,则元件显示在主视窗口中。在【元件放置】操控面板中单击【放置】标签,切换到【放置】选项卡,如图 6-4 所示,选择不同的约束类型将元件装配到相应的位置上。

图 6-4　【放置】选项卡

　　在机械设计中,装配元件就是将元件的 6 个自由度完全约束(在某些特殊情况下为部分约束或全约束)。同样,在 Creo 中只有将元件的 6 个自由度完全约束后,才能成功装配零件。用户可以根据该思想合理利用约束类型达到定位元件的目的。

6.1.2　模型树

模型树是组件文件中所有元件特征的列表。在组件文件中,模型树显示组件文件的名称,并在名称下显示所包括的零件文件。模型树中的模型结构以分层形式显示,根对象位于树的顶部,附属对象位于树的下部。模型树结构如图 6-5 所示。

图 6-5　模型树结构图

在默认情况下,模型树位于 Creo 主窗口的左侧。在模型树中可以选取对象,而无须先指定要对其进行何种操作。用户可以使用模型树选取元件、零件或特征。

单击模型树工具栏中的【设置】按钮，系统弹出如图 6-6 所示的下拉菜单,选择其中命令可以对模型树进行相关设置。

图 6-6　模型树【设置】下拉菜单

在模型树【设置】下拉菜单中选择【树过滤器】命令,将弹出如图 6-7 所示的【模型树项】对话框,在其中可以设置模型树中所显示的模型特征类型。

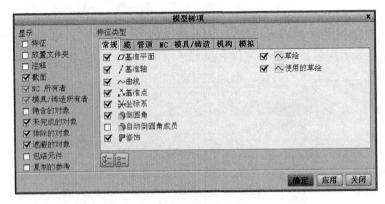

图 6-7　【模型树项】对话框

6.2　装配体约束

在装配元件的过程中,为了将每个元件固定在装配体上,需要确定元件之间的装配约束,以维护元件之间的关系。在 Creo 中,元件装配通过定义零件模型之间的装配关系来实现。零件之间的装配约束关系就是实际环境中零件之间的设计关系在虚拟环境中的映射。

当引入的元件放置到组件中时,在【元件放置】操控面板的【放置】选项卡的【约束类型】下拉列表中列出了十几种约束类型,如图 6-8 所示。根据零件的几何外形选择约束类型,就可以限制元件间的相互关系。

图 6-8　【约束类型】下拉列表中的约束类型

1. 距离约束

距离约束用于定义两个装配元件中的点、线和面之间的距离值。约束对象可以是元件中的面、边线、顶点、基准点、基准平面和基准轴,所选约束对象可以不是同种类型。当距离值为 0 时,所选对象将重合、共线或共面。

2. 角度偏移约束

角度偏移约束用于定义两个装配元件中的平面之间的角度,也可以约束线与线、线与面之间的角度。该约束通常需要配合其他约束使用,才能准确地定位角度。

3. 平行约束

平行约束用于定义两个装配元件中的平面平行,也可以约束线与线、线与面平行。该约束通常需要配合其他约束使用,才能准确地定位角度。

4. 重合约束

重合约束用于定义两个装配元件中的点、线或者面重合,约束对象可以是元件中的面、边线、顶点、基准点、基准平面、基准轴及具有中心轴线的旋转面。

（1）图 6-9 所示为面和面使用重合约束（面的法向方向互相平行并指向相反方向）进行装配时的结果。

（2）图 6-10 所示为面和面使用重合约束（面的法向方向互相平行并指向相同方向）进行装配时的结果。

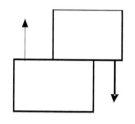

图 6-9　面与面重合约束（法向指向相反）的装配结果

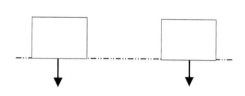

图 6-10　面与面重合约束（法向指向相同）的装配结果

（3）图 6-11 所示为线和线使用重合约束进行装配时的结果。

（4）图 6-12 所示为点和边线使用重合约束进行装配时的结果。

（5）图 6-13 所示为点和曲面使用重合约束进行装配时的结果。

（6）图 6-14 所示为边和曲面使用重合约束进行装配时的结果。

（7）图 6-15 所示为坐标系使用重合约束进行装配时的结果。

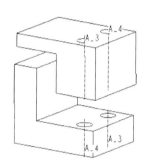

图 6-11　线与线重合约束的装配结果

5. 法向约束

法向约束用于定义两个装配元件中的直线或者平面垂直。

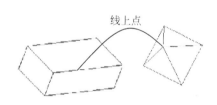
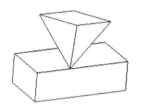

图 6-12　点与边线重合约束的装配结果

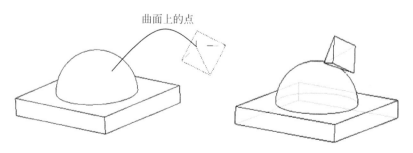

图 6-13　点与曲面重合约束的装配结果

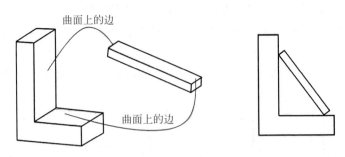

图 6-14　边和曲面重合约束的装配结果

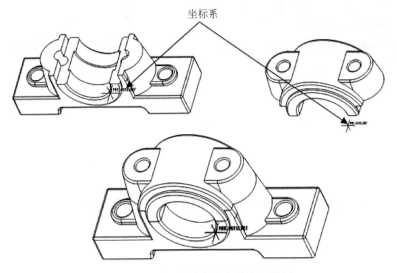

图 6-15　坐标系重合约束的装配结果

6. 共面约束

共面约束用于定义两个装配元件中的直线或者基准轴处于同一个平面内。

7. 居中约束

居中约束用于定义两个装配元件中的坐标系原点重合,但各坐标轴不重合。居中约束可以用于旋转面,定义后旋转面的中心轴重合。

8. 相切约束

相切约束控制两个曲面在切点间的接触,以曲面相切方式对两个零件进行装配。选取该装配约束后,分别选取要进行配合的两曲面即可。图 6-16 所示为两个元件使用相切约束进行装配时的结果。

9. 自动约束

自动约束指系统会根据所选择的参考特征自动判断并选择合适的约束条件。

10. 固定约束

固定约束以当前的显示状态自动给予约束条件,并将元件固定到当前位置。

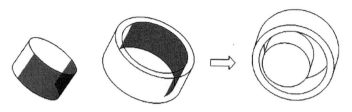

图 6-16　两曲面相切约束的装配结果

11. 默认约束

默认约束以系统默认的方式进行装配,即装配元件的默认坐标系与装配模型的默认坐标系对齐。

6.3　编辑装配体

6.3.1　修改元件

Creo 的组件模块允许用户在装配图中直接修改零件模型的参数,这样可以在装配的过程中进行修改和设计的操作。

当需要对零件模型进行修改时,有以下 3 种操作方式。

(1) 在零件模型中修改:选取要进行修改的零件模型,然后右击,在弹出的快捷菜单中选择【打开】命令,则 Creo 会在单独的零件模型设计窗口中打开该零件模型。在零件模式下可以重新定义元件特征的建立方式,包括特征的几何数据、截面绘制及截面等。

(2) 在装配模型中修改:选取要进行修改的零件模型,然后右击,在弹出的快捷菜单中选择【激活】命令,即可在组件窗口中对零件模型的特征进行操作。图 6-17 所示为激活要进行修改操作的零件模型后的模型树的显示。

用户可以双击激活零件模型的特征显示该特征的尺寸以进行修改,也可以选取特征后使用右键快捷菜单中的命令进行修改。

在模型树中选取顶级装配,在右键快捷菜单中选择【激活】命令,可以返回组件模式。

(3) 在模型树中修改:默认情况下,在组件窗口的模型树中只显示元件,并不显示元件中的特征。在模型树中单击【设置】按钮🎁 ▼,系统会弹出如图 6-18 所示的下拉菜单。

图 6-17　激活要进行修改操作的零件模型后的
模型树的显示

图6-18　模型树【设置】下拉菜单

在模型树【设置】下拉菜单中选择【树过滤器】命令,将弹出如图 6-19 所示的【模型树项】对话框。

图 6-19　【模型树项】对话框

在【模型树项】对话框中选中【特征】复选框,单击【确定】按钮后,每个元件的特征都可以在模型树中显示出来。图 6-20 所示为显示元件中的特征后的模型树。

此时,在模型树中可以直接选取元件的特征进行操作。修改尺寸后需要再生装配模型,可以使用右键快捷菜单中的【重新生成】命令或在功能区的【模型】选项卡的【操作】组中单击【重新生成】按钮 🔧 更新所修改的零件。

6.3.2　修改装配关系

有时由于某种原因需要修改元件之间的装配约束关系,在 Creo 中可以很方便地实现,只需要重新定义装配关系即可。用户可以在【放置】选项卡中重新定义装配,还可以在主窗口中直接修改。

在模型树或视图中选择需要修改的元件,在功能区的【模

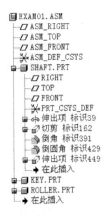

图 6-20　显示元件中的特征后的模型树

型】选项卡的【操作】组中选择【编辑定义】命令,或右击要修改的元件,在弹出的快捷菜单中选择【编辑定义】命令,弹出【基准平面】对话框,单击【放置】标签,切换到该元件的【放置】选项卡,在其中可随时移除或添加约束。

如果要删除元件的放置约束,可选取约束区所列的某个约束并右击,在弹出的快捷菜单中选择【移除】命令。

用户可以单击【新建约束】按钮重新加入约束。在【约束类型】下拉列表中选择一种约束作为元件和组件选取参考,将不限顺序定义放置约束。

用户可以在【放置】选项卡的约束区域的列表中选取一个已添加的约束条件,也可以使用下列方法重新定义约束:

- 改变匹配、对齐的偏移设置。
- 改变面的方向。

- 修改偏移值。
- 指定新的组件参考。
- 指定新的元件参考。

6.3.3　在装配中建立新零件

在传统的产品设计中,都是先将所有的零件制作完成,再生成装配。这样做的缺点是在零件设计时,设计人员对于各零件之间的相互关系比较难以把握,常常在装配时才发现问题,然后到零件中去修改,这样就增加了设计人员的工作量。这时可以在 Creo 装配模式下直接定义新零件,或者通过模型的合并、切除等方法定义新的零件。

在装配中定义新零件丰富了定义新零件的方式,为用户的实际工作带来了便利。在装配模式中有以下几种定义新零件的方法。

1. 创建实体零件及特征

该方法直接在装配模式下定义新零件。在零件模式下创建新特征时,往往需要参考已有的特征进行尺寸的约束。当一个特征成为参考特征,在本零件特征构造完成时,该参考特征就成为一个父特征。在组件特征模块中同样存在特征和特征之间的参考关系,即父、子关系。在装配模式下定义的新零件,如果参考了另外一个零件,则形成一个外部参考的元素。外部参考可以限制将来零件的使用,设计人员应该特别注意。

在功能区的【模型】选项卡的【元件】组中单击【创建】按钮 ,系统将弹出【元件创建】对话框,选择【零件】及相应的子类型,此时【元件创建】对话框如图 6-21 所示。

单击【确定】按钮,系统弹出如图 6-22 所示的【创建选项】对话框。

图 6-21　创建零件时的【元件创建】对话框

图 6-22　【创建选项】对话框

- 从现有项复制:表示复制一个组件模型环境,并不是复制子组件,即复制的文件中不应包含元件,只是一个创建组件的模型环境。复制完成后,在模型树列表中将显示新复制的子组件,在子组件下级中只有被复制文件的默认的 3 个相互正交的基准平面。在主装配体的组件环境下,子组件已装配完成,不用再对子组件进行设置约束。
- 定位默认基准:表示在主装配体的组件模式下选取基准特征。选取完成后,在模型树列表中会出现新创建的组件文件,单击鼠标右键,在弹出的快捷菜单中选择【打开】命令,系统将打开一个组件模式窗口,在主视窗口中显示的基准特征与刚才选取的基准特征一致。在此环境下创建的子组件装配到主装配体上时,以此基准特征进行自动约束。

- 创建特征:表示可以创建基准特征,也可以创建其他特征,其功能与定位默认基准相类似。

2. 创建空零件

用户可以先创建一个无初始几何形状的零件,然后对其进行编辑和操作。

3. 以相交方式创建零件

在组件模式中,可以通过对几个现有的元件求交来创建零件。在【元件创建】对话框中先选择【零件】,再选择【相交】,定义零件名称后单击【确定】按钮,选择要求交的零件,即可生成代表所选元件公共部分的新零件。

4. 在组件中合并或切除两个零件来定义新零件

在功能区的【模型】选项卡的【元件】组中选择【元件操作】命令,系统弹出如图 6-23 所示的元件菜单,选择其中的【合并】或【切除】命令,当把两组零件放置到一个组件中后,可以将一组零件的材料添加到另一组零件中,或将一组零件的材料从另一组零件中除去。

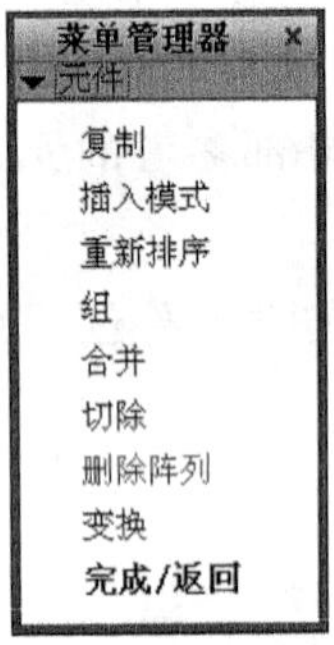

- 合并:将选定的第二组的每个零件的材料添加到第一组的每个零件中。根据可用的附加选项的不同,可以将第二组零件的特征和关系复制到第一组的每个零件中,也可以通过第一组零件参考它们。此步骤创建的特征称为合并。
- 切除:从第一组的每个零件中减去第二组的每个零件的材料。和使用【合并】命令一样,根据所选的附加选项的不同,可以将第二组零件的特征和关系复制到第一组零件中或由第一组零件参考。这个步骤创建的特征称为切除。

图 6-23　元件菜单

6.3.4　在装配中建立新的子装配

通常,子装配是预先完成的,在需要时再将其调入总装配中。众所周知,一个复杂的装配体往往是由许多零件和子装配组成的,所以有时需要在装配模式下定义新的子装配。在装配模式下有以下几种定义新零件的方法。

1. 通过复制组件创建子组件

在功能区的【模型】选项卡的【操作】组中单击【创建】按钮 ,系统弹出【元件创建】对话框,选择【子装配】及相应的子类型,此时【元件创建】对话框如图 6-24 所示。

单击【确定】按钮,系统弹出如图 6-25 所示的【创建选项】对话框。

系统默认选中【从现有项复制】单选按钮,单击【浏览】按钮,选取要复制元件的名称,然后单击【打开】按钮。在未定义放置约束的情况下,可以选中【不放置元件】复选框,以便在组件中包括新元件,单击【确定】按钮,新的子组件即被放置到组件中。用户也可以在选中【不放置元件】复选框的情况下,将其作为未放置元件包括在组件中。

图 6-24　创建子装配时的【元件创建】对话框

图 6-25　【创建选项】对话框

2. 创建子组件并设置默认基准

在【创建选项】对话框中选中【定位默认基准】单选按钮,如图 6-26 所示,可以选择一种定位基准方法并从组件中选取参考。

(1) 若选中了【三平面】或【轴垂直于平面】单选按钮,草绘平面将是选定的第一个平面。

(2) 若选中了【对齐坐标系与坐标系】单选按钮,则必须选取草绘平面。

创建完特征后,系统会以使其默认平面与组件中的选定参考相配对的方式来放置组件中的新元件。在轴垂直于平面的情况下,系统将元件轴同选定的组件轴对齐。

3. 创建空子组件

在【创建选项】对话框中选中【空】单选按钮,在未定义放置约束的情况下,可选中【不放置元件】复选框,以便在组件中包括新的子组件。单击【确定】按钮,新的子组件即被

图 6-26　【创建选项】对话框

放到组件中。用户也可以在选中【不放置元件】复选框的情况下,将其作为未放置元件包括在组件中。

6.4　装配体的分解状态

6.4.1　分解状态的基本生成方法

创建装配的分解状态是在装配的实际应用中经常用到的一项功能,它能够比较直观地反映装配中各零部件之间的相互关系,并可以清晰地表示出未分解前无法观察或不易观察的部分。通过分解视图能够详细地表达产品的装配、分解状态,使装配件变得易于观察。

使用分解功能应该遵循以下原则：

（1）可以选取单个元件或整个子组件。

（2）关闭状态时不会丢失元件的分解信息。系统会保留该信息，以便在重新打开时，元件仍有相同的分解位置。

（3）所有组件都有一个默认的分解状态，它是系统根据元件的放置指令创建的。

一般来说，对于比较简单的装配，在功能区的【模型】选项卡的【模型显示】组中单击【分解图】按钮，就能直接生成一个装配分解状态，此装配分解状态是系统默认的分解状态，也就是系统根据元件之间的相互约束关系自动生成的分解位置所构成的状态。图 6-27 即是使用这种方法生成的分解视图。

该操作非常简单，可以直接生成。如果需要，可以加入偏距线表示分解元件的相互关系，或者说表示分解元件的相互对立关系。

图 6-27   以系统默认方式生成的分解视图

6.4.2 分解状态的主要特点

装配件的分解状态主要具有以下特点：

（1）在组件中，通过创建并修改多个分解状态来定义所有元件的分解位置，还可以创建和修改偏距线，以显示分解元件在分解位置时的对齐情况。

（2）单击【分解图】按钮，可以自动创建组件的分解图。分解一个组件只影响该组件的显示，不改变元件间实际的设计距离。创建分解状态可以定义所有元件的分解位置。对于每个分解状态，都可以切换元件的分解状态、改变元件的分解位置，并创建分解偏距线。

（3）用户可以为每个组件定义多个分解状态，然后随时选择其中一个分解组件，还可以为组件的每个视图设置一个分解状态。

（4）系统为每个元件指定一个由放置约束确定的默认分解位置。

此外，使用分解功能时用户还需要注意下面几个问题：

（1）可以选取单个元件或整个子组件来编辑其分解状态。

（2）若在更高级组件范围内分解子组件，系统不会分解子组件中的元件。用户可以为每个子组件指定要使用的分解状态。

（3）关闭分解状态时，不会丢失元件的分解信息。系统会保留该信息，以便在重新打开时，元件仍然有相同的分解位置。

（4）同一子组件的多个事件在更高级组件中可以有不同的分解特性。

6.4.3 手动创建分解状态

对于相对复杂的装配，系统直接生成的默认分解状态并不太符合用户所需要的分解位置,此时可以由用户自定义各元件的位置,然后使用"拖动"的方式在屏幕上随意摆放元件的位置,以形成装配的分解状态。这样的分解状态可以生成多个并且互不干扰,用户可以通过视图管理器来调用不同的分解状态并使用,当然也可以随时生成偏距线。这种情况的操作相对多一些,具体步骤如下:

(1) 在功能区的【模型】选项卡的【模型显示】组中单击【管理视图】按钮 ，系统弹出如图 6-28 所示的【视图管理器】对话框,切换到【分解】选项卡。

在【分解】选项卡中,【新建】表示新建一种分解状态;【编辑】表示对当前分解状态进行元件位置、偏距线等方面的编辑;【名称】列表框中显示的是分解状态的列表,在用户未建立其他分解状态时,此处只显示系统内置的默认分解状态。

(2) 单击【新建】按钮新建一个分解状态,系统立刻在【名称】列表框中显示新的状态,并指定一个默认名称,且此名称处于修改状态,此时用户可以自定义名称。

(3) 设定名称后,按 Enter 键确认,此时新建的状态自动切换为当前状态(即在名称前显示一个红色的箭头图标)。单击【编辑】按钮打开其下拉菜单,如图 6-29 所示,选择其中的命令即可对当前分解状态进行编辑。

图 6-28 　【视图管理器】对话框

图 6-29 　【编辑】下拉菜单

- 保存:表示在当前分解状态被编辑修改后保存。
- 移除:表示将当前分解状态删除。
- 重命名:表示对当前的分解状态进行重命名。
- 复制:表示将选定分解状态复制到新的分解状态。
- 说明:表示给当前的分解状态插入一段说明性文字。

(4) 在功能区的【模型】选项卡的【模型显示】组中单击【编辑位置】按钮 或单击【视图】选项卡的【模型显示】组中的【编辑位置】按钮,打开如图 6-30 所示的【分解工具】操控面板。

图 6-30 　【分解工具】操控面板

(5) 根据设计意图选择移动方式,移动方式有 (平移)、(旋转)和 (视图平面) 3 种。

(6) 单击选中要移动的零件或子装配。

(7) 单击选取移动参考,可为平面、图元/边、坐标系等。

(8) 在【选项】选项卡的【运动增量】下拉列表中按照设计意图输入或选择合适的运动增量,一般情况下,使用默认的【平滑】选项来任意移动选中的零件,如图 6-31 所示。

图 6-31　【运动增量】设置

6.4.4　生成物料清单

在完成一个复杂的装配体时,从整体上对装配体的信息进行把握显得十分重要。Creo 中的一项重要功能就是支持列出总装配体中包括子装配、零件等的分类归纳信息。"物料清单(BOM)"中列出了当前组件或组件绘图中的所有零件和零件参数,并且可保存为 HTML

图 6-32　BOM 对话框

或文本格式。BOM 分为两部分:细目分类和概要。"细目分类" 部分列出了当前组件或零件中包含的内容;"概要"部分列出了包括在组件中的各零件的总数,并且是从零件级构建组件所需全部零件的列表。

生成物料清单的基本步骤如下:

(1) 在功能区的【模型】选项卡的【调查】组中单击【物料清单】按钮 ,系统弹出如图 6-32 所示的 BOM 对话框。

(2) 在【选择模型】选项区中选中【顶级】单选按钮,可以获得主装配体的物料清单,而选中【子装配】单选按钮则可以获取子装配体的物料清单。

(3) 单击 BOM 对话框中的【确定】按钮,系统将自动在浏览器中显示如图 6-33 所示的装配件物料清单信息,主要包括所有子装配件,子装配件中零件的标号、名称和类型。

BOM 报告：EXAM01

装配 EXAM01 包含:

数量	►	类型	►	名称	►	操作		
1		零件		SHAFT				
1		零件		KEY				
1		零件		ROLLER				

装配零件的总数EXAM01:

数量	►	类型	►	名称	►	操作		
1		零件		SHAFT				
1		零件		KEY				
1		零件		ROLLER				

图 6-33　装配件物料清单信息

（4）系统同时自动生成 BOM 格式的文件，将物料清单信息保存到当前工作目录下。用记事本打开后，用户将看到主装配体的物料清单信息，如图 6-34 所示。

图 6-34　物料清单信息

6.5　自顶向下装配设计

6.5.1　概念介绍

在产品设计过程中，传统方法是首先设计出零件，然后组合成一个装配体，这是自底向上的装配设计方法，其设计过程如图 6-35 所示。

这种方法是从用户的元件级开始分析产品，然后向上追溯设计到主装配体。若采用自底向上的设计方法，用户需要对主装配体有基本的了解。该设计方法的缺点是不能完全体现设计意图。设计人员先将零件装配成子组件，然后再将子组件装配成顶级组件，但是这样做常常会在完成组件创建后才发现模型不符合设计标准。检测出问题后，设计者需要手工调整每个模型，这样，如果组件比较大，检测及纠正误差工作就会花费大量的时间。因此，这种设计方法不够灵活，加大了设计冲突出现的几率，增加了设计成本。

对任何产品设计人员来说，在设计产品的过程中需要考虑产品的设计期限、成本，以及市场的灵活性等要求。如果在进行产品设计之前就做好规划，可以灵活运用自顶向下的装配设计方法，其设计过程如图 6-36 所示。

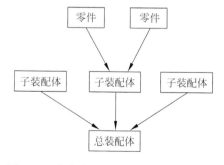

图 6-35　自底向上的装配设计过程示意图

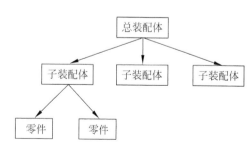

图 6-36　自顶向下的装配设计过程示意图

自顶向下装配设计是一种高级的装配设计思想,主要方法是通过成品对产品进行逐步分析,实现从装配体到零件的装配设计。具体来说,可以从组件开始,将其分解为若干个零件和子组件,然后标记组件元件及其关键特征,最后了解组件内部及组件之间的关系,从而确定产品的装配方式。用户掌握了这些信息,就能规划设计并在模型中体现总设计意图。随着现代设计方法的发展以及设计观念的更新,自顶向下装配设计将成为必然的发展趋势。

自顶向下装配设计方法有很多优点,一般来说,可以用于管理大型组件、组织复杂的组件设计、支持更加灵活的组件设计等。具体说明如下:

(1) 自顶向下装配设计方法可以方便用户在内存中只检索组件的骨架结构,再进行必要的修改,从而管理大型的组件设计。由于骨架包含了重要的设计标准,例如安装位置、子系统和零件的空间需求及设计参数等,用户可以对骨架进行更改,并且将更改传递到整个设计的各个子系统中。

(2) 组织化的组件结构可以让信息在组件的不同级别之间共享,如果在一个级别中进行了更改,则该更改将会在所有其他与之相关的组件或元件中共享,这样可以支持多个设计小组或个人拥有不同的子系统和元件的团队设计环境。

(3) 自顶向下装配设计方法组织并帮助强制执行组件元件之间的相互作用和从属关系。在实际的组件设计中存在着很多的相互作用和从属关系,在设计模型中应该能够捕捉它们,例如某零件的安装孔位置与另一个零件上的相应位置之间的关系称为期望的从属关系,如果修改了某一个安装孔的位置,则从属关系零件上相应的安装孔也要移动。

6.5.2   自顶向下装配设计的步骤

自顶向下装配设计的步骤如图 6-37 所示。

(1) 定义设计意图:设计人员在设计产品时都要做一些初步的设计规划,包括产品的设计目的、功能,以及设计的草绘、想法和规范。设计人员通过预先制定好的设计计划能够更好地理解产品的结构组成,并进行详细的产品设计。在 Creo 中,设计人员能够利用这些信息定义设计的结构和单个元件的详细要求。

(2) 确定产品结构:在 Creo 中,不需要创建任何几何模型就能够创建子组件和零件,从而创建产品结构,并且现有的子组件和零件也可以添加到产品结构中,而不必进行实际的组装。

(3) 创建骨架模型:骨架模型是根据组件中的上下关系创建的特殊零件模型。使用骨架模型不必创建元件,只需要参考骨架设计零件,并将其装配在一起,就可以作为设计规范。骨架模型是组件的三维布局,可以用于子系统之间共享设计信息,并作为控制这些子系统之间的参考的手段。

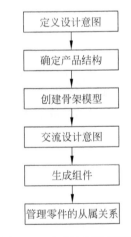

图 6-37   自顶向下装配设计的步骤

(4) 交流设计意图:产品的顶级设计信息可以放置在顶级组件骨架模型中,然后根据需要将信息分配到各个子组件骨架模型中。这样,子组件只包含其应有的相关设计信息,设计者只能设计各自的组件部分。因此，在 Creo 中，多个设计者可以共同参考同一个顶级设计信息，并且开发出的组件在第一次装配时就能够配合在一起。

（5）生成组件：定义完组件的骨架并分配顶级设计信息后，就可以开始设计单个的元件了。使用具体零件组装组件结构的方法有很多，可以组装现有元件，或在组件中创建元件，在此过程中也可以使用其他功能，例如组件装配、骨架模型、布局和合并特征等。

（6）管理零件的从属关系：参数化建模易于修改设计，用户可以有组织地管理设计中各元件间的从属关系，这允许将一个设计中的元件用于另一个设计中，并提供一种控制整个组件设计的修改和更新的方法。

6.5.3　骨架设计

骨架设计是自顶向下设计的重要部分。骨架模型是根据组件中的上下关系创建的特殊零件模型。使用骨架不必创建元件，只需参考骨架设计零件，并将其装配在一起，就可以作为设计规范。骨架模型是组件的一个三维布局，创建组件时可以将骨架作为架构。

骨架模型作为一个三维设计的外形，能以多种方式使用，其应用途径如下。

（1）装配体空间要求：自顶向下装配设计通常需要在设计小的细节元件前设计大的和外部的元件。例如，汽车的外形可能在设计发动机前就设计出来，在设计发动机的过程中，必须在分配的空间里进行。在表明主要设计部件的要求空间可以使用骨架模型。

（2）运动控制：通过骨架模型，可以控制和设计装配体的运动仿真。真正的元件轮廓由基准轴、基准线及作为部件的轮廓建立的元件创建，每个零件之间的相对运动都可以用轮廓元件进行设计和修改。优化设计时，实际的元件可以沿轮廓建立。

（3）共享信息：在大型制造企业里，会有不同的团队分别进行几个主要部件的设计工作。骨架模型可以从一个部件到另一个部件传递设计信息，以达到设计规范的统一。

（4）自顶向下的设计控制：在自顶向下设计中，设计意图从上一级传递到下一级。骨架模型的作用就是在部件设计过程中描述并传达上一级的设计意图。

骨架模型是组件的一种特殊元件，在组件中使用骨架可以实现下列目标：

（1）可以划分空间声明，即可以使用骨架创建自组件的空间声明，这样能够在模型中建立主组件和自组件之间的界面关系。

（2）可以作为元件间的设计界面来创建和使用骨架。

（3）确定组件的运动。在组件上采用骨架模型进行运动分析，即首先创建骨架模型的放置参考，然后修改骨架尺寸以模仿运动。

创建骨架模型的基本步骤如下：

（1）新建一个组件文件，然后在功能区的【模型】选项卡的【元件】组中单击【创建】按钮，弹出【元件创建】对话框。

（2）在【元件创建】对话框的【类型】选项组中选中【骨架模型】单选按钮，如图 6-38 所示，采用默认名称或者输入新的骨架模型名称，单击【确定】按钮。

（3）系统弹出如图 6-39 所示的【创建选项】对话框，在该对话框中可以选择不同的创建方法。

图 6-38　【元件创建】对话框

图 6-39　【创建选项】对话框

- 从现有项复制：选中该单选按钮后，可以输入要复制的骨架名称（或单击【浏览】按钮，在弹出的【选取模板】对话框中选取要复制元件的名称，单击【打开】按钮，选定元件的名称将出现在【复制自】文本框中）。
- 空：选中该单选按钮，将在组件中创建一个没有几何的空骨架模型子组件。

（4）单击【确定】按钮，将创建一个顶级骨架。

若要创建一个子组件级的骨架，在组件中必须有子组件。用户可以选取需要的子组件，右击选择【激活】命令，然后单击【元件】组中的【创建】按钮 🖳 ，弹出【元件创建】对话框，接下来同上述操作。在每个组件中只能创建一个骨架模型，但是对属于顶级组件的每一个子组件来说，每一个子组件均可以拥有骨架。在选项中将参数 multiple_skeletons_allowed 设置为 yes，表示每个组件可以具有多个骨架。

无论何时创建顶级组件的骨架模型，骨架都将出现在模型树中的第一个结点上，而创建的子组件级的骨架，则出现在模型树中该子组件中的每一个结点上，如图 6-40 所示。

图 6-40　模型树中显示的骨架模型

6.5.4　主控件设计

在自顶向下设计中，一般通过主控件来控制多个零件，即利用 Creo 处理装配的合并功能，利用合并后的零件与参考零件保持相关的特点来使一个零件控制多个零件。当主控件变化时，受主控件控制的受控件或装配等都随之变化，从而可以改变一个零件，整个产品都自动更新。

主控件主要适合于各种配合关系紧密的箱体类和外壳类产品，如手机、固定电话、笔记本电脑、显示器和电视机外壳等的结构设计。

利用主控件进行自顶向下设计的步骤如下。

（1）设计主控件：主控件应根据产品的特点来设计，应具有产品的基本特征和形状。

（2）建立一装配体：装配体的组件包括主控件和一空零件。

（3）合并主控件：将主控件合并到空零件中，则受控件具有主控件的所有特征。

（4）保存受控件：将合并后的空零件保存为受控件。

（5）保存其他受控件：将上一步保存的受控件分别另存为其他的受控件。

（6）设计各零件：对各个保存的受控件进行操作，设计各零件。

（7）装配产品：将各个受控件通过默认的方式装配成产品。

（8）修改产品：根据需要修改主控件，则整个产品也会随之自动改变。

6.6　综合实例

本实例练习零件模型的装配，以加深用户对装配操作过程和方法的理解与掌握。装配完成后的结果如图 6-41 所示。

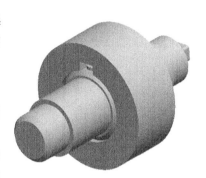

1. 建立新的组件模型

（1）选择【文件】|【新建】菜单命令或单击快速访问工具栏中的【新建】按钮 。

（2）在弹出的如图 6-42 所示的【新建】对话框中选择【装配】和【设计】，设置组件名为 exam01，并取消选中【使用默认模板】复选框，然后单击【确定】按钮。

图 6-41　实例最终完成的组件

（3）在弹出的如图 6-43 所示的【新文件选项】对话框中选择 mmns_asm_design 模板，单击【确定】按钮，进入组件设计模式。

图 6-42　【新建】对话框及其设置

图 6-43　【新文件选项】对话框及其设置

2. 装配轴零件

（1）在功能区的【模型】选项卡的【元件】组中单击【组装】按钮 ，系统弹出【打开】对话框。

（2）打开配套素材 Chapter 6 文件夹的 exam01 中的 shaft.prt 零件模型文件，如图 6-44 所示。

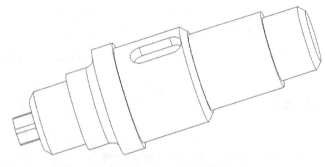

图 6-44　shaft.prt 零件模型文件

（3）弹出【元件放置】操控面板，在【放置】选项卡的【约束类型】下拉列表中选择【默认】选项，将轴零件模型的默认坐标系与装配模型的默认坐标系对齐。此时【放置】选项卡如图 6-45 所示。

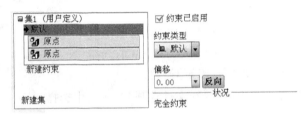

图 6-45　【放置】选项卡中的约束及其参考

（4）在【元件放置】操控面板中单击 ✓ 按钮完成此次装配，装配结果如图 6-46 所示。

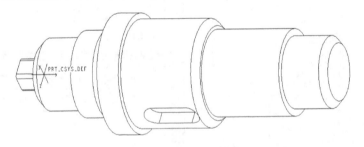

图 6-46　轴的装配结果

3. 装配键零件

（1）在功能区的【模型】选项卡的【元件】组中单击【组装】按钮 ，打开配套素材 Chapter 6 文件夹的 exam01 中的 key.prt 零件模型文件，如图 6-47 所示。

（2）添加如图 6-48 所示的约束。

具体如下：

增加第一个约束，约束类型为重合，元件参考和组件参

图 6-47　key.prt 零件模型文件

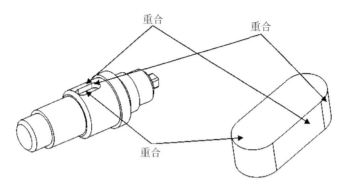

图 6-48　键装配约束及其参考示意图

考分别选择键的侧面和轴槽的侧面。

增加第二个约束,约束类型为重合,元件参考和组件参考分别选择键的底面和轴槽的底面。

增加第三个约束,约束类型为重合,元件参考和组件参考分别选择键的圆弧端面和轴槽的圆弧端面。

此时【放置】选项卡如图 6-49 所示。

图 6-49　【放置】选项卡中的约束及其参考

（3）在【元件放置】操控面板中单击 ✓ 按钮完成此次装配,装配结果如图 6-50 所示。

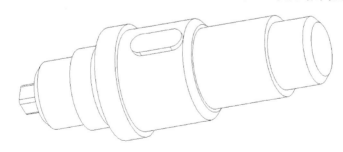

图 6-50　键的装配结果

4. 装配轮零件

（1）在功能区的【模型】选项卡的【元件】组中单击【组装】按钮 ，打开配套素材 Chapter6 文件夹的 exam01 中的 roller.prt 零件模型文件,如图 6-51 所示。

（2）添加如图 6-52 所示的约束。

具体如下:

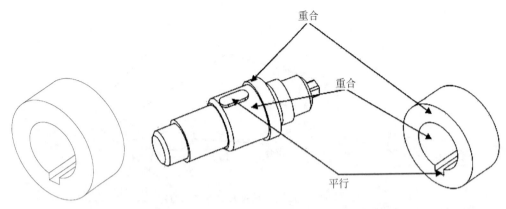

图 6-51　roller.prt 零件
　　　　模型文件

图 6-52　轮装配约束及其参考示意图

　　增加第一个约束,约束类型为重合,元件参考和组件参考分别选择轮的端面和轴的端面。

　　增加第二个约束,约束类型为平行,偏移方式为定向,元件参考和组件参考分别选择轮键槽的顶面和键的顶面。

　　增加第三个约束,约束类型为重合,元件参考和组件参考分别选择轮的内圆柱面和轴的圆柱面。

　　此时【放置】选项卡如图 6-53 所示。

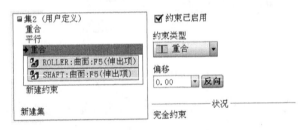

图 6-53　【放置】选项卡中的约束及其参考

　　(3) 在【元件放置】操控面板中单击 ☑ 按钮完成此次装配,装配结果如图 6-54 所示。

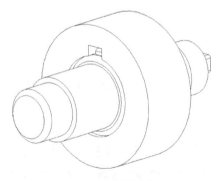

图 6-54　轮的装配结果

5．查看组件的分解视图

在功能区的【模型】选项卡的【模型显示】组中单击【分解图】按钮 ⟐ ，可以查看组件的分解图，如图 6-55 所示。如果要取消组件的分解，再次单击【分解图】按钮 ⟐ ，使其处于未选中状态即可。

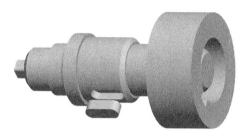

图 6-55 组件的分解图

6．保存文件

保存文件，完成实例练习。

第 7 章　工程图设计

7.1　工程图的创建方法和配置文件

7.1.1　工程图环境界面

进入 Creo 界面后,选择【文件】|【新建】菜单命令或单击快速访问工具栏中的【新建】按钮 □,弹出【新建】对话框,在【类型】选项组中选中【绘图】单选按钮,并在【名称】文本框中输入工程图的名称,如图 7-1 所示。

在该对话框中单击【确定】按钮,会弹出如图 7-2 所示的【新建绘图】对话框。

图 7-1　【新建】对话框

图 7-2　【新建绘图】对话框

(1) 在【默认模型】文本框中指定要创建工程图的零件模型(或装配组件),如果内存中有零件模型,则在【默认模型】文本框中会显示零件模型的文件名称;如果内存中没有零件模型,则在此文本框中会显示【无】,零件模型可以在以后指定。

(2)【指定模板】选项区用于指定创建工程图的方式,用户可根据需要选择合适的方式,下面分别介绍这几种方式的含义。

* 使用模板:使用模板生成新的工程图,生成的工程图具有模板的所有格式与属性。

在选中【使用模板】单选按钮后,【新建绘图】对话框如图 7-3 所示,在【模板】列表框中会显示许多系统自带的模板,如 a0_drawing、b_drawing 等,分别对应多种图纸,用户可从中选择工程图的绘制模板。

- 格式为空：使用格式文件生成新的工程图，生成的工程图具有格式文件的所有格式
  与属性。

如果选中【格式为空】单选按钮，【新建绘图】对话框如图 7-4 所示，【格式】下拉列表中显示为【无】。

图 7-3　选择【使用模板】方式　　　　图 7-4　选择【格式为空】方式

此时需单击【浏览】按钮，在如图 7-5 所示的【打开】对话框中选择系统提供的格式文件。

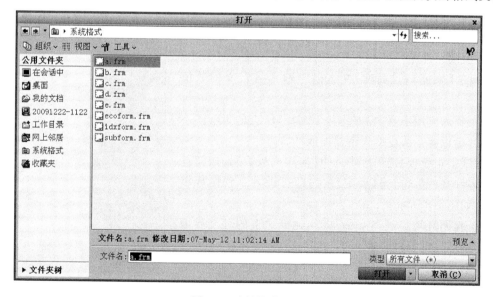

图 7-5　选择格式文件

在【打开】对话框中选择一个格式文件，当指定零件文件后，单击【确定】按钮，工作区中即出现如图 7-6 所示的空白图框，此时用户可以向空白图框中添加一般视图、投影视图等。

- 空：生成一个空的工程图，在生成的工程图中，除了系统配置文件和工程图配置文件设定的属性外，没有任何图元、格式和属性。

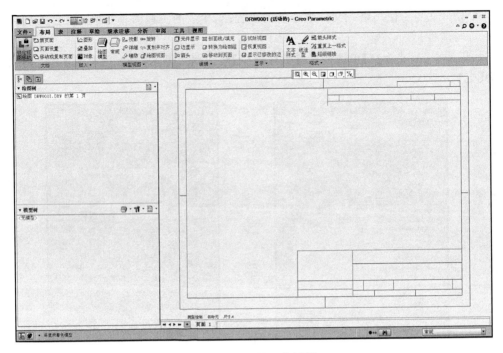

图 7-6　出现的空白图框

　　如果选中【空】单选按钮,【新建绘图】对话框如图 7-7 所示,在【指定模板】选项区下方将出现【方向】和【大小】两个选项区。【方向】选项区中的【纵向】选项和【横向】选项使用标准大小尺寸来作为当前用户所需绘制的工程图的大小;【可变】选项则允许用户自定义工程图的大小尺寸,在【大小】选项区的【宽度】和【高度】文本框中输入自定义的数值即可。

　　在实际应用中,【空】方式并不多用,所有的工程图不是通过模板就是通过格式创建而成的。

　　在【指定模板】选项区中选中【使用模板】单选按钮并选择零件文件后,单击【确定】按钮即可进入工程图环境界面,如图 7-8 所示。

　　工程图环境界面与 Creo 中其他模式下的环境界面比较类似,在此不再赘述。

图 7-7　【空】方式对应的【新建绘图】
　　　　 对话框

7.1.2　创建工程图的过程

创建工程图的一般过程如下:

1. 进入工程图环境

通过新建一个工程图文件,进入工程图模块环境。

(1) 选择【新建】菜单命令。

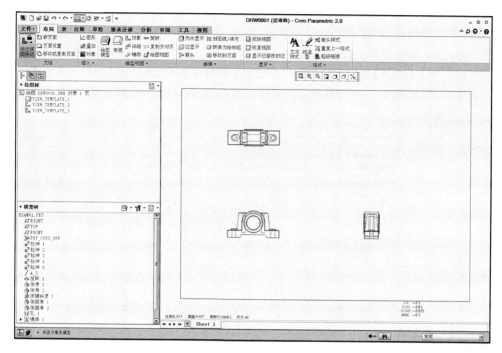

图 7-8　工程图环境界面

（2）选取【绘图】（工程图）文件类型。

（3）输入工程图文件名称，选择模型、工程图图框格式或模板。

2．创建视图

（1）添加主视图。

（2）添加主视图的投影图（左视图、右视图、俯视图、仰视图）。

（3）如有必要，添加详细视图（放大图）、辅助视图等。

3．调整视图

（1）利用视图移动命令，调整视图的位置。

（2）设置视图的显示模式，如视图中有不可见的孔，可进行消隐或用虚线显示。

4．标注尺寸

（1）显示模型尺寸，将多余的尺寸拭除。

（2）添加必要的草绘尺寸。

5．标注公差

（1）添加尺寸公差。

（2）创建基准，标注几何公差。

另外，还要添加表面光洁度标注和注释、标题栏标注。

7.1.3　系统配置文件的设置

配置文件用来指定图纸中一些内容的通用特征，如尺寸和注释的高度、文本方向、几何公差的标准、字体属性、制图标准及箭头的长度等。Creo 可以根据不同需求指定不同的配置文件及工程图格式。

Config. pro 文件控制 Creo 系统的运行环境和界面，自然会影响工程图的格式和界面。

选择【文件】|【选项】菜单命令，会弹出如图 7-9 所示的【Creo Parametric 选项】对话框，在【配置编辑器】选项卡中可以修改环境选项以及其他全局设置的启动值，这些选项都保存在系统配置文件 Config. pro 中。

图 7-9   系统配置文件 Config. pro 对应的【配置编辑器】选项卡

使用系统配置文件 Config. pro，可以全局地影响操作环境，即可以定制 Creo 中所有模式的工作环境及每个相关的绘图工作环境。

7.1.4   工程图配置文件的设置

Creo 提供了几种工程图标准，如 JIS、ANSI、ISO、DIN 等，设置方法是在一个工程设置文件中（文件名为 *. dtl）设置相关项目的参数值，并在 Config. pro 文件中的 draw_setup_file 选项后输入设置文件名，如 draw_setup_file h:\workdir\draw\iso. dtl。

系统启动时，将自动根据该设置文件更改环境设置。

在 Creo 安装目录下的 text 文件夹中提供了多个标准的设置文件供用户选择，有 cns_cn. dtl、cns_tw. dtl、din. dtl、dwgform. dtl、iso. dtl、jis. dtl、prodesign. dtl、prodetail. dtl 和 prodiagram. dtl。

7.2　创建视图

7.2.1　创建三视图

在创建工程图时,表达一个零件模型或装配组件一般需要多个视图。在我国机械制图标准中,基本以三视图,即主视图、俯视图和左视图为主体。

在 Creo 中,主视图的类型通常为一般视图,俯视图和左视图的类型通常为投影视图。

一般视图通常是在一个新的工程图页面中添加的第一个视图,是最容易变动的视图,用户可以根据设置对其进行缩放和旋转。

在功能区的【布局】选项卡的【模型视图】组中单击【常规】按钮 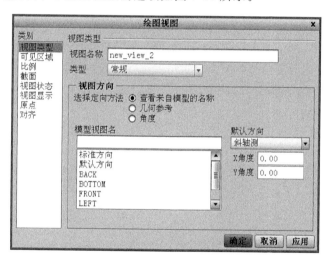,在工程图页面中的合适位置,即视图放置位置单击,系统会弹出【绘图视图】对话框,进行相应设置后单击【确定】按钮,即可完成一般视图的创建。

1. 设置视图类型选项

在【视图类型】选项卡中需要设置的选项如图 7-10 所示。

图 7-10　【视图类型】选项卡

(1) 在【视图名称】文本框中可以修改视图的名称。

(2) 在【类型】下拉列表中可以选择视图类型,如果在页面中没有视图,则不能选择视图类型,只能为一般视图。

(3) 在【视图方向】选项区中可以选择不同的定向方法,其中包括下面几个选项。

- 查看来自模型的名称:在【模型视图名】列表框中列出了在模型中保存的各个定向视图名称;在【默认方向】下拉列表中可以选择设置方向的方式。
- 几何参考:使用来自绘图中预览模型的几何参考进行定向。系统给出了两个参考选项,如图 7-11 所示。

图 7-11　【几何参考】选项

例如零件模型的预览视图如图 7-12 所示,选择参考 1 为前面,并按照系统提示选取 FRONT 基准平面;选择参考 2 为顶面,并选取 TOP 基准平面,系统将以这两个参考自动定向视图。

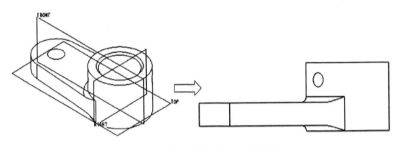

图 7-12　利用几何参考定位视图

- 角度:使用选定参考的角度或定制角度进行定向,如图 7-13 所示。在【参考角度】列表框中列出了用于定向的参考。

2. 设置比例选项

在【比例】选项卡中需要设置的选项如图 7-14 所示。

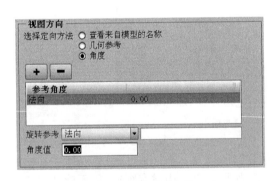

图 7-13　【角度】选项

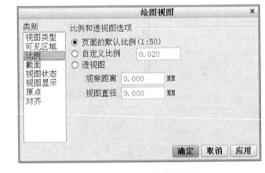

图 7-14　【比例】选项卡

- 页面的默认比例:系统默认的比例一般为 1:50,也就是与模型的实际尺寸相等。
- 自定义比例:输入的比例值大于 1 表示放大视图;输入的比例值小于 1 表示缩小视图。
- 透视图:在机械制图中很少用到,故在此不做介绍。

在创建详图视图或一般视图时,可以指定一个独立的比例值,该比例值仅控制该视图及其相关的子视图。

3. 设置视图显示选项

在【视图显示】选项卡中需要设置的选项如图 7-15 所示。

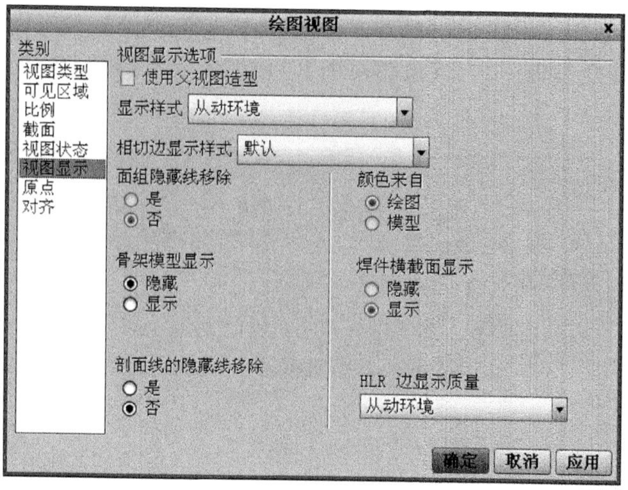

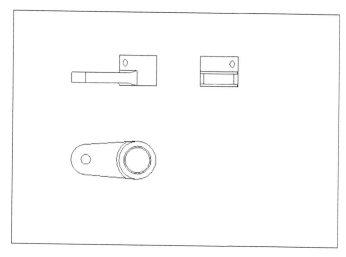

图 7-15　【视图显示】选项卡

控制视图显示包括控制隐藏线、切线的显示及模型几何的颜色。

隐藏线和切线的显示可以在工程图设置文件中进行初始设置,也可以在单个视图中或在工程图中通过环境显示设置进行控制。其首选方法是手动设置单个视图的显示,这将允许用户覆盖环境显示设置,这些环境显示的设置在每次打开工程图时可能是不同的。

在工程图中,用户可在指定的工程图颜色和原始模型中所使用的颜色之间进行切换,以设置所选视图的颜色显示。由于只需执行一个命令即可在工程图中重新使用模型颜色,因此可以节约时间。

在功能区的【布局】选项卡的【模型视图】组中单击【投影】按钮,在主视图的下方单击,完成俯视图的制作。然后单击选取主视图,在主视图的右方单击,完成左视图的制作。最后产生的三视图如图 7-16 所示。

图 7-16　完整的三视图

7.2.2　创建全剖视图

创建全剖视图与创建投影视图的方法相同，也需要先创建一般视图，在一般视图创建完毕后，再利用它创建全剖视图。在【绘图视图】对话框中选择【截面】选项卡，可以创建不同类型的全剖视图，如图 7-17 所示。

图 7-17　【截面】选项卡

- 无截面：系统默认选项。
- 2D 横截面：选择该选项，用户可以自定义截面，单击 ➕ 按钮，系统将弹出如图 7-18 所示的横截面创建菜单，在其中可设置截面特征。

设置完成后选择【完成】命令，系统将在命令提示栏中提示输入截面的名称，输入名称后，按 Enter 键确定。

此时，系统会弹出如图 7-19 所示的设置平面菜单，用于选取或创建横截面。

图 7-18　横截面创建菜单　　　　　图 7-19　设置平面菜单

完成后，【绘图视图】对话框如图 7-20 所示，单击【确定】按钮即可完成全剖视图的创建。

图 7-21 所示为一个模型及其创建的一般视图。在创建一般视图时，在【视图类型】选项卡的【视图方向】选项区中选中【几何参考】单选按钮，然后选择 TOP 基准平面为前面、选择 RIGHT 基准平面为顶面。

图 7-20　【绘图视图】对话框及其设置

图 7-22 所示为选取 TOP 基准平面作为横截面生成的全剖视图。

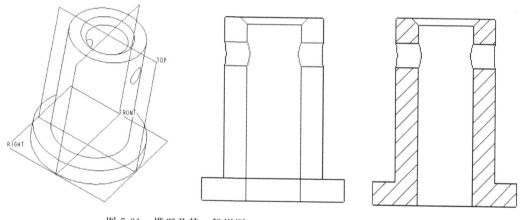

图 7-21　模型及其一般视图　　　　　　图 7-22　全剖视图

- 3D 横截面：选择在设计模型时所创建的剖面视图。

7.2.3　创建半剖视图

在全剖视图的基础上，通过设置剖切区域可以创建半剖视图。

在【绘图视图】对话框中选择【截面】选项卡，如果在剖切区域下拉列表中选择【一半】，系统会提示"为半截面创建选择参考平面"，选取对应的参考平面后，在页面的一般视图上将显示一个箭头，且系统提示"拾取侧"，即定义剖开方向，在需要的一侧单击即可。此时，【绘图视图】对话框中的相应设置如图 7-23 所示，单击【确定】按钮即可完成半剖视图的创建。

图 7-24 所示为选取 FRONT 基准平面作为剖切截止平面，并且剖开方向在右侧时所生成的半剖视图。

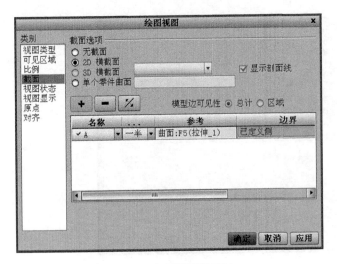

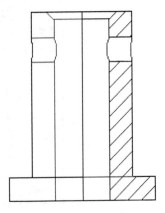

图 7-23　半剖视图的设置　　　　　　　　　　图 7-24　半剖视图

7.2.4　创建局部剖视图

在全剖视图的基础上，通过设置可以创建局部剖视图。

在【绘图视图】对话框中【类别】选择【截面】选项卡，在剖切区域下拉列表中选择【局部】选项，系统会提示"选择截面间断的中心点"，选取对应的点后，以样条曲线方式绘制边界，绘制完成后单击鼠标中键，此时，【绘图视图】对话框的相应设置如图 7-25 所示，单击【确定】按钮即可完成局部剖视图的创建。

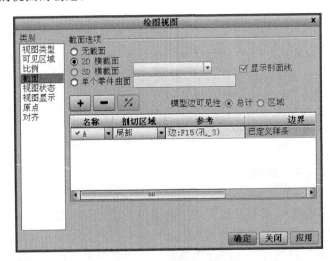

图 7-25　局部剖视图的设置

图 7-26 所示为选取局部区域中点、绘制局部边界曲线后所生成的局部剖视图。

需要注意的是，在绘制局部区域边界曲线时，不能使用【草绘】选项卡中的【样条】按钮启动样条草绘，而应直接在页面中单击开始绘制。如果使用【草绘】选项卡中的按钮，则局部剖视图将被取消，只能绘制样条曲线图元。

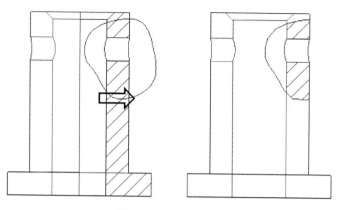

图 7-26 局部剖视图

7.2.5 创建半视图

在【绘图视图】对话框中选择【可见区域】选项卡,可以创建全视图、半视图、局部视图和破断视图,如图 7-27 所示。

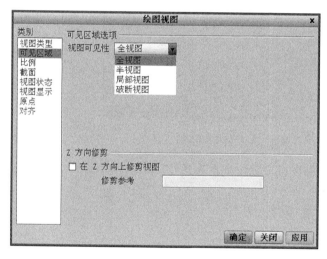

图 7-27 【可见区域】选项卡

这些视图的创建方法与剖视图的创建方法相同,也需要先创建一般视图,在一般视图创建完毕后,再利用一般视图进行创建。

系统默认选择【全视图】选项,表示产生完整的整体模型视图。

图 7-28 所示为一个模型及其创建的一般视图。在创建一般视图时,先在【视图类型】选项卡的【视图方向】选项区中选中【几何参考】单选按钮,然后选择 TOP 基准平面作为前面、选择 RIGHT 基准平面作为顶面。

在【视图可见性】下拉列表中选择【半视图】选项,选取 FRONT 基准平面作为对称面,此时各选项如图 7-29 所示。

图 7-30 所示为保留上面部分所生成的半视图。

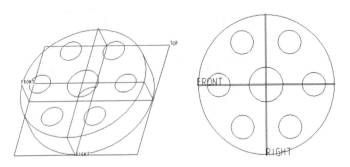

图 7-28　模型及其创建的一般视图

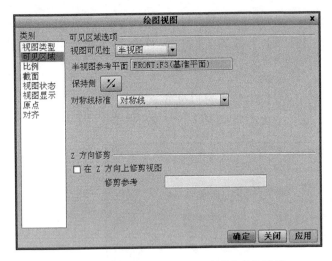

图 7-29　生成半视图时【可见区域】选项的设置　　　　图 7-30　半视图

半视图在机械制图中通常用于表达具有对称结构的模型,属于简化画法。

7.2.6　创建局部视图

在创建局部视图时,可选择【绘图视图】对话框中的【可见区域】选项卡,然后在【视图可见性】下拉列表中选择【局部视图】选项,这种视图用于表达模型的某一局部,各选项设置如图 7-31 所示。

图 7-32 所示为选取局部区域中点、绘制局部边界曲线后所生成的局部视图。

7.2.7　创建破断视图

在创建破断视图时,可选择【绘图视图】对话框中的【可见区域】选项卡,然后在【视图可见性】下拉列表中选择【破断视图】选项,这种视图常用于轴、连杆等较长的模型,可断开后缩短绘制。

单击 按钮,系统提示"草绘一条水平或竖直的破断线",在页面中单击一条水平线,开始绘制第一条垂直破断线,在适当位置单击鼠标左键结束绘制,绘制后系统提示"拾取一

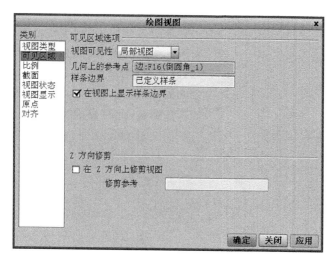

图 7-31　生成局部视图时【可见区域】选项的设置

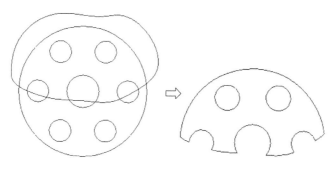

图 7-32　局部视图

个点定义第二条破断线", 在第一条破断线旁单击一点, 系统会自动绘制两条破断线。

此时, 【绘图视图】对话框的相应设置如图 7-33 所示。

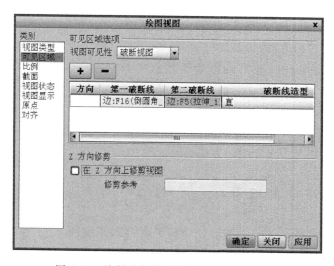

图 7-33　绘制破断线后的【绘图视图】对话框

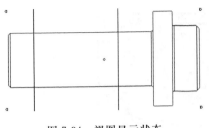

图 7-34　视图显示状态

此时工作界面内视图的显示如图 7-34 所示。

在机械制图中，破断线一般为样条曲线，所以需要改变破断线的线体。在【破断线样式】下拉列表中选择【草绘】选项，在页面中绘制一条通过断点的样条曲线，系统则自动将两条破断线更新为两条同样的样条曲线，此时视图的显示如图 7-35 所示。

图 7-36 所示为生成的破断视图。

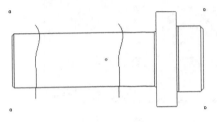

图 7-35　更新破断线样式后的显示

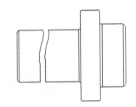

图 7-36　破断视图

破断视图通常用于表达沿长度方向上形状一致或按一定规律变化的较长的模型，属于简化画法。

7.2.8　创建投影视图

投影视图是父视图沿水平或垂直方向的正交投影。投影视图放置在投影通道中，位于父视图的上方、下方或位于其左边、右边。因为没有父视图就没有所谓的投影视图，所以只有在创建了一般视图后，才能创建投影视图。创建投影视图的一般过程如下：

（1）选择投影视图的父视图。

（2）在功能区的【布局】选项卡的【模型视图】组中单击【投影】按钮🔲。

（3）将鼠标指针移动到父视图的投影方向，此时会出现一个代表投影的方框，如图 7-37 所示。

（4）将投影方框水平或垂直地拖动到需要的位置，单击放置视图。

（5）如果需要对投影视图进行设置，可以打开【绘图视图】对话框，设置【可见区域】、【比例】、【截面】等属性，操作方法与前面介绍的方法相同。

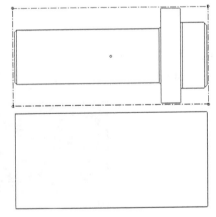

图 7-37　代表投影的方框

7.2.9　创建旋转视图

旋转视图是现有视图的一个剖面绕切割平面投影并旋转 90°所生成的视图，如图 7-38 所示。用户可将在零件模型中创建的剖面作为切割平面，或者在生成旋转视图时即时创建一个切割平面。

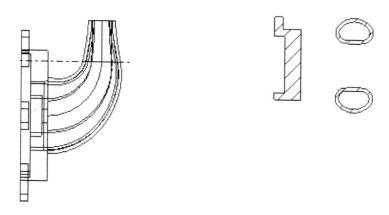

图 7-38　旋转视图示例

旋转视图和剖视图的不同之处在于，它包括一条标记视图旋转轴的线。

创建旋转视图的一般过程如下：

（1）在功能区的【布局】选项卡的【模型视图】组中单击【旋转】按钮 ⊞⊟。

（2）系统提示"选择旋转界面的父视图"，选取一个视图，则该视图将加亮显示。

（3）在绘图区中单击确定一个位置，以显示旋转视图。此时，系统会弹出如图 7-39 所示的【绘图视图】对话框，在其中可以修改视图名称，但不能修改视图类型。

图 7-39　【绘图视图】对话框

（4）在【横截面】下拉列表中选取一个已经创建的剖面或创建一个新的剖面。如果创建一个新的剖面，系统将弹出如图 7-40 所示的横截面创建菜单，在其中可以设置剖面特征。

设置完成后选择【完成】命令，系统将在命令提示栏中提示输入横截面名称，输入名称后，按 Enter 键确定。此时会弹出如图 7-41 所示的设置平面菜单，用于选取或创建横截面。

（5）完成横截面的创建后，系统提示"选择对称轴或基准"，以对其参考放置旋转视图（一般使用中键取消）。

（6）在【绘图视图】对话框中单击【应用】按钮，生成旋转视图。

图 7-40　横截面创建菜单　　　　　　图 7-41　设置平面菜单

（7）在【绘图视图】对话框中进行其他相应设置，然后单击【确定】按钮即可完成旋转视图的创建。图 7-42 所示为轴零件模型的旋转视图。

7.2.10　创建辅助视图

辅助视图通常用于表达模型中的倾斜部分，是将倾斜部分以垂直角度向选定曲面或轴进行投影后生成的视图，是一种投影视图，如图 7-43 所示。其中，选定曲面的方向将确定投影通道，父视图中的参考必须垂直于屏幕平面。

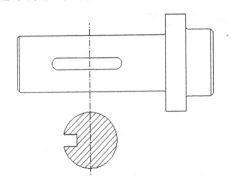

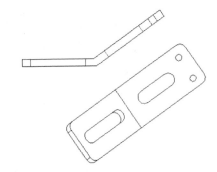

图 7-42　轴零件模型的旋转视图　　　　图 7-43　辅助视图示例

创建辅助视图的一般过程如下：

（1）在功能区的【布局】选项卡的【模型视图】组中单击【辅助】按钮 ◇。

（2）系统提示"在主视图上选择穿过前侧曲面的轴或作为基准曲面的前侧曲面的基准平面"，在要创建辅助视图的父视图中选取倾斜部分的边、轴、基准平面或曲面。

（3）此时父视图的投影通道方向出现了代表辅助视图的方框，在绘图区中单击确定一个位置，以显示辅助视图。

（4）如果需要修改辅助视图的属性，可以双击辅助视图打开【绘图视图】对话框进行修改。

图 7-44 所示为某支架零件模型的一般视图。

在机械制图中，辅助视图一般只表达倾斜部分，通常为局部视图，用户可按照前面的介绍进行相应的设置。图 7-45 所示为生成的辅助视图。

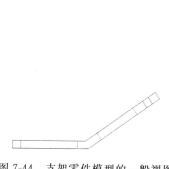

图 7-44　支架零件模型的一般视图

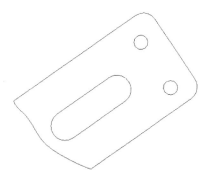

图 7-45　支架零件模型的辅助视图

7.2.11　创建详细视图

详细视图通常用于表达模型中局部的详细情况,创建详细视图的一般过程如下：

（1）在功能区的【布局】选项卡的【模型视图】组中单击【详细】按钮。

（2）系统提示"在一现有视图上选择要查看细节的中心点",单击需要查看细节部分的中心点。

（3）系统提示"草绘样条,不相交其他样条,来定义一轮廓线",直接在中心点附近绘制轮廓线,单击鼠标中键结束绘制。图 7-46 所示为系统自动将轮廓线变为规则圆形,以表示详细视图区域。

（4）系统提示"选择绘制视图的中心点",在绘图区中单击确定一个位置,以显示详细视图。

（5）如果需要修改详细视图的属性,可双击详细视图打开【绘图视图】对话框进行修改。图 7-47 所示为生成的详细视图。

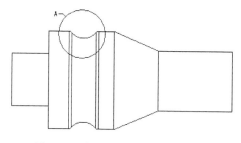

图 7-46　表示详细视图区域的圆形

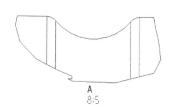

图 7-47　零件模型的详细视图

7.3　创建尺寸和标注

7.3.1　创建尺寸

页面中的视图只能表达模型的形状,模型各部分的真实大小及准确的相对位置则需要通过标注尺寸来确定。出于定位图形或便于查看图形的需要,可在工程图中直接创建尺寸。

在工程图上创建尺寸,不必改动模型的设计即可得到所需的工程图外观。

如果正在创建的多个尺寸参考几何的同一部分,可使用公共参考选项减少鼠标的拾取。系统将使用第一尺寸的第一参考作为创建的所有尺寸的第一标注参考。

在绘图模式中创建尺寸时,除了在草绘中可用的连接类型外,还有以下连接类型。

- 中点:将引导线连接到某个图元的中点上。
- 中心:将引导线连接到圆形图元的中心。
- 求交点:将引导线连接到两个图元的交点上。
- 做线:制作一条用于引导线连接的线。

1. 创建尺寸

创建尺寸时,可以按照以下操作步骤进行:

(1) 在功能区的【注释】选项卡的【注释】组中单击【尺寸-新参考】按钮 ⊨⊣ ,打开如图 7-48 所示的依附类型菜单。

(2) 在依附类型菜单中选择图元上、中点或中心等依附类型选项。

(3) 选取一个依附类型选项后,选择将要添加的新参考的边界,如图 7-49 所示。选取两个参考后,在合适的位置单击鼠标中键,放置新尺寸。

图 7-48　依附类型菜单

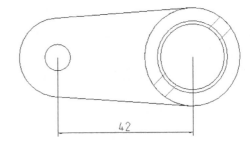

图 7-49　创建新尺寸

采用上述创建尺寸的方法,也可以在工程图上创建草绘图元的尺寸。

2. 创建参考尺寸

参考尺寸与尺寸类似,只是其外观不同且不显示公差。用户可以通过使用括号()或在尺寸值后附加"参照"来标识参考尺寸。

要创建参考尺寸,可以按照以下操作步骤进行:

(1) 在功能区的【注释】选项卡的【注释】组中单击【参考尺寸-新参考】按钮 ⊡ ,打开与创建驱动尺寸类似的依附类型菜单。

(2) 在该菜单中选择某一依附类型选项后,选择视图中的第一驱动尺寸参考和第二驱动尺寸参考,然后在合适的位置单击鼠标中键,放置新参考尺寸,如图 7-50 所示。

另外,用户也可以在工程图上创建草绘图元

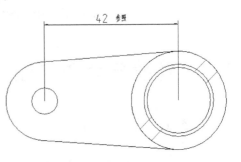

图 7-50　创建参考尺寸

的参考尺寸。

7.3.2　创建标注

标注是工程图中作为支持信息的文本。工程图标注由文本和符号组成。

Creo 系统允许将参数化的信息包括在标注中，在系统更新时，包含在标注中的参数化信息也同时更新，以反映所有改变。

通过在"&"符号后输入参数的符号名称，可以在工程图中增加模型、参考、驱动尺寸及系统定义的参数（阵列中的实例数）等参数化信息。

在 Creo 中创建标注时，尺寸和参数自动转换成其符号形式。

Creo 系统包括下列前面带有"&"符号的参数化信息。

- &todays_date：当前日期。
- &model_name：使用模型的名称。
- &dwg_name：工程图名称。
- &scale：工程图比例。
- &type：模型类型（零件或组件）。
- &format：格式尺寸。
- &linear_tol_0_0 到 &linear_tol_0_000000：从 1 位～6 位小数的线性公差值。
- &angular_tol_0_0 到 &angular_tol_0_000000：从 1 位～6 位小数的角度公差值。
- &current_sheet：当前页码。
- &total_sheets：工程图总页数。
- &dtm_name：基准平面的名称。

在创建标注时，可按照以下步骤操作：

（1）在功能区的【注释】选项卡的【注释】组中单击【注解】按钮 A≡，系统打开如图 7-51 所示的注解类型菜单。

注解类型菜单中各命令的含义如下。

- 无引线：创建自由标注。
- 带引线：创建指引标注。
- ISO 引线：用 ISO 引线创建标注。
- 在项上：直接连接在一个项目上创建标注（边、曲面、基准点等）。
- 偏移：插入标注并使其位置与某一详图图元相关。
- 输入：从键盘输入。
- 文件：从文本中读入。
- 水平：创建水平标注。
- 竖直：创建竖直标注。
- 角度：创建一个斜角度的标注。
- 标准：创建附属于图元的复合方向指引。
- 法向引线：创建垂直于图元的单一方向指引。

图 7-51　注解类型菜单

- 切向引线：创建与图元相切的单一方向指引。
- 左：创建标注时文本左对齐。
- 居中：创建标注时文本居中对齐。
- 右：创建标注时文本右对齐。
- 默认：创建标注时文本按默认方式对齐。
- 样式库：从样式库中选取样式。
- 当前样式：设置当前样式。

（2）选择注解类型等后，选择【进行注解】命令，系统提示"选择注解的位置"，并且弹出如图 7-52 所示的【选择点】对话框。

（3）选取标注的位置后，系统会弹出如图 7-53 所示的【文本符号】对话框，并提示"输入注解"，输入文本后单击两次 ✓ 按钮即可完成标注。

图 7-52　【选择点】对话框

图 7-53　【文本符号】对话框

7.3.3　创建几何公差

为提高劳动生产率、降低生产成本，在工业生产中普遍采用标准零件，其具有互换性和专业化协作生产的特点。即在机器装配过程中，从同一规格零件中任取一件，不经修配或其他辅助加工，就能顺利地装配到机器上，并能完全达到设计要求。

为保证零件具有互换性，必须保证相互配合的两个零件的尺寸一致。但是在零件的实际生产过程中，没必要也不可能把零件尺寸加工得非常准确，零件的最终尺寸允许有一定的制造误差。为满足互换性要求，必须对零件尺寸的误差规定一个允许范围，零件尺寸的允许变动量就是尺寸公差，简称公差。公差有尺寸公差、几何公差两种。

在 Creo 工程图中，标注出的几何公差如图 7-54 所示。几何公差框格是个长方形，里面被划分为若干小格，然后将几何公差的各项值依次输入。框格以细实线绘制，高度约为尺寸数值字高的两倍，宽度根据输入内容的多少而变化。

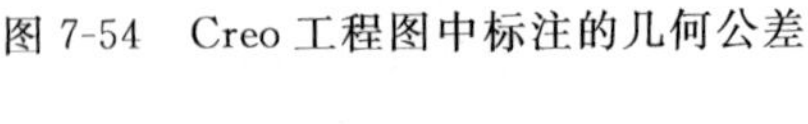

- 公差类型：输入表示几何公差类型的符号。

⊥ | 0.001 Ⓢ | AⓂ-BⓁ

- 公差值：输入公差数值。

图 7-54　Creo 工程图中标注的几何公差

- 公差材料条件：输入材料条件，有 4 种可能的状态，即最大材料（MMC）、最小材料（LMC）、有标志符号（RFS）以及无标记符号（RFS）。
- 基准参考：输入以字母表示的基准参考线或基准参考面。

在创建几何公差时,可按照以下步骤操作:

(1) 在功能区的【注释】选项卡的【注释】组中单击【几何公差】按钮 ,系统弹出如图 7-55 所示的【几何公差】对话框。

图 7-55　【几何公差】对话框

(2) 选择要创建几何公差的类型。在【几何公差】对话框左侧为公差的类型,共有 14 种,Creo 中的公差类型符号与国家标准规定的完全相同。

(3) 在【模型参考】选项卡中定义要在其中添加几何公差的模型和参考图元,以及在工程图中如何放置几何公差。

(4) 在【基准参考】选项卡中定义几何公差的参考基准和材料状态,以及复合公差的值和参考基准。

(5) 在【公差值】选项卡中定义公差值和材料状态。

(6) 在【符号】选项卡中定义几何公差符号及投影公差区域或轮廓边界。

(7) 单击【确定】按钮完成几何公差的创建,或者单击【新几何公差】按钮定义新的几何公差。

另外,在【几何公差】对话框底部的状态区中显示了当前几何公差的设置情况,随时观察可了解几何公差完成的情况,有利于几何公差的设置。

7.3.4　创建几何公差基准

在创建几何公差前需要创建基准,下面来介绍基准的创建方法。

(1) 在功能区的【注释】选项卡的【注释】组中单击【模型基准平面】按钮 ◻,系统弹出如图 7-56 所示的【基准】对话框。

(2) 在【名称】文本框中输入基准平面的名称。

(3) 在【定义】栏中选择基准平面的定义方式并进行相应设置。

(4) 定义基准平面符号的显示类型。

(5) 在【放置】栏中定义基准平面符号的放置方式。

图 7-56　【基准】对话框

（6）单击【确定】按钮，完成几何公差基准的创建。

7.3.5　创建表面粗糙度

为了反映零件模型表面的光滑程度，经常使用表面粗糙度符号进行标注。Creo 中的表面粗糙度被称为表面光洁度。

在工程图中创建表面光洁度时，可以按照以下操作步骤进行：

（1）在功能区的【注释】选项卡的【注释】组中单击【表面粗糙度】按钮 ³²√，系统弹出如图 7-57 所示的得到符号菜单。

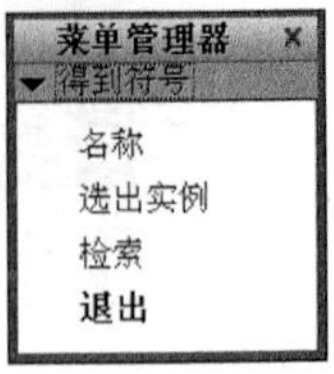

- 名称：用于在列表中选取当前绘图中已经存在的表面光洁度符号。
- 选出实例：用于在绘图中选取已经存在的表面光洁度符号作为插入的符号。

图 7-57　得到符号菜单

- 检索：弹出如图 7-58 所示的【打开】对话框，用于选择系统设置的表面光洁度符号。

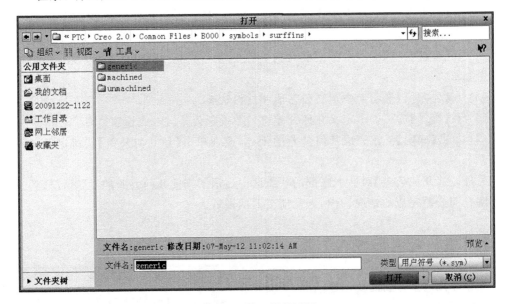

图 7-58　【打开】对话框

（2）选取一种方式并选择表面光洁度符号，系统打开如图 7-59 所示的实例依附菜单。

- 引线：通常，表面光洁度符号不能标注在图元上，需要在引线的情况下使用。系统会打开如图 7-60 所示的依附类型菜单，在其中可进行进一步的设置。
- 图元：表面光洁度符号标注在图元上。
- 法向：标注的表面光洁度符号的方向始终与标注的曲面的法向一致。
- 无引线：标注的表面光洁度符号可随意放置。
- 偏移：标注的表面光洁度符号与标注的曲面有一定的偏移。

（3）选取一种依附类型并创建表面光洁度符号。

图 7-60 依附类型菜单

图 7-59 实例依附菜单

7.4 编辑视图和尺寸

7.4.1 编辑视图

在工程图中创建视图后,用户可随时对其进行改变位置、方向和视图的原点,以及删除视图、修改视图比例、修改视图边界、修改标准和参考点等操作。

对视图进行操作,首先必须选中视图,然后才能进行。图 7-61 从左至右依次是一个视图在未选中、选取预览和选中 3 个状态的变化。

图 7-61 视图的状态显示

对视图进行操作有直接利用鼠标操作和利用菜单命令两种方式。

(1) 当视图处于选中状态时,四周会出现控制点,此时可以直接利用鼠标进行操作。

补充说明一下视图原点,每个视图都有一个原点,该点控制系统的移动和视图的定位,并控制视图受模型改变影响的方式。默认情况下,绘图视图原点在视图区域内两条对角线的交点处,如图 7-62 所示。

(2) 当视图处于选中状态时,使用图 7-63 所示的右键快捷菜单及其他菜单中的命令,也可以对视图进行操作。

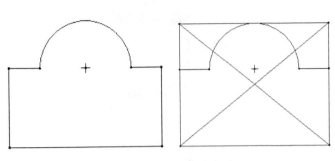

图 7-62　视图原点示意图　　　　　　　　　图 7-63　右键快捷菜单

Creo 为创建的视图提供了各种显示设置,包括模型线型显示、相切边显示、中心线显示、比例设置等。对视图显示的相关设置可在【绘图视图】对话框中进行。

7.4.2　移动视图

在 Creo 中选中要移动的视图后,按下鼠标左键进行拖动,在适当位置释放,即可改变视图位置。

为防止意外移动视图,系统默认将其锁定在创建的位置,如果要在页面中自由移动视图,必须解除视图锁定,但视图的对齐关系不变。取消选择视图右键快捷菜单中的【锁定视图移动】命令,即可取消视图的锁定。

7.4.3　对齐视图

根据视图类型,可将视图与另一视图对齐。例如,可将详细视图与其父视图对齐,此时该视图将与父视图保持对齐,并像投影视图一样移动,直到取消对齐为止。

用户可以在如图 7-64 所示的【绘图视图】对话框的【对齐】选项卡中进行相应设置。

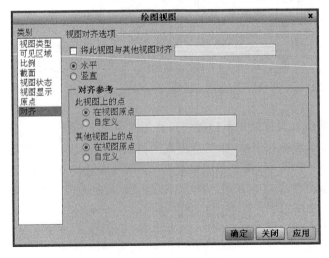

图 7-64　【对齐】选项卡

7.4.4　删除视图

在执行删除操作时,可选中要删除的视图,然后按 Delete 键,或者右击,在弹出的快捷菜单中选择【删除】命令。

7.4.5　编辑尺寸

在 Creo 工程图中,系统产生的尺寸放置位置比较混乱,显示格式也往往不能满足设计要求,因此需要进行相应的编辑、修改。

选取需要编辑的尺寸并右击,在弹出的快捷菜单中选择【属性】命令,或者直接用鼠标双击要编辑的尺寸,可以弹出如图 7-65 所示的【尺寸属性】对话框。

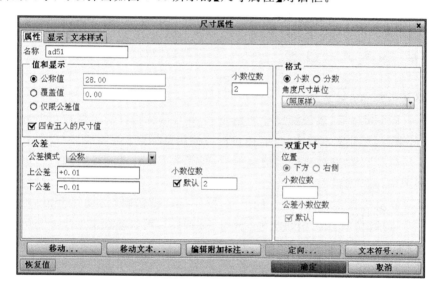

图 7-65　【尺寸属性】对话框

- 【属性】选项卡:主要用于设置尺寸公差、尺寸格式及精度的显示。
- 【显示】选项卡:主要用于设置要显示的尺寸文本内容(可根据需要插入文本符号)及尺寸类型、尺寸界线的显示。
- 【文本样式】选项卡:主要用于设置尺寸文本的字体、字高等格式。

在 Creo 工程图中,尺寸公差有 4 种格式,通过设置配置文件中的 tol_mode 选项的值,可以设置尺寸公差的默认显示格式。设置不同,【尺寸属性】对话框的【属性】选项卡中的内容也不同。

将值设置为 nominal,是 Creo 的默认格式,尺寸不显示公差值,以公称尺寸形式显示。例如:

将值设置为 limits,尺寸以最大极限尺寸与最小极限尺寸的形式显示。例如:

将值设置为 plusminus,尺寸以带有上、下偏差的公称尺寸的形式显示。例如:

将值设置为 plusminissym,系统使上、下偏差数值相同,尺寸以公称尺寸加上正负号再加上偏差数值的形式显示。例如:

在工程图中创建尺寸时,系统根据配置文件中和尺寸公差有关的设置来决定尺寸公差显示的格式,并将这些公差格式应用到所有尺寸上。

7.4.6　改变尺寸位置

改变尺寸位置的方法如下:

(1) 选中某个尺寸后,系统将尺寸加亮显示,并且鼠标指针变为带有 4 个方向箭头的图形,尺寸线的端点、尺寸文本都有句柄,用户可以使用鼠标拖动进行调整。

(2) 通过右击尺寸,在弹出的快捷菜单中选择【将项目移动到视图】命令,可将尺寸移动到选定的视图中。

(3) 选取要使其他尺寸与之对齐的尺寸,按住 Ctrl 键选取要对齐的尺寸,然后在功能区的【注释】选项卡的【注释】组中单击【对齐尺寸】按钮,可以使选定的尺寸与第一个选定尺寸对齐,如图 7-66 所示。

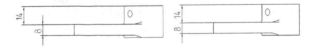

图 7-66　对齐尺寸结果

(4) 使用自动整理尺寸方式,可以使多个尺寸、多项内容同时达到设计意图。其方法如下:

① 在功能区的【注释】选项卡的【注释】组中单击【清理尺寸】按钮,系统会弹出如图 7-67 所示的【清除尺寸】对话框。

② 在按住 Ctrl 键的同时,单击选取多个尺寸或视图,然后单击鼠标中键结束选取。

③ 在【放置】选项卡中,【偏移】选项用于设置初始的偏移值;【增量】选项用于设置多个尺寸之间的相对间距;【偏移参考】选项区用于设置偏移参考,根据需要进行设置。

④ 在【修饰】选项卡中设置尺寸界线的样式及尺寸文本的

图 7-67　【清除尺寸】对话框

位置。

⑤ 设置完成后,单击【应用】按钮使设置生效,单击【关闭】按钮关闭【清除尺寸】对话框。

7.4.7　编辑标注

在工程图中可以对创建的标注进行修改,修改操作包括以下内容:

1. 剪切、复制和粘贴

选取标注后,可以通过右键快捷菜单中的【复制】、【剪切】、【粘贴】等命令来编辑标注、符号等。

2. 删除

选取标注后,可以通过右键快捷菜单中的【删除】命令删除标注,也可以在选取标注后按 Delete 键将其删除。

3. 移动

用户可以使用不同的方法来改变标注在工程图中的位置。

当选取某个标注后,拖动柄将伴随加亮的标注出现,标注类型不同,显示的拖动柄也会有所不同。

(1) 使用标注中心处的拖动柄,可将某个自由标注或其中具有标准引导线的标注移动到任意位置。

(2) 若标注具有法向或切向引导线,系统会将标注引导线约束到特定方向,这样使用中心拖动柄时,将只能沿着引导线移动。

4. 改变标注内容

双击标注文本,或在选取文本后右击,通过选择快捷菜单中的【属性】命令,弹出如图 7-68 所示的【注解属性】对话框。

图 7-68　【注解属性】对话框

在【文本】选项卡中,可以在文本区中直接输入标注文本;也可以单击 打开... 按钮,从所选文件中读入标注文本;还可以单击 超级链接... 按钮,将标注文本作为超级链接与其他地址建立联系。输入完标注文本后,用户可以单击 保存... 按钮,保存输入的标注文本。

在【文本样式】选项卡中,可以设置标注的文本样式,由于设置的文本样式与标注的Windows系统的设置方法类似,在此不再赘述。

5. 将引导线连接至多行文本

通过在标注文本的任一行开头输入占位符"@o"(注意,此处为字母字符,非零),可以将标注引导线连接到该行,如图7-69所示。

图 7-69   占位符示意图

一旦向某行中增加了占位符,引导线就自动转移到该行。用户可以在创建标注时输入占位符,也可以在修改时再输入。如果向多行标注文本中增加了占位符,系统会自动将引导线连接到第一行。

6. 输入上标和下标文本

(1)如果要输入上标文本,可以在文本标注处输入"@+上标文本@#"。

(2)如果要输入下标文本,可以在文本标注处输入"@-下标文本@#"。

(3)如果要同时输入上、下标文本,可以在文本标注处输入"@+上标文本@#@-下标文本@#"。

7. 创建标注外框

通过输入"@[标注文本@]",可以将标注放置在一个外框中。

7.5　打印工程图

工程图完成后,可以使用在屏幕上显示图形、在打印机上直接打印图形、打印着色图像等多种方式进行打印,并且可以根据绘图仪或打印机的设置进行彩色或黑白打印。

在打印之前,需要进行必要的设置,以获得符合工程要求的打印图纸,包括工程图本身的设置和打印机的设置两部分内容。

7.5.1　页面设置

在打印工程图之前,用户可根据需要对工程图的格式、大小、方向等进行设置。

在功能区的【布局】选项卡的【文档】组中单击【页面设置】按钮 ⬚ ,弹出如图 7-70 所示的【页面设置】对话框,在其中可对页面进行设置。

图 7-70　【页面设置】对话框

- 格式:用于指定页面格式。
- 大小:用于设置图纸大小。
- 方向:用于设置图纸方向。
- 显示格式:用于设置是否显示具体的页面格式。

7.5.2　打印机配置

选择【文件】|【打印】|【打印】菜单命令,系统会弹出【打印机配置】对话框,在其中可设置多个打印选项。

1.【目标】选项卡

【目标】选项卡及其需要设置的选项如图 7-71 所示。

- 打印机:当前打印方式。
- ⬚:单击该按钮会弹出如图 7-72 所示的下拉菜单,在其中可以添加打印机类型或选择打印的方式。
- MS Printer Manager:使用操作系统安装的打印机直接打印工程图。

图 7-71　【目标】选项卡　　　　　　　　图 7-72　打印方式下拉菜单

- 普通模型 Postscript、普通模型彩色 Postscript：为任何能处理 Postscript 数据的绘图仪或激光打印机生成 Postscript 数据图形并打印。
- 目标：选择打印目的地。打印目的地是指将工程图文件打印输出到文件还是打印机，也可以同时输出到文件和打印机。当选中【至文件】复选框时，可以保存输出文件；如果并没有选中此复选框，则在系统发出绘图命令后将删除输出文件。当输出到文件时，可以创建单个文件或为绘图的每一个页面部分创建一个文件，并且还可以将它附加到一个已有的输出文件中。
- 份数：打印份数。选中【到打印机】复选框时，在【份数】下的微调框中调整或输入 1～1818 的正数，可以指定要打印输出的份数。
- 绘图仪命令：用于指定将文件发送到打印机的系统命令。这些命令可以从系统管理员或工作站的操作系统手册获得，可以直接使用默认命令，也可以在相应文本框中输入命令，或者使用配置文件选项 plotter_command 指定命令。

2.【页面】选项卡

【页面】选项卡用于指定有关输出页面的信息，用户可以定义和设置图纸的面幅大小、偏距值、图纸标签和图纸单位等。【页面】选项卡及其需要设置的选项如图 7-73 所示。

- 尺寸：指定或创建要打印页面的大小。
- 偏移：当打印出的工程图在图纸中的位置不合适时，可以指定输出与边界之间的距离。
- 标签：在打印出的工程图中打印标签，并可控制标签高度，标签格式为"名称：＜对象日期＞"。
- 单位：系统按照页面格式自动选取相应的单位。

3.【打印机】选项卡

【打印机】选项卡用于指定打印机其他可设置的打印选项，如设置笔速、选取绘图仪初始化类型、选取纸张类型等。【打印机】选项卡及其需要设置的选项如图 7-74 所示。

- 表文件：选择使用表文件，以控制不同类型的线条所采用的笔。
- 速度：对可控制笔速度的打印机设定笔速。

图 7-73　【页面】选项卡

图 7-74　【打印机】选项卡

- 信号交换：选择打印机信号同步交换模式。
- 页面类型：选择纸张类型为切割页面或滚动页面，只有在选定了滚动进纸打印机后，该选项才起作用。

- 旋转：指定旋转角度，以保证在纵向进纸的打印机上正确打印横向工程图，或在横向进纸的打印机上正确打印纵向工程图。
- 字体：选择字体。

4.【模型】选项卡

【模型】选项卡用于调整要打印模型的格式和比例等。【模型】选项卡及其需要设置的选项如图 7-75 所示。

- 出图：输出类型下拉菜单，详见表 7-1。

图 7-75　【模型】选项卡

表 7-1　输出类型

输 出 类 型	功　　　能
全部出图	页面内容全部输出到图纸
修剪的	定义要输出区域的图框，将选定范围内的页面内容输出到图纸，以相对于左下角的正常位置在图纸上打印
在缩放的基础上	根据图纸的大小和图形窗口中的缩放位置，创建按比例修剪过的输出，以相对于左下角的正常位置在图纸上打印
出图区域	通过修剪框中的内部区域平移到纸张的左下角，并缩放修剪后的区域，以匹配用户指定的比例来创建一个输出
纸张轮廓	在指定大小的图纸上创建特定大小的输出图。例如，如果有大尺寸的绘图（如 A0），但要打印 A4 大小的图纸，可使用该选项

- 比例：在 0.01～100 范围内指定输出比例。
- 分段：设置是否将工程图分割输出到不同的页面。
- 带格式：设置是否同时输出工程图中设置的格式。

·质量:通过控制执行重叠线检查的总量来指定输出工程图的品质。

在【打印机配置】对话框中,单击【确定】按钮即可完成打印机配置。

7.5.3　快速打印及配置

选择【文件】|【打印】|【快速打印】菜单命令,系统会弹出如图 7-76 所示的 Windows
系统【打印】对话框,单击【确定】按钮,即可开始打印。

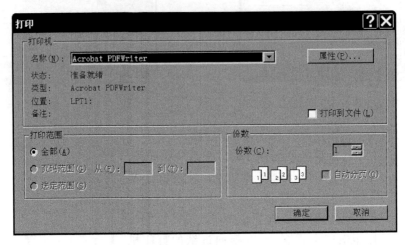

图 7-76　【打印】对话框

7.6　综合实例

1. 新建文件

(1) 选择【文件】|【新建】菜单命令或单击快速访问工具栏中的【新建】按钮 ▯ 。

(2) 在弹出的如图 7-77 所示的【新建】对话框中选择类型为【绘图】,设置绘图名为
exam01,并选中【使用默认模板】复选框,然后单击【确定】按钮。

(3) 在弹出的【新建绘图】对话框中进行设置,单击【浏览】按钮,打开配套素材 Chapter
7 文件夹的 exam01 中的 exam01. prt 零件模型文件,如图 7-78 所示。然后单击【确定】按
钮,进入工程图绘图模式。

在【新建绘图】对话框中,【默认模型】文本框用于指定想要创建工程图的零件模型或装
配件,如果内存中有零件模型,则在该文本框中会显示零件模型的文件名;如果内存中没有
零件,则在该文本框中会显示【无】,零件模型或装配件可以通过【浏览】按钮选取。

2. 建立主视图

(1) 在功能区的【布局】选项卡的【模型视图】组中单击【常规】按钮 ▱ 。

(2) 在视图左上角的适当位置单击,确定视图的中心位置,系统会弹出【绘图视图】对
话框。

图 7-77　【新建】对话框

图 7-78　【新建绘图】对话框

（3）切换到【视图类型】选项卡，输入【视图名称】为"主视图"，在【视图方向】中选中【几何参考】单选按钮，然后选择 FRONT 基准平面作为前面、选择 TOP 基准平面作为顶面，如图 7-79 所示。

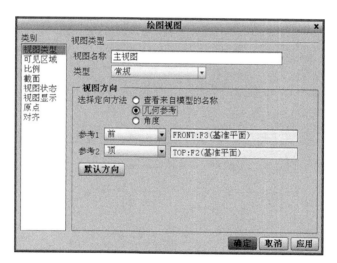

图 7-79　视图类型选项设置

（4）切换到【比例】选项卡，指定比例为 2，如图 7-80 所示。

（5）切换到【视图显示】选项卡，设置【显示样式】为消隐、【相切边显示样式】为无，如图 7-81 所示。

（6）在【绘图视图】对话框中单击【确定】按钮，完成主视图的创建，此时绘图工作区的显示如图 7-82 所示。

3．添加投影视图

对于本实例的零件模型，不需要绘制三视图，只需要主视图和俯视图就可以完全表达它的尺寸和形状。

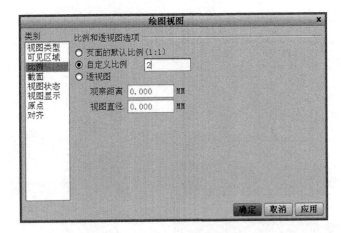

图 7-80   比例选项设置

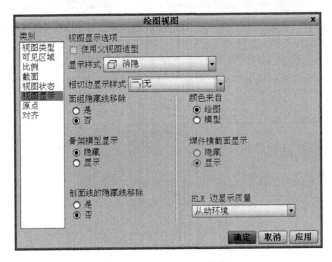

图 7-81   视图显示选项设置

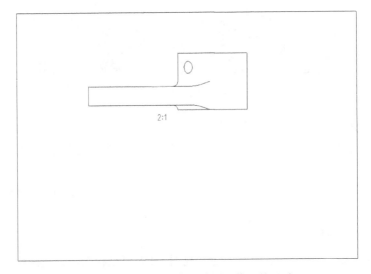

图 7-82   添加主视图后绘图工作区的显示

（1）选取主视图，则该视图被红色加亮显示。

（2）在功能区的【布局】选项卡的【模型视图】组中单击【投影】按钮⬚▬，在主视图正下方的适当位置单击，会出现如图 7-83 所示的俯视图。

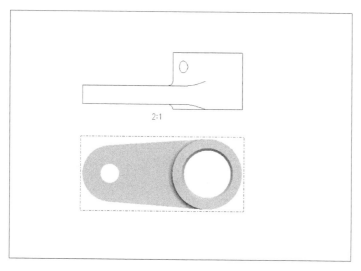

图 7-83　添加俯视图后绘图工作区的显示

（3）选取俯视图，该视图被红色加亮显示，然后双击该视图，系统会弹出【绘图视图】对话框，在【视图显示】选项卡中修改视图显示选项，如图 7-84 所示。

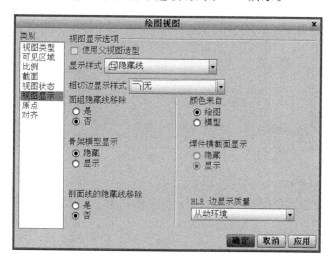

图 7-84　修改视图显示选项

（4）在【绘图视图】对话框中单击【确定】按钮，此时绘图工作区的显示如图 7-85 所示。

4．调整主视图

为了表达连杆内部的详细结构，需要对主视图进行剖视。

（1）选取主视图，则该视图被红色加亮显示，然后双击该视图，系统会弹出【绘图视图】对话框，在【截面】选项卡中选择使用 2D 横截面，如图 7-86 所示。

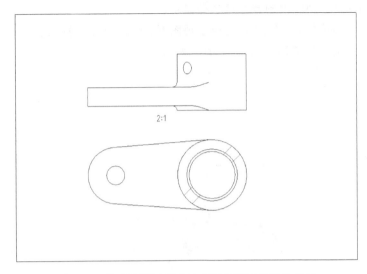

图 7-85　修改俯视图显示选项后绘图工作区的显示

图 7-86　修改截面选项

　　(2) 单击 ➕ 按钮,系统打开如图 7-87 所示的横截面创建菜单,依次选择【偏移】、【双侧】、【单一】、【完成】命令。

　　(3) 系统提示"输入横截面名",输入名称为 A,按 Enter 键确定。

　　(4) 系统进入连杆零件模型窗口,并打开如图 7-88 所示的设置平面菜单,选择如图 7-89 所示的面作为草绘平面。

　　此时,在绘图区中会出现指示方向的箭头,以指向下方为正向。

　　(5) 选择 FRONT 基准平面作为草绘平面的顶参考,进入草绘状态。

　　(6) 选择【草绘】|【参考】菜单命令,弹出【参考】对话框,添加孔的轴线作为参考,添加后的【参考】对话框如图 7-90 所示。

　　(7) 单击【线】按钮 ＼ ,然后绘制如图 7-91 所示的横截面。

图 7-87　横截面创建菜单

图 7-88　设置平面菜单

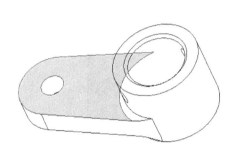

图 7-89　选取草绘平面

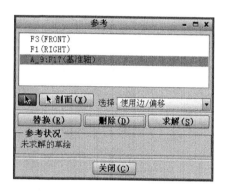

图 7-90　【参考】对话框

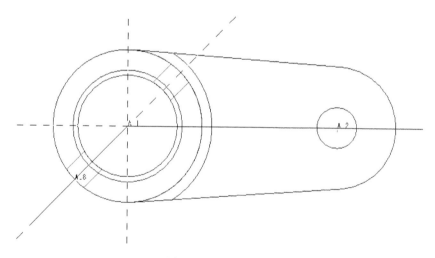

图 7-91　绘制横截面

　　（8）确定后退出草绘状态,完成横截面的绘制,此时【绘图视图】对话框如图 7-92 所示,单击【应用】按钮。

　　（9）将横截面的剖切线标注在俯视图中,如图 7-93 所示,在【箭头显示】下面单击,系统提示 ↪给箭头选出一个截面在其处垂直的视图。中键取消。,单击选取俯视图。

　　（10）在【绘图视图】对话框中单击【确定】按钮,完成修改,删除视图下方的文本,修改后的工程图如图 7-94 所示。

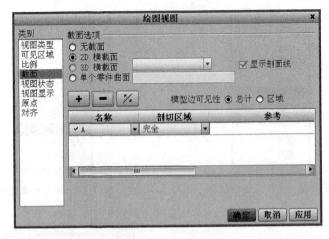

图 7-92　【绘图视图】对话框

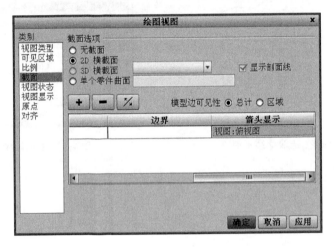

图 7-93　设置箭头显示

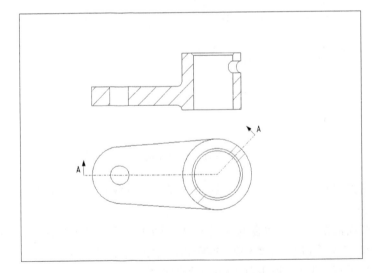

图 7-94　修改主视图后的工程图

5．添加并调整中心线

（1）选择主视图和俯视图，然后在功能区的【注释】选项卡的【注释】组中单击【显示模型注释】按钮![icon]，系统弹出如图 7-95 所示的【显示模型注释】对话框。

（2）切换到【显示基准】选项卡，如图 7-96 所示。

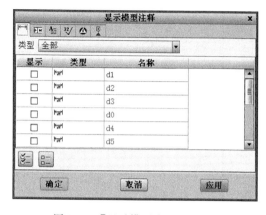

图 7-95 【显示模型注释】对话框

图 7-96 【显示基准】选项卡

（3）选择需要显示的中心线，单击【确定】按钮，完成中心线的添加，如图 7-97 所示。

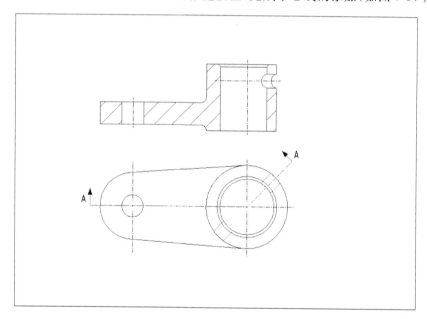

图 7-97 添加中心线后的工程图

6．显示并调整尺寸标注

Creo 系统可以自动标注尺寸，这样操作的最大好处是尺寸一个不多、一个不少，可以达到尺寸标注既没有过约束、也没有欠约束的理想效果。

Creo 系统自动标注的尺寸有时并不完全符合实际使用的需要，因此要进行调整，如切换尺寸标注方式、将尺寸标在其他视图上等。

（1）选择主视图和俯视图，然后在功能区的【注释】选项卡的【注释】组中单击【显示模型注释】按钮，系统弹出【显示模型注释】对话框。

（2）单击【全部显示】按钮，然后单击【确定】按钮，完成尺寸的添加，如图 7-98 所示。

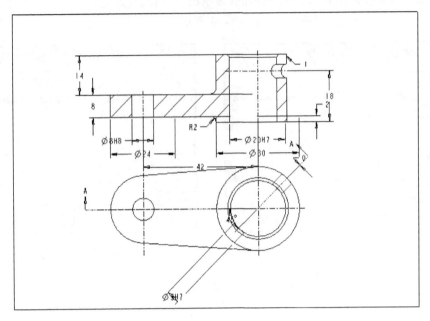

图 7-98　添加尺寸后的工程图

（3）采取手动标注、将尺寸放置于其他视图、调整显示等方式调整尺寸，最终结果如图 7-99 所示。

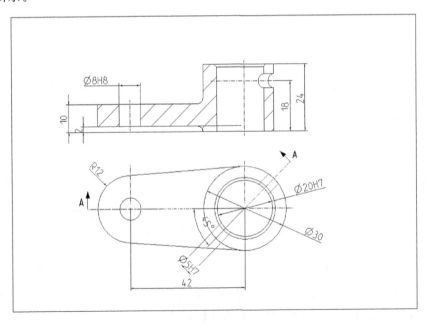

图 7-99　调整尺寸标注后的工程图

7. 标注表面粗糙度

（1）在功能区的【注释】选项卡的【注释】组中单击【表面粗糙度】按钮 ，系统弹出如图 7-100 所示的得到符号菜单。

（2）在得到符号菜单中选择【检索】命令，系统弹出如图 7-101 所示的【打开】对话框。

（3）选择 machined 文件夹，【打开】对话框显示如图 7-102 所示，然后选择 standard1.sym 文件，单击【打开】按钮。

图 7-100　得到符号菜单

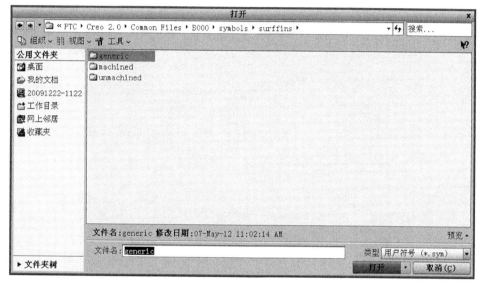

图 7-101　【打开】对话框

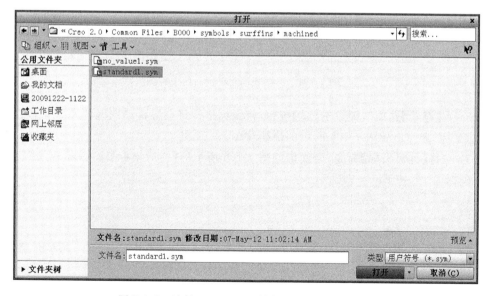

图 7-102　选择 machined 文件夹时的【打开】对话框

（4）系统打开如图 7-103 所示的实例依附菜单。

（5）在实例依附菜单中选择【图元】命令，然后在主视图中选取需要标注的图元，并输入粗糙度值。

（6）利用同样的方法标注其他表面粗糙度，最终结果如图 7-104 所示。

图 7-103　实例依附菜单

8. 创建图框

（1）在功能区的【草绘】选项卡的【设置】组中单击【链】按钮 。

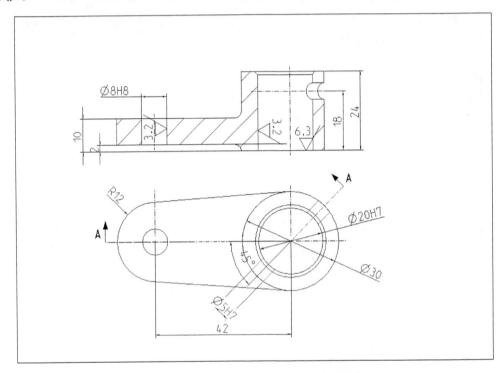

图 7-104　标注表面粗糙度后的工程图

（2）在【草绘】选项卡中单击【线】按钮，将鼠标指针移至屏幕绘图区的左下角，然后右击并拖动鼠标，会弹出如图 7-105 所示的快捷菜单。

（3）选择【绝对坐标】命令，会弹出如图 7-106 所示的【绝对坐标】输入框，输入 X 坐标为 25、Y 坐标为 10，按 Enter 键确定。

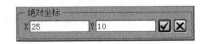

图 7-105　右键快捷菜单　　　　　　图 7-106　【绝对坐标】输入框

（4）选择右键快捷菜单中的【相对坐标】命令,在弹出的【相对坐标】输入框中输入 Y 为 190,按 Enter 键确定。

（5）在弹出的【相对坐标】输入框中输入 X 为 262,按 Enter 键确定。

（6）在弹出的【相对坐标】输入框中输入 Y 为－190,按 Enter 键确定。

（7）在弹出的【相对坐标】输入框中输入 X 为－262,按 Enter 键确定。

（8）关闭【相对坐标】输入框,完成图框的绘制。

（9）保持图框处于选中状态,选择右键快捷菜单中的 【线造型】命令,系统弹出如图 7-107 所示的【修改线造型】对 话框,在【宽度】栏中输入 0.7。

（10）单击【修改线造型】对话框中的【应用】按钮,然后 单击【关闭】按钮,完成图框的修改,最终结果如图 7-108 所示。

图 7-107　修改图框宽度

9. 标注文本注释

（1）在功能区的【注释】选项卡的【注释】组中单击【注解】按钮 A̲,系统弹出如图 7-109 所示的注解类型菜单。

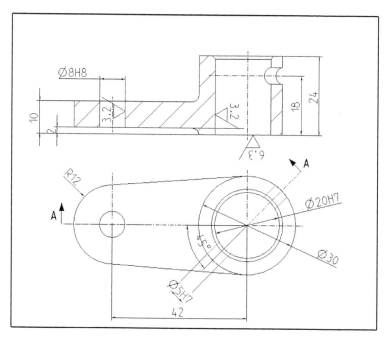

图 7-108　绘制图框后的工程图

图 7-109　注解类型
菜单

（2）在注解类型菜单中选择【进行注解】命令,然后在工程图右下角的适当位置单击,确 定文本注释的放置位置,并在【输入注解】输入框中输入注解文本。

（3）标注其余表面粗糙度，最终结果如图 7-110 所示。

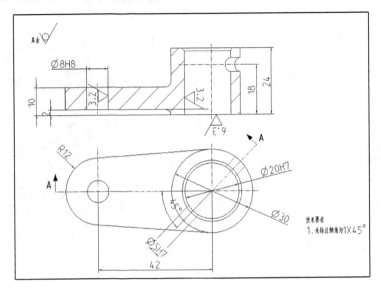

图 7-110　添加文本注释后的工程图

10. 创建标题栏

（1）在功能区的【表】选项卡的【表】组中单击【插入表】按钮 ▦ 。

（2）系统弹出【插入表】对话框，按照图 7-111 进行设置。

其中，表的方向为向左且向上，表尺寸为 4 行 7 列，行高度为 7mm，列宽度为 10mm。

（3）单击【确定】按钮，系统提示"定位表的原点"，选取图框右下角顶点，生成的表如图 7-112 所示。

（4）选中表的第 1 列，如图 7-113 所示，在右键快捷菜单中选择【宽度】命令。

图 7-111　设置表的生成方式

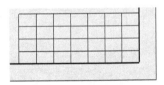

图 7-112　生成的表

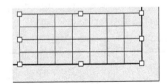

图 7-113　选中表的第 1 列

（5）系统弹出如图 7-114 所示的【高度和宽度】对话框，修改列的宽度为 29。

（6）单击【确定】按钮，修改后的表如图 7-115 所示。

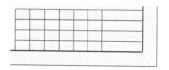

图 7-114　【高度和宽度】对话框　　　　图 7-115　修改第 1 列宽度后的表

（7）使用类似的方式，修改第 2 列宽度为 20、第 3 列宽度为 12、第 4 列宽度为 12、第 5 列宽度为 20、第 6 列宽度为 25、第 7 列宽度为 12，完成如图 7-116 所示的表作为标题栏。

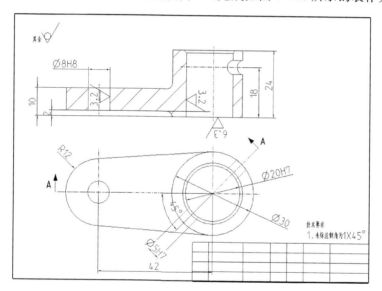

图 7-116　创建的标题栏

（8）利用前面介绍的方法，调整视图位置，调整后的工程图如图 7-117 所示。

（9）在功能区的【表】选项卡的【行和列】组中单击【合并单元格】按钮，系统弹出如图 7-118 所示的表合并菜单，在表合并菜单中选择【行&列】命令。

（10）在表格中依次单击处于对角线位置的两个单元格，完成合并操作。

（11）合并其他单元格，直到得到如图 7-119 所示的表格，至此，标题栏的表格创建完成。

（12）双击表格中需要输入文本的单元格，系统弹出【注解属性】对话框，在【文本】选项卡中输入"制图"两个字。

（13）切换到【注解属性】对话框中的【文本样式】选项卡，设置字符高度为 5.000000、宽度因子为 0.707，并设置水平对齐为中心、竖直对齐为中间，如图 7-120 所示。

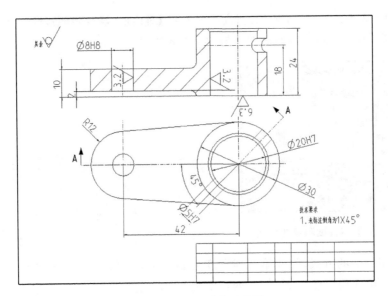

图 7-117　调整后的工程图

图 7-118　表合并菜单

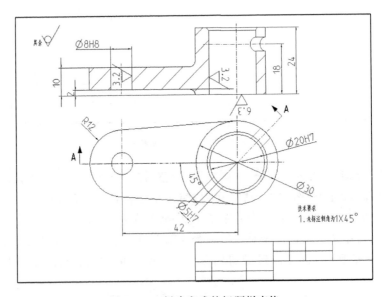

图 7-119　创建完成的标题栏表格

　　（14）在单击【确定】按钮前可以使用【预览】按钮，观察输入的文本是否合适。单击【确定】按钮后，文本即显示在标题栏的表格中，如图 7-121 所示。

图 7-120　设置文本属性

（15）使用同样的方法输入其他文本，最终完成的标题栏如图 7-122 所示。

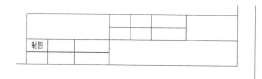

图 7-121　输入的文本显示在标题栏表格中

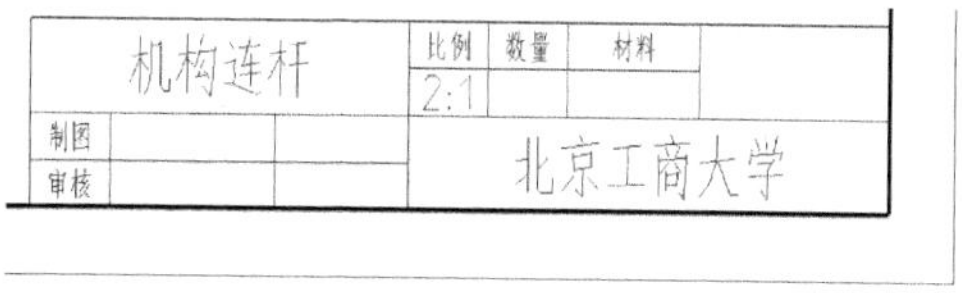

图 7-122　最终完成的标题栏

11. 保存文件

保存文件，完成实例练习，完成的工程图如图 7-123 所示。

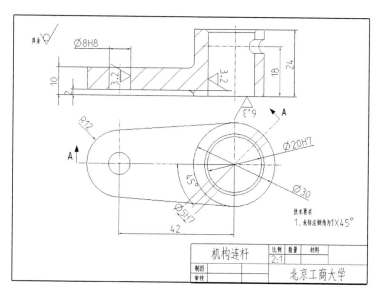

图 7-123　最终的工程图

第8章 曲面设计

曲面设计是三维建模中非常重要的一个环节。在 Creo 中,除实体造型工具外,曲面造型工具也是一种非常有效的方法,特别是对于形状复杂的零件,利用 Creo 提供的强大而灵活的曲面造型工具,可以更有效地创建三维模型。

曲面特征是没有厚度、质量的,但具有边界,用户可以利用多个封闭曲面来生成实体特征,这是建立曲面特征的最终目的。

8.1 创建简单曲面

对于简单、规则的零件,使用实体特征方式能迅速、方便地建模。简单曲面分为拉伸曲面、旋转曲面、扫描曲面和混合曲面几种基本的曲面类型。

8.1.1 创建拉伸曲面

创建拉伸曲面类似于创建拉伸实体,主要区别是在【拉伸】操控面板中单击【拉伸为曲面】按钮 。

创建拉伸曲面的过程如下:

(1) 在功能区的【模型】选项卡的【形状】组中单击【拉伸】按钮 ,打开【拉伸】操控面板。

(2) 在【拉伸】操控面板中单击【拉伸为曲面】按钮 ,用于生成曲面特征。

(3) 在【拉伸】操控面板上打开【放置】选项卡,单击【定义】按钮,弹出【草绘】对话框,选取一个草绘平面并指定其方向,或接受默认方向,然后单击【草绘】对话框中的【草绘】按钮,进入草绘状态。

(4) 绘制拉伸特征的截面图形。

(5) 单击【草绘】选项卡中的 按钮,退出草绘状态。

(6) 在【拉伸】操控面板中设置计算拉伸长度的方式。

(7) 在【拉伸】操控面板中设置拉伸特征的拉伸长度。如果要相对于草绘平面来反转特征创建的方向,可单击【拉伸】操控面板中的【反转】按钮 。

(8) 预览无误后单击 按钮,完成拉伸曲面的创建。

拉伸曲面剖面及创建结果如图 8-1 所示。

如果想创建封闭的拉伸曲面,可以单击【拉伸】操控面板中的【选项】标签,切换到【选项】选项卡,选中【封闭端】复选框,生成封闭拉伸曲面,如图 8-2 所示。

拉伸曲面特征和拉伸实体特征在模型树中的标识相同,如图 8-3 所示。

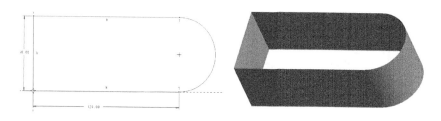

图 8-1　拉伸曲面剖面及创建结果

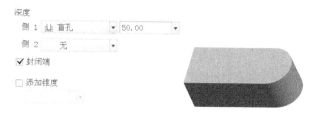

图 8-2　创建封闭拉伸曲面的选项设置及结果

图 8-3　拉伸曲面特征的模型树

8.1.2　创建旋转曲面

旋转曲面的创建方法和旋转实体的创建方法类似,关键是在【旋转】操控面板中单击【作为曲面旋转】按钮 □ 。

创建旋转曲面的过程如下:

(1) 在功能区的【模型】选项卡的【形状】组中单击【旋转】按钮 ⚙ ,打开【旋转】操控面板。

(2) 在【旋转】操控面板中单击【作为曲面旋转】按钮 □ ,用于生成曲面特征。

(3) 在【旋转】操控面板的【位置】选项卡中单击【编辑】按钮,弹出【草绘】对话框,选取一个草绘平面并指定其方向,或接受默认方向,然后单击【草绘】对话框中的【草绘】按钮,进入草绘状态。

(4) 绘制旋转特征的旋转轴及截面图形。

(5) 单击【草绘】选项卡中的 ✔ 按钮,退出草绘状态。

(6) 在【旋转】操控面板中设置计算旋转角度的方式。

(7) 在【旋转】操控面板中设置旋转特征的旋转角度。如果要相对于草绘平面来反转特征创建的方向,可单击【旋转】操控面板中的【反转】按钮 ╱ 。

(8) 预览无误后单击 ✔ 按钮,完成旋转曲面的创建。

旋转曲面剖面及创建结果如图 8-4 所示。

8.1.3　创建扫描曲面

创建扫描曲面的方法和创建扫描实体的方法类似,创建扫描曲面的过程如下:

(1) 在功能区的【模型】选项卡的【形状】组中单击【扫描】按钮 ⬡ ,打开【扫描】操控面板。

(2) 在【扫描】操控面板中单击【扫描为曲面】按钮 □ ,用于生成曲面特征。

(3) 选择生成扫描轨迹的方式,可以使用已有曲线作为扫描轨迹或草绘扫描轨迹。

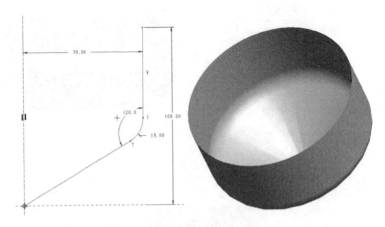

图 8-4　旋转曲面剖面及创建结果

（4）根据上一步的选择，选择或草绘扫描轨迹。

（5）设置属性是合并终点还是自由端点。

（6）进入草绘状态，草绘扫描特征的截面图形。

（7）单击【草绘】选项卡中的 ✔ 按钮，退出扫描截面图形的草绘状态。

（8）预览无误后单击 ✔ 按钮，完成扫描曲面的创建。

扫描曲面轨迹（扫描截面为圆，封闭端点）及创建结果如图 8-5 所示。

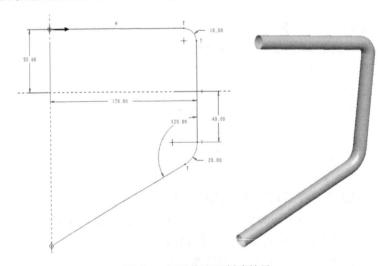

图 8-5　扫描轨迹及创建结果

8.1.4　创建混合曲面

创建混合曲面的方法和创建混合实体的方法类似，创建混合曲面的过程如下：

（1）在功能区的【模型】选项卡的【形状】组中单击【混合】按钮 ，打开【混合】操控面板。

（2）在【混合】操控面板中单击【混合为曲面】按钮 ，用于生成曲面特征。

（3）选择截面生成方式并进行相关定义。

（4）草绘截面时先设置草绘面，然后进入草绘状态，草绘混合特征的截面图形。

（5）单击【草绘】选项卡中的 ✔ 按钮，退出混合截面图形的草绘状态。

（6）设定混合截面间过渡曲面的性质。

（7）设定混合截面边界的状态。

（8）预览无误后单击 ✔ 按钮，完成混合曲面的创建。

混合曲面截面（光滑，盲孔长度为 100.00）及创建结果如图 8-6 所示。

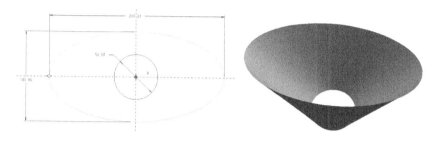

图 8-6　混合曲面截面及创建结果

8.2　创建复杂曲面

8.2.1　创建可变剖面扫描曲面

创建可变剖面扫描曲面的过程如下：

（1）在功能区的【模型】选项卡的【形状】组中单击【扫描】按钮 🗞，打开【扫描】操控面板，在其中单击【生成可变截面扫描】按钮 ↙，然后单击【扫描为曲面】按钮 ⌒，用于生成曲面特征，【扫描】操控面板如图 8-7 所示。

图 8-7　可变剖面【扫描】操控面板

（2）单击【草绘】按钮 ⬚，弹出【草绘】对话框，以 FRONT 基准平面作为草绘平面，其余采用系统默认的设置，然后单击该对话框中的【草绘】按钮，进入草绘模式。

（3）在草绘模式下绘制如图 8-8 所示的两条曲线，单击 ✔ 按钮完成曲线的创建。

（4）单击【草绘】按钮 ⬚，在弹出的【草绘】对话框中选择 TOP 基准平面作为草绘平面，其余采用系统默认的设置，然后单击该对话框中的【草绘】按钮，进入草绘模式。

（5）绘制如图 8-9 所示的轨迹图形，单击 ✔ 按钮退出草绘模式，最终完成曲线的创建。

（6）单击【扫描】操控面板中的 ▶ 按钮。

（7）选择原始轨迹，按住 Ctrl 键分别选取另外 3 条曲线作为附加轨迹，如图 8-10 所示。

（8）单击【扫描】操控面板中的【创建或编辑扫描截面】按钮 ☑，进入草绘模式。

（9）绘制如图 8-11 所示的截面，单击 ✔ 按钮，退出草绘模式。

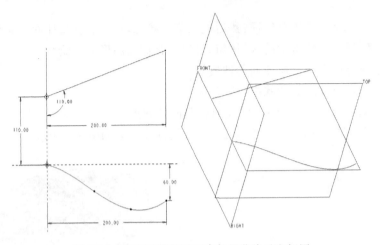

图 8-8　FRONT 基准平面内扫描曲线及空间图

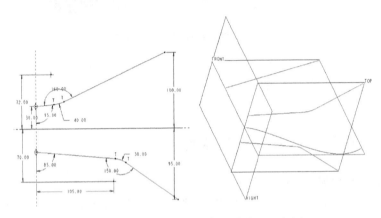

图 8-9　TOP 基准平面内扫描曲线及空间图

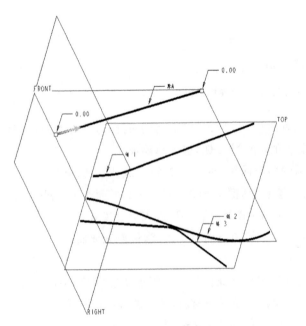

图 8-10　选取原始轨迹及附加轨迹

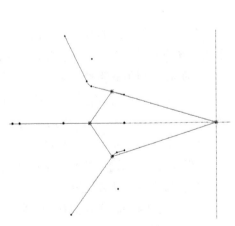

图 8-11　扫描截面

（10）预览无误后单击 ✔ 按钮，完成此可变剖面扫描曲面的创建，如图 8-12 所示。

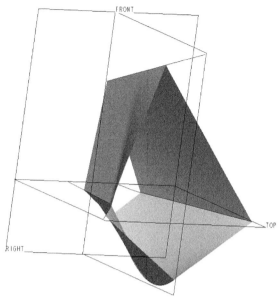

图 8-12　可变剖面扫描曲面

8.2.2　创建扫描混合曲面

创建扫描混合曲面的过程如下：

（1）在功能区的【模型】选项卡的【形状】组中单击【扫描混合】按钮 ，打开【扫描混合】操控面板，如图 8-13 所示。

图 8-13　【扫描混合】操控面板

（2）单击【创建曲面】按钮 ⌓，用于生成曲面特征。然后单击【草绘】按钮 📝，弹出【草绘】对话框，选择 FRONT 基准平面作为草绘平面，其余采用系统默认的设置，单击该对话框中的【草绘】按钮，进入草绘模式。

（3）绘制如图 8-14 所示的轨迹线，完成后单击 ✔ 按钮，退出草绘模式。

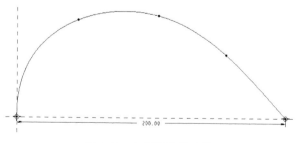

图 8-14　扫描混合轨迹线

（4）单击【扫描混合】操控面板中的 ▶ 按钮，选择上一步建立的曲线作为原点轨迹，【参考】选项卡中的选项保持系统默认的设置，如图 8-15 所示。

（5）切换到【截面】选项卡，如图 8-16 所示。选中【草绘截面】单选按钮，在截面收集器中默认存在一个未定义的"截面 1"，选择轨迹线的起点，然后在【截面】选项卡中单击【草绘】按钮，进入草绘模式。

图 8-15　【参考】选项卡　　　　　　　图 8-16　【截面】选项卡

（6）绘制第一个剖面，完成后单击 ✔ 按钮，退出草绘模式。

（7）在【截面】选项卡的截面收集器中右击，在弹出的快捷菜单中选择【添加】命令，然后选择轨迹线的终点，单击【截面】选项卡中的【草绘】按钮，进入草绘模式。

（8）绘制第二个剖面，完成后单击 ✔ 按钮，退出草绘模式。

（9）切换到【扫描混合】操控面板中的【选项】选项卡，保持默认设置。

（10）预览无误后单击 ✔ 按钮，生成扫描混合曲面，结果如图 8-17 所示。

图 8-17　扫描混合曲面

8.2.3　创建螺旋扫描曲面

和创建螺旋扫描特征相似，创建螺旋扫描曲面需要设定螺旋的旋转轴、扫描外形、多个属性参数及扫描截面。创建螺旋扫描曲面的过程如下：

（1）在功能区的【模型】选项卡的【形状】组中单击【螺旋扫描】按钮 螺旋扫描，打开【螺旋扫描】操控面板。

（2）在【螺旋扫描】操控面板中单击【扫描为曲面】按钮 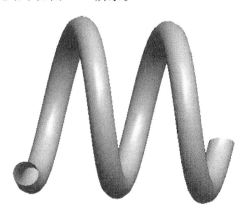，用于生成曲面特征。

（3）定义螺旋扫描特征的属性。

（4）选择或草绘螺旋扫描特征的旋转轴和扫描外形。

（5）输入螺旋扫描特征的间距。

（6）草绘螺旋扫描特征的扫描截面。

（7）预览无误后单击 ✔ 按钮，完成螺旋扫描特征的创建。

螺旋扫描曲面的创建结果如图 8-18 所示。

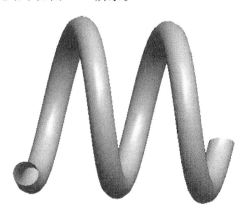

图 8-18　螺旋扫描曲面

8.2.4　创建填充曲面

填充曲面是通过填充同一平面上的封闭图形所建立的曲面。创建填充曲面的过程如下：

（1）在功能区的【模型】选项卡的【曲面】组中单击【填充】按钮 □，打开如图 8-19 所示的【填充】操控面板。

（2）打开【填充】操控面板中的【参考】选项卡，在其中单击【定义】按钮，弹出【草绘】对话框，选择草绘平面及相应参考面，然后单击该对话框中的【草绘】按钮，进入草绘模式。

（3）在草绘模式下绘制剖面。

（4）完成后单击 ✔ 按钮，退出草绘模式。

（5）预览无误后单击 ✔ 按钮，生成填充曲面。

填充曲面的创建结果如图 8-20 所示。

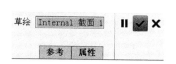

图 8-19　【填充】操控面板

图 8-20　填充曲面

　　此时可以用网格的形式来显示曲面。在功能区的【分析】选项卡的【检查几何】组中单击【网格曲面】按钮，弹出【网格】对话框，选择曲面并设置相应参数，然后单击【关闭】按钮，曲面将以网格的形式显示，如图 8-21 所示。

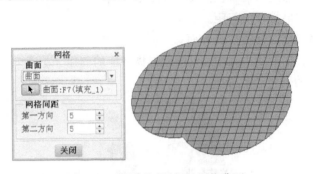

图 8-21　【网格】对话框及网格曲面

8.2.5　创建边界混合曲面

　　当需要创建的零件没有明显的剖面和轨迹时，可以利用边线来混合曲面，即创建边界混合曲面。其创建过程如下：

　　(1) 在功能区的【模型】选项卡的【曲面】组中单击【边界混合】按钮 ，打开如图 8-22 所示的【边界混合】操控面板。

图 8-22　【边界混合】操控面板

　　该操控面板中有两个收集器： （第一方向链收集器）和 （第二方向链收集器）。

　　在创建单向的边界混合曲面时，只使用 （第一方向链收集器）；在创建双向边界混合曲面时，两个收集器都使用。

　　该操控面板中有 5 个选项卡。

- 曲线：选择在一个方向上混合时所需的曲线，而且可以控制选取顺序。
- 约束：设置边界曲线的约束条件，包括自由、切线、曲率和垂直。
- 控制点：为精确控制曲线形状，可以在曲线上添加控制点。
- 选项：选取曲线来控制混合曲面的形状和逼近方向。
- 属性：边界混合曲面的命名。

　　(2) 在【边界混合】操控面板的第一方向链收集器中，按住 Ctrl 键选择第一方向曲线，然后在第二方向链收集器中，按住 Ctrl 键选择第二方向曲线。

　　(3) 预览无误后单击 按钮，完成边界混合曲面的创建。

　　边界混合曲面的创建结果如图 8-23 所示。

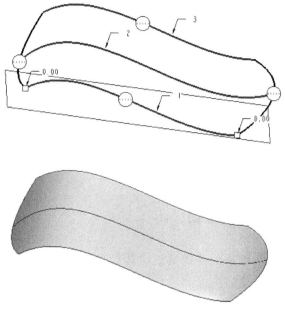

图 8-23　边界混合曲面

8.3　编辑曲面

在创建曲面特征之后,还可以根据具体的需要对其进行一系列的编辑和修改,包括复制、移动、旋转、偏移、延伸、修剪和合并等操作,同时还可以将曲面加厚或实体化,最终完成一个完整特征的创建。

8.3.1　复制曲面

复制曲面指将原来的曲面通过复制的方式生成新的曲面。其操作步骤如下:

(1) 选择如图 8-24 所示的原始曲面。

(2) 在功能区的【模型】选项卡的【操作】组中单击【复制】按钮,然后单击【粘贴】按钮,打开如图 8-25 所示的复制操控面板。

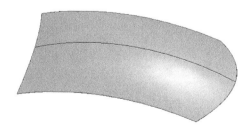

图 8-24　选择原始曲面

图 8-25　复制操控面板

（3）预览无误后单击 ☑ 按钮，完成复制曲面的创建，如图 8-26 所示。

图 8-26　复制曲面结果及模型树显示

选择模型树中的参考曲面并右击，在弹出的快捷菜单中选择【隐藏】命令将其隐藏，此时，在绘图窗口中仅显示复制曲面。

8.3.2　移动与旋转曲面

移动与旋转曲面指将原来的曲面通过平移和旋转的方式生成新的曲面，其操作步骤如下：

（1）选择原始曲面。

（2）在功能区的【模型】选项卡的【操作】组中单击【复制】按钮 📑，然后单击【选择性粘贴】按钮 📋，打开如图 8-27 所示的移动旋转操控面板。

图 8-27　移动旋转操控面板

（3）保持默认的 ⊡ 选项，输入移动距离，然后选择参考，相关设置及显示如图 8-28 所示。

（4）预览无误后单击 ☑ 按钮，完成移动曲面的创建，如图 8-29 所示。

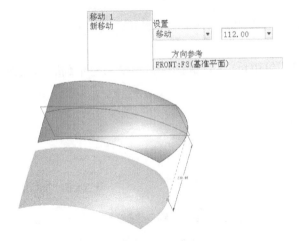

图 8-28　移动曲面的选项设置及显示

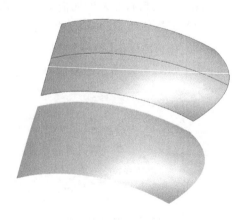

图 8-29　移动曲面结果

（5）在该操控面板中单击 ⏻ 按钮，选择参考并输入旋转角度，相关设置及显示如图 8-30 所示。

（6）预览无误后单击 ✓ 按钮，完成旋转曲面的创建，如图 8-31 所示。

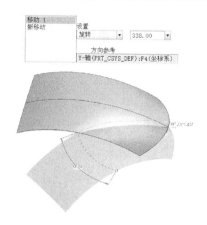

图 8-30　旋转曲面的选项设置及显示　　　　　　图 8-31　旋转曲面结果

8.3.3　偏移曲面

偏移曲面指将原来的曲面偏移指定的距离，以生成新的曲面，其操作步骤如下：

（1）选择原始曲面。

（2）在功能区的【模型】选项卡的【编辑】组中单击【偏移】按钮 🖼️，系统打开如图 8-32 所示的【偏移】操控面板。

图 8-32　【偏移】操控面板

（3）保持默认的 ⏧ 选项，在【偏移】操控面板中输入偏移距离。

（4）单击【选项】标签，切换到如图 8-33 所示的【选项】选项卡。如果选中【创建侧曲面】复选框，则创建的曲面带有侧曲面，否则，创建的曲面没有侧曲面。【选项】选项卡中有 3 个选项，即垂直于曲面、自动拟合和控制拟合。

（5）预览无误后单击 ✓ 按钮，完成偏移操作。

偏移曲面结果如图 8-34 所示。

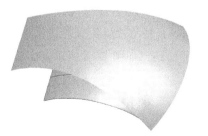

图 8-33　偏移选项　　　　　　　　　图 8-34　偏移曲面结果

8.3.4　相交曲面

通过相交曲面可以创建曲面和其他曲面或基准平面的交线。创建方法是按住 Ctrl 键，选取要创建交线的两个曲面，在功能区的【模型】选项卡的【编辑】组中单击【相交】按钮 ，此时即可生成所选两曲面的交线。

相交曲面对应的操控面板如图 8-35 所示。

相交曲面结果如图 8-36 所示。

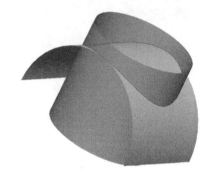

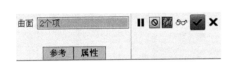

图 8-35　【曲面相交】操控面板　　　　　图 8-36　相交曲面结果

8.3.5　延伸曲面

延伸曲面指将现有的曲面按照指定的条件延长，以满足零件设计的需要。其操作步骤如下：

（1）选择要延伸曲面的一条边。

（2）在功能区的【模型】选项卡的【编辑】组中单击【延伸】按钮 ，打开【延伸】操控面板，如图 8-37 所示。

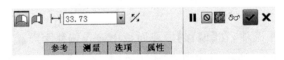

图 8-37　【延伸】操控面板

其中提供了两种延伸曲面的方法。

- ：沿着原来的原始曲面进行延伸。
- ：延伸到一个参考平面。

（3）选择延伸方法并设置相应选项，预览无误后单击 按钮，完成延伸曲面的操作。

延伸曲面结果如图 8-38 所示。

8.3.6　合并曲面

合并曲面通过"求交"或"连接"操作使两个独立的曲面合并为一个新的曲面组，该曲面

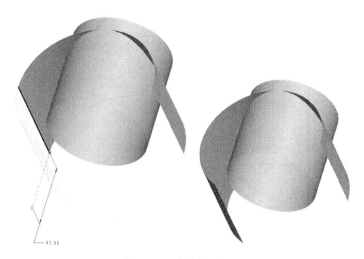

图 8-38　延伸曲面结果

组是单独存在的,将其删除后,原始参考曲面仍然保留。其操作步骤如下:

（1）在绘图区选择任意一个曲面,然后按住 Ctrl 键选择另外一个曲面。

（2）在功能区的【模型】选项卡的【编辑】组中单击【合并】按钮 ⬚ ,打开【合并】操控面板,如图 8-39 所示。

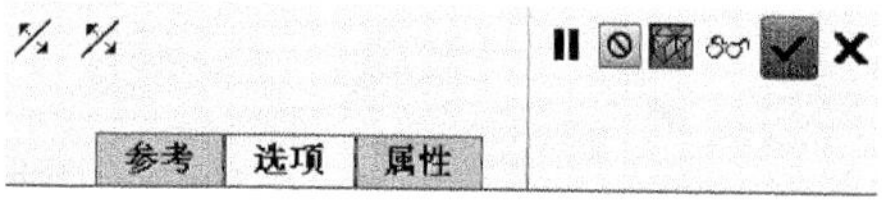

图 8-39　【合并】操控面板

（3）单击【合并】操控面板中的【第一面组保留侧】按钮 ⅍ 或【第二面组保留侧】按钮 ⅍ ,控制曲面的保留部分。

（4）预览无误后单击 ✓ 按钮,完成合并曲面的操作。

合并曲面结果如图 8-40 所示。

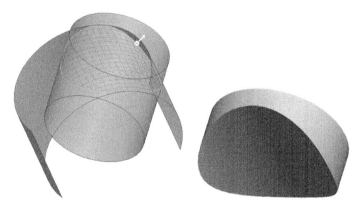

图 8-40　合并曲面结果

8.3.7　修剪曲面

修剪曲面指利用曲线、曲面或者其他基准平面对现有曲面或曲面组进行修剪。其操作步骤如下:

（1）在绘图区中选择需要被修剪的曲面。

（2）在功能区的【模型】选项卡的【编辑】组中单击【修剪】按钮 ✄ ，打开【修剪】操控面板，如图 8-41 所示。

图 8-41　【修剪】操控面板

（3）选择另外一个曲面作为修剪参考，并选择需要保留的部分。

（4）预览无误后单击 ✓ 按钮，完成修剪曲面的操作。

修剪曲面结果如图 8-42 所示。

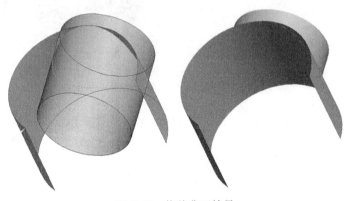

图 8-42　修剪曲面结果

8.3.8　加厚曲面

加厚曲面指在选定的曲面特征、曲面组几何特征中添加薄材料而得到厚度均匀的实体。其操作步骤如下：

（1）在绘图区中选择要进行加厚操作的曲面。

图 8-43　【加厚】操控面板

（2）在功能区的【模型】选项卡的【编辑】组中单击【加厚】按钮 ⊏ ，打开【加厚】操控面板，如图 8-43 所示。

（3）在【加厚】操控面板中设置加厚的厚度值、加厚方向等选项。

（4）预览无误后单击 ✓ 按钮，完成加厚曲面的操作。

加厚曲面结果如图 8-44 所示。

图 8-44　加厚曲面结果

8.3.9 实体化曲面

实体化曲面指将曲面特征转换为实体特征。其操作步骤如下：

（1）在绘图区中选择要实体化的曲面。

（2）在功能区的【模型】选项卡的【编辑】组中单击【实体化】按钮 ，打开如图 8-45 所示的【实体化】操控面板。

（3）保持系统默认的 □ 选项并进行相关设置。

（4）预览无误后单击 ✓ 按钮，完成实体化曲面操作。

实体化曲面结果如图 8-46 所示。

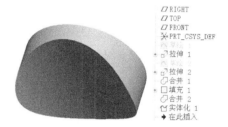

图 8-45 【实体化】操控面板　　　　　图 8-46 实体化曲面结果

8.4 综合实例

本实例将综合运用前面介绍的曲面特征的生成方式及操作，进行实际零件模型的造型设计，制作如图 8-47 所示的零件模型。在该模型的制作过程中，使用了拉伸、旋转等基本的曲面特征生成方式及合并、加厚、实体化等曲面特征的操作。

1. 建立新的零件模型

（1）选择【文件】|【新建】菜单命令或单击快速访问工具栏中的【新建】按钮 □。

（2）在弹出的【新建】对话框中选择类型为【零件】，设置零件名为 exam01，并取消选中【使用默认模板】复选框，然后单击【确定】按钮。

（3）在弹出的【新文件选项】对话框中选择 mmns_part_solid 模板，单击【确定】按钮，进入零件模型设计模式。

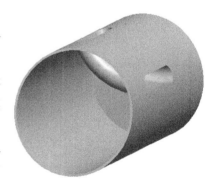

图 8-47 实例最终完成的零件模型

2. 使用拉伸方式建立曲面特征

（1）在功能区的【模型】选项卡的【形状】组中单击【拉伸】按钮 □，打开【拉伸】操控面板。

（2）在【拉伸】操控面板中单击【拉伸为曲面】按钮 □，生成曲面特征。

（3）在【拉伸】操控面板的【放置】选项卡中单击【定义】按钮，弹出【草绘】对话框，选择 TOP 基准平面作为草绘平面、RIGHT 基准平面作为草绘视图的右参考面，设置完毕后【草绘】对话框如图 8-48 所示。单击【草绘】对话框中的【草绘】按钮，进入草绘状态。

图 8-48　【草绘】对话框及其设置

（4）绘制一个直径为 110.00 的圆，作为拉伸特征的截面图形。

（5）单击【草绘】选项卡中的 ✓ 按钮，退出草绘状态。

（6）在【拉伸】操控面板中，使用系统默认的计算拉伸长度方式 ⊥ 。

（7）在【拉伸】操控面板中，设置拉伸特征的拉伸长度为 200.00。此时，【拉伸】操控面板的显示如图 8-49 所示。

图 8-49　【拉伸】操控面板的显示

（8）预览无误后单击 ✓ 按钮，完成曲面特征的创建，结果如图 8-50 所示。

3. 使用旋转方式建立曲面特征

（1）在功能区的【模型】选项卡的【形状】组中单击【旋转】按钮 ⊿ ，打开【旋转】操控面板。

（2）在【旋转】操控面板中单击【作为曲面旋转】按钮 ◯ ，生成曲面特征。

（3）在【旋转】操控面板的【放置】选项卡中单击【定义】按钮，弹出【草绘】对话框，选择 FRONT 基准平面作为草绘平面、RIGHT 基准平面作为草绘视图的右参考面，设置完毕后【草绘】对话框如图 8-51 所示。单击【草绘】对话框中的【草绘】按钮，进入草绘状态。

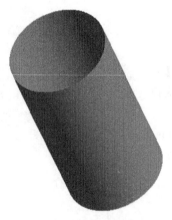

图 8-50　使用拉伸方式建立的
曲面特征

图 8-51　【草绘】对话框

（4）绘制如图 8-52 所示的竖直中心线和旋转特征截面图形。

（5）单击【草绘】选项卡中的 ✔ 按钮，退出草绘状态。

（6）在【旋转】操控面板中，设置计算旋转角度的方式为 ，即关于草绘平面对称。

（7）在【旋转】操控面板中，设置旋转特征的旋转角度为 110.0。此时，【旋转】操控面板的显示如图 8-53所示。

（8）预览无误后单击 ✔ 按钮，完成曲面特征的创建，结果如图 8-54 所示。

4. 合并前面建立的两个曲面特征

（1）选择前面使用拉伸和旋转方式建立的两个曲面特征。

（2）在功能区的【模型】选项卡的【编辑】组中单击【合并】按钮 ，打开【合并】操控面板。

（3）单击【反转】按钮 ，保留使用拉伸方式建立的曲面特征的另外一侧。屏幕绘图区的显示如图 8-55 所示。

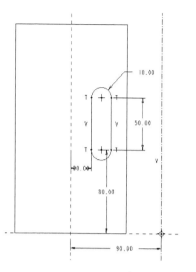

图 8-52　绘制旋转曲面特征的中心线
和截面图形

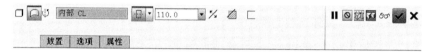

图 8-53　【旋转】操控面板的显示

图 8-54　使用旋转方式建立的曲面特征

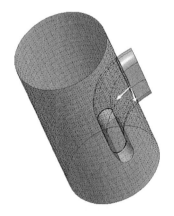

图 8-55　屏幕绘图区的显示

（4）进行预览，当结果如图 8-56 所示时单击 ✔ 按钮，完成曲面特征的合并。

5. 使用填充方式建立曲面特征

（1）在功能区的【模型】选项卡的【曲面】组中单击【填充】按钮 ，打开【填充】操控面板。

（2）打开【填充】操控面板中的【参考】选项卡，在其中单击【定义】按钮，弹出【草绘】对话框。选择 TOP 基准平面作为草绘平面、RIGHT 基准平面作为草绘视图的右参考面,然后单击该对话框中的【草绘】按钮,进入草绘模式。

　　(3) 绘制如图 8-57 所示的截面图形。

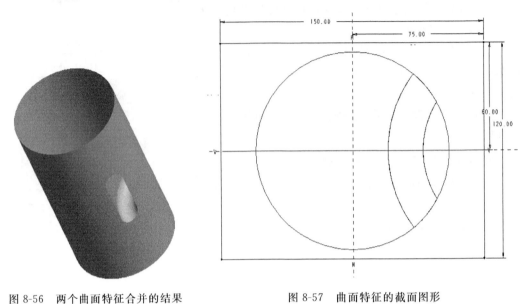

图 8-56　两个曲面特征合并的结果　　　　　　　　　图 8-57　曲面特征的截面图形

　　(4) 完成后单击 ✓ 按钮,退出草绘模式。

　　(5) 预览无误后单击 ✓ 按钮,生成填充曲面特征,结果如图 8-58 所示。

6. 合并曲面特征

　　(1) 选择第 4 步合并产生的曲面特征和第 5 步创建的曲面特征。

　　(2) 在功能区的【模型】选项卡的【编辑】组中单击【合并】按钮 ⬚,打开【合并】操控面板。

　　(3) 单击【反转】按钮 ⬚,保留使用拉伸方式创建的曲面特征的另外一侧。屏幕绘图区的显示如图 8-59 所示。

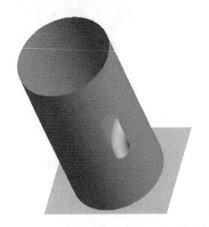
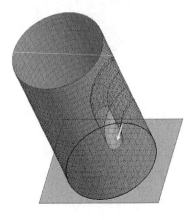

图 8-58　使用填充方式创建的曲面特征　　　　　　　图 8-59　屏幕绘图区的显示

（4）进行预览,当结果如图 8-60 所示时单击 ✔ 按钮,完成曲面特征的合并。

7. 通过加厚方式将曲面特征转化为实体特征

（1）选择第 6 步合并产生的曲面特征。

（2）在功能区的【模型】选项卡的【编辑】组中单击【加厚】按钮 ▭ ,打开【加厚】操控面板。

（3）输入加厚距离值为 2.00。

（4）预览无误后单击 ✔ 按钮,完成曲面特征的加厚,结果如图 8-61 所示。

图 8-60　两个曲面特征合并的结果　　　图 8-61　曲面特征通过加厚方式转化为实体特征

8. 使用拉伸方式建立曲面特征

（1）在功能区的【模型】选项卡的【形状】组中单击【拉伸】按钮 ▱ ,打开【拉伸】操控面板。

（2）在【拉伸】操控面板中单击【拉伸为曲面】按钮 ▢ ,以生成曲面特征。

（3）在【拉伸】操控面板的【放置】选项卡中单击【定义】按钮,弹出【草绘】对话框,选择 FRONT 基准平面作为草绘平面、RIGHT 基准平面作为草绘视图的右参考面,设置完毕后单击【草绘】对话框中的【草绘】按钮,进入草绘状态。

（4）绘制如图 8-62 所示的直线,作为拉伸特征的截面图形。

（5）单击【草绘】选项卡中的 ✔ 按钮,退出草绘状态。

（6）在【拉伸】操控面板中,设置计算拉伸长度的方式为 ▯ ,即关于草绘平面对称。

（7）在【拉伸】操控面板中,设置拉伸特征的拉伸长度为 140.00。

（8）预览无误后单击 ✔ 按钮,完成曲面特征的创建,结果如图 8-63 所示。

9. 使用曲面特征切割零件

（1）选择第 8 步建立的曲面特征。

（2）在功能区【模型】选项卡的【编辑】组中单击【实体化】按钮 ▱ ,打开【实体化】操控面板。

（3）在【实体化】操控面板中单击【移除材料】按钮 ▱ ,以移除面组一侧的材料。

（4）进行预览,当结果如图 8-64 所示时单击 ✔ 按钮,完成曲面特征的实体化操作。

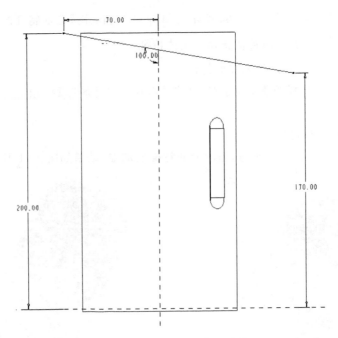

图 8-62　曲面特征的截面图形

图 8-63　使用拉伸方式建立的曲面特征

图 8-64　曲面特征实体化的结果

10. 保存文件

保存文件,完成实例练习。

第9章 钣金设计

钣金件一般指具有均一厚度的金属薄板零件,机电设备的支撑结构(如电器控制柜)、护盖(如机床的外围护罩)等一般都是钣金件。和实体零件模型一样,钣金件模型的各种结构也是以特征的形式创建的,但钣金件的设计有自己独特的规律。

以 Creo Parametric 2.0 进行钣金设计时,必须先进行薄壁创建,然后进行其他特征的设计。

壁指钣金设计中钣金件材料的任何截面。在 Creo Parametric 2.0 系统中,壁分为分离壁和连接壁两种。分离壁指不需要其他壁就可以存在的独立壁。用户创建的第一个分离壁称为第一壁,零件的所有钣金件特征都是第一壁的子项,第一壁决定了整个钣金件的薄壁厚度,也可以创建其他分离壁。在其他壁上连续创建的薄壁称为连接壁。

使用 Creo Parametric 2.0 创建钣金件的过程大致如下:

(1) 通过新建一个钣金件模型,进入钣金设计环境。

(2) 以钣金件所支持或保护的内部零部件的大小和形状为基础,创建第一壁。例如设计机床床身护罩时,先要按床身的形状和尺寸创建第一壁。

(3) 添加其他钣金壁。在第一壁创建之后,往往需要在其基础上添加另外的钣金壁。

(4) 在钣金模型中,还可以随时添加一些实体特征,如实体切削特征、孔特征、倒圆角特征和倒角特征等。

(5) 创建钣金冲孔和切口特征,为钣金的折弯作准备。

(6) 进行钣金的折弯。

(7) 进行钣金的展开(也称为折弯回去)。

(8) 创建钣金件的工程图。

在 Creo Parametric 2.0 中,可以创建以下类型的分离壁:平面、拉伸、旋转、混合、可变截面扫描、扫描混合、螺旋扫描、将截面混合到曲面、曲面间混合、从文件混合、将切线混合到曲面。

此外,还可创建以下连接壁:平整、法兰、延伸、扭转。

9.1 创建分离的平整壁

使用【平面】按钮可创建平整的第一壁或者创建一个或多个与第一壁分开的平整的分离壁。

在创建分离的平整壁时,首先要创建封闭环,设置第一个分离壁的钣金件厚度,之后所创建的任何其他壁都会自动使用相同的厚度。

9.1.1　设置选项

单击功能区的【模型】选项卡的【形状】组中的【平面】按钮，打开如图 9-1 所示的【平面】操控面板。

图 9-1　【平面】操控面板

【平面】操控面板由对话栏和选项卡组成。

1．对话栏

- 　：用来设置钣金件的厚度，仅适用于第一个分离壁。
- 　：用于反转钣金件厚度的方向。
- 0.05　：用于输入钣金件的厚度。

2．选项卡

- 参考：显示收集器中选定的草绘。
- 选项：设置是否合并到模型并保留合并边。
- 属性：显示壁的默认名称，单击【显示此特征的信息】按钮 可在浏览器中显示特征的信息，如图 9-2 所示。

图 9-2　【属性】选项卡

9.1.2　创建过程

（1）单击功能区的【模型】选项卡的【形状】组中的【平面】按钮，打开【平面】操控面板。

（2）单击【参考】标签，切换到【参考】选项卡，如图 9-3 所示。

（3）单击【定义】按钮，弹出【草绘】对话框，如图 9-4 所示，在绘图区中选取草绘平面，然后单击【草绘】按钮。

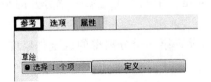

图 9-3　【参考】选项卡　　　　　　　图 9-4　【草绘】对话框

（4）在绘图区中草绘一封闭环，并在【草绘】选项卡中单击 ✔ 按钮，保存截面并退出。

（5）在【平面】操控面板上输入壁厚值或接受之前的默认值。

（6）若需要使壁厚反向，可单击【反向】按钮 ⁒ 。

（7）单击【平面】操控面板上的 ☑ 按钮，完成分离平整壁的创建。

9.2　创建连接壁

在 Creo Parametric 2.0 中，可以采用平整壁和法兰壁的方式创建连接壁。

9.2.1　创建平整壁

连接的平整壁从属于第一壁，其形状为带有线性连接
边的平面钣金件壁的任意平整形状。在完成平整壁设计
之前需要创建可拉伸为平整部分的开放环草绘，如图 9-5
所示。在设计中，可以使用以下方法创建平整壁形状：

（1）选择一种标准平整壁形状。

（2）草绘用户定义的平整壁形状。

（3）导入预定义的平整壁形状。

1. 选项说明

单击功能区的【模型】选项卡的【形状】组中的【平整】
按钮 ⬚ ，打开如图 9-6 所示的【平整】操控面板。

【平整】操控面板由对话栏和选项卡组成。

1）对话栏

· 【形状】下拉列表：列出壁形状，如图 9-7 所示。其
　中标准壁形状有矩形、梯形、L 形、T 形等。"用户
　定义"指使用【形状】选项卡创建新的壁形状。

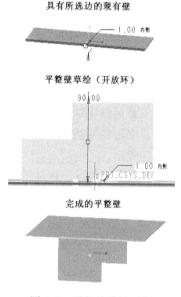

图 9-5　平整壁特征示例

图 9-6　【平整】操控面板

· 【角度】下拉列表：列出预定义值、用户定义值以及壁连接角度的平整壁选项，如
　图 9-8 所示。

· ⁒ ：反转材料的厚度方向。

· ⬚ ：根据指定的值，将折弯添加到连接边。其中，【厚度】指使用与钣金件壁厚相等的
　默认半径，【2.0＊厚度】指使用的默认半径，等于钣金件壁厚度的 2 倍，如图 9-9 所示。

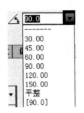

图 9-7   平整壁【形状】下拉列表   图 9-8   平整壁【角度】下拉列表

- ：从壁的外侧曲面标注半径。
- ：从壁的内侧曲面标注半径。

2）选项卡

- 放置：显示选定边，如图 9-10 所示。

图 9-9   【平整壁】折弯半径   图 9-10   平整壁【放置】选项卡

- 形状：在该选项卡中，【草绘】指在草绘器中打开草绘进行编辑，【打开】指在【打开】对话框中选择保存的.sec 文件，【另存为】指打开【保存副本】对话框，在指定目录中将壁草绘另存为.sec 文件，【形状附件】用于确定标注壁尺寸的方法，如图 9-11 所示。
- 偏移：相对于连接边设置壁截面，如图 9-12 所示。

图 9-11   【形状】选项卡   图 9-12   【偏移】选项卡

- 止裂槽：该选项卡用来设置壁止裂槽的类型。选中【单独定义每侧】复选框，可分别设置每个壁端部的止裂槽，在【类型】下拉列表中列出了可用的止裂槽类型，如图 9-13 所示。
- 折弯余量：该选项卡用来设置使用特定于特征的弯曲余量，以确定钣金件壁的展开长度。选中【特征专用设置】复选框可激活【按 K 因子】、【按 Y 因子】和【按折弯表】单选按钮，如图 9-14 所示。
- 属性：该选项卡用来显示壁的默认名称，单击【显示此特征的信息】按钮 可在浏览器中显示特征的信息，如图 9-15 所示。

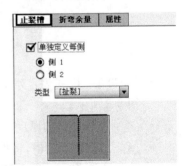

图 9-13   【止裂槽】选项卡

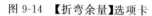

图 9-14　【折弯余量】选项卡　　　　　　　　　图 9-15　【属性】选项卡

2. 创建平整壁的方法

（1）单击功能区的【模型】选项卡的【形状】组中的【平整】按钮 ，打开【平整】操控面板。

（2）选取一条连接边，则所选边显示在【放置】选项卡中，如图 9-16 所示。默认情况下创建一个矩形壁。

（3）如要选择不同的壁形状，可从【形状】下拉列表中选择一个需要的形状。

图 9-16　平整壁【放置】选项卡

（4）使用以下操作之一设置壁尺寸：

- 单击【形状】标签，切换到【形状】选项卡，然后单击【草绘】按钮，使用草绘窗口编辑壁尺寸。

- 拖动控制滑块设置尺寸。

- 在绘图区中单击壁尺寸并编辑值。

（5）使用以下操作之一设置连接壁的折弯角度：

- 从【角度】下拉列表中选取一个角度。

- 在【角度】框中输入一个值。

- 拖动控制滑块调整角度。

- 在绘图区中双击角度值并输入新值。

（6）如要将折弯添加到连接边，单击【在连接边上添加折弯】按钮 。

（7）使用以下操作之一设置折弯半径的值：

- 从【折弯半径】下拉列表中选择一个值。

- 将控制滑块拖动到所需位置。

- 在绘图区中双击编辑折弯半径的值。

（8）根据设计需要单击【标注折弯的外部曲面】按钮 从壁的外表面标注半径，或单击【标注折弯的内部曲面】按钮 从壁的内表面标注半径。

（9）根据设计需要，如要反转材料的厚度方向，单击【反向】按钮 。

（10）如要设置壁从连接边的偏移，单击【偏移】标签，切换到【偏移】选项卡。

（11）选中【相对连接边偏移壁】复选框和一个连接选项。

（12）如要更改默认的止裂槽，单击【止裂槽】标签，切换到【止裂槽】选项卡。

（13）如要设置折弯余量，单击【折弯余量】标签，切换到【折弯余量】选项卡，根据需要选取适当的计算方法。

（14）单击 按钮，完成平整壁的创建。

9.2.2 创建法兰壁

法兰壁是连接的次要壁,从属于第一壁。进行法兰壁设计,要先绘制可沿轨迹拉伸或扫描的开放剖面草绘,其连接边可为线性或非线性,与连接边相邻的曲面无须是平面,如图 9-17 所示。在设计中可以使用以下方法创建法兰壁形状:

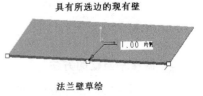

具有所选边的现有壁

(1) 选择一种标准法兰壁形状。

(2) 草绘用户定义的法兰壁形状。

(3) 导入预定义的法兰壁形状。

法兰壁草绘

1. 选项说明

单击功能区的【模型】选项卡的【形状】组中的【法兰】按钮 ,打开如图 9-18 所示的【凸缘】操控面板,可以进行创建法兰壁的操作。

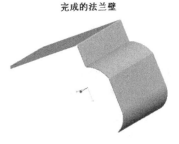

【凸缘】操控面板由对话栏和选项卡组成。

1) 对话栏

- 【形状】下拉列表:该下拉列表中包括各种标准法兰形状和一个用户定义选项,如图 9-19 所示。

完成的法兰壁

- :在链端点处设置壁端部。

- :将壁端部从链端点处修剪或延伸指定的长度值。

- :将壁端部修剪或延伸至选定点、曲线、平面或曲面。

图 9-17 法兰壁特征示例

图 9-18 【凸缘】操控面板

- :反转材料的厚度方向。

- :在连接边上添加折弯。其中,【厚度】指使用与钣金件壁厚相等的默认半径,【2.0＊厚度】指使用默认半径,等于钣金件壁厚度的 2 倍,如图 9-20 所示。

图 9-19 法兰壁【形状】下拉列表

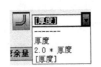

图 9-20 【法兰壁】折弯半径

- ：根据壁的外侧曲面标注半径。
- ：根据壁的内侧曲面标注半径。

2）选项卡

- 放置：显示所选边类型，如图 9-21 所示。单击【细节】按钮，会弹出显示所选边的【链】对话框，如图 9-22 所示。

图 9-21　法兰壁【放置】选项卡	图 9-22　法兰壁【链】对话框

- 形状：在该选项卡中，单击【草绘】按钮可在草绘器中打开草绘进行编辑；单击【打开】按钮可打开【打开】对话框，选择保存的 .sec 文件；单击【另存为】按钮可打开【保存副本】对话框，在指定目录中将壁草绘另存为 .sec 文件；【形状附件】选项组用于确定标注壁尺寸的方法，如图 9-23 所示。
- 长度：指定壁长度的确定方法，如图 9-24 所示。

图 9-23　法兰壁【形状】选项卡	图 9-24　法兰壁【长度】选项卡

- 偏移：设置壁从连接边的偏移，如图 9-25 所示。
- 边处理：指定边缝类型以及一对相邻壁段的尺寸。
- 斜切口：在一对带有重叠几何的壁段之间添加斜切口，如图 9-26 所示。
- 止裂槽：用来设置壁止裂槽的类型。如果【止裂槽类别】被设置为【折弯止裂槽】，则可选中【单独定义每侧】复选框，分别设置每个壁端部的止裂槽，且【类型】下拉列表中列出了可用的止裂槽类型。如果【止裂槽类别】被设置为【拐角止裂槽】，则只可选择止裂槽类型，如图 9-27 所示。

图 9-25　法兰壁【偏移】选项卡

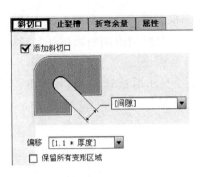

图 9-26　法兰壁【斜切口】选项卡

- 折弯余量：设置用于钣金件的展开长度计算的方法。如果要重定义设置，可选中【特征专用设置】复选框，激活【按 K 因子】、【按 Y 因子】计算展开长度，用户可输入新因子值或从下拉列表中选择值。另外，在【圆弧的展开长度】中可选中【使用折弯表】复选框，如图 9-28 所示。

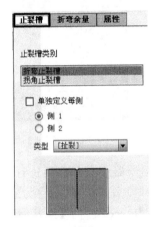

图 9-27　法兰壁【止裂槽】选项卡

图 9-28　法兰壁【折弯余量】选项卡

- 属性：显示壁的默认名称，单击【显示此特征的信息】按钮 🗓 可在浏览器中显示特征的信息，如图 9-29 所示。

2. 创建法兰壁的方法

（1）单击功能区的【模型】选项卡的【形状】组中的【法兰】按钮 ，打开【凸缘】操控面板。

（2）根据提示，选取一条连接边。

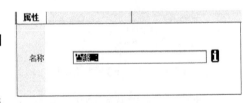

图 9-29　法兰壁【属性】选项卡

（3）如要选择不同的法兰壁形状，可从【形状】下拉列表中选择一个形状，默认情况下创建 I 形法兰壁。

（4）如要更改法兰壁尺寸及连接角度，单击【形状】标签，切换到【形状】选项卡，使用以下操作之一进行修改。

- 使用草绘窗口编辑壁尺寸和壁角度。
- 拖动控制滑块设置尺寸或调整壁角度。

- 单击壁尺寸或角度值并输入新值。
- 如要倒圆锐边,选中【在锐边上添加折弯】复选框。

（5）根据设计需要,如要反转材料的厚度方向,单击【反向】按钮 ╱ 。

（6）如要设置法兰壁每一侧的长度,单击操控面板上的【法兰端部位置】按钮或使用【长度】选项卡。

（7）如要将折弯添加到连接边,单击【在连接边上添加折弯】按钮 ◢ ,并使用以下操作之一设置折弯半径的值。

- 从【折弯半径】下拉列表中选择一个值。
- 将控制滑块拖动到所需位置。
- 编辑折弯半径的值。

（8）根据设计需要,单击【标注折弯的外部曲面】按钮 ↙ 从壁的外表面标注半径,或单击【标注折弯的内部曲面】按钮 ↘ 从壁的内表面标注半径。

（9）如要将壁添加到偏移边,单击【偏移】标签,切换到【偏移】选项卡,选中【相对连接边偏移壁】复选框,并选择一个连接选项。

（10）单击【止裂槽】标签,切换到【止裂槽】选项卡。

- 如要更改折弯止裂槽,选择【折弯止裂槽】选项,并选择一个止裂槽类型以应用到壁的两侧。
- 如要为壁的每侧定义止裂槽类型,选中【单独定义每侧】复选框,并选择一侧和一个止裂槽类型。
- 如要应用拐角止裂槽,选择【拐角止裂槽】选项并选择一个止裂槽类型。

（11）设置折弯余量,单击【折弯余量】标签,切换到【折弯余量】选项卡,选择合适的展开长度计算方式。

（12）单击 ✔ 按钮,完成法兰壁的创建。

9.2.3　创建拉伸壁

在 Creo Parametric 2.0 的钣金设计中,使用拉伸可完成一些特征的建立,包括创建分离的拉伸壁、钣金件切口、实体切口、面组、曲面修剪。其中,钣金件切口中的切口从钣金件壁移除实体材料,并垂直于驱动曲面、偏移曲面或者同时垂直于二者。实体切口中的切口从钣金件壁移除实体材料,并垂直于草绘平面。

1. 选项说明

单击功能区的【模型】选项卡的【形状】组中的【拉伸】按钮 ⬚ ,打开如图 9-30 所示的【拉伸】操控面板,可以进行创建拉伸壁的操作。

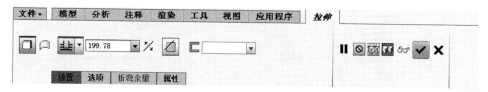

图 9-30　【拉伸】操控面板

【拉伸】操控面板由对话栏和选项卡组成。

1）对话栏

- ▢：拉伸选项，创建实体。
- ◠：拉伸选项，创建曲面。
- ⬒盲孔：深度选项，自草绘平面以指定值拉伸截面。
- ⬓对称：深度选项，在草绘平面两侧的每一方向上按指定深度值的一半拉伸截面。
- ⬒到选定项：在指定参考的第一方向上将截面拉伸到实体几何的选定点、曲线、平面或曲面。
- ⬒到下一个：深度选项，在第一方向上拉伸截面与选定曲面相交，仅适用于第二个分离的拉伸壁。
- ⬒穿透：深度选项，在第一方向上拉伸截面与所有曲面相交，仅适用于第二个分离的拉伸壁。
- ⬒穿至：深度选项，在第一方向上将截面拉伸至下一个曲面，仅适用于第二个分离的拉伸壁。
- ％：将拉伸的深度方向反向到草绘的另一侧。
- ▱：移除材料，从而显示切口选项。

2）选项卡

- 放置：显示选定边。
- 选项：该选项卡用于调整侧 1 和侧 2 的深度，调整第二个分离的拉伸壁的深度选项、封闭端，以及在分离的拉伸壁中添加折弯等，如图 9-31 所示。
- 折弯余量：设置用于钣金件的展开长度计算的方法。如果要重定义设置，可选中【特征专用设置】复选框，以激活【按 K 因子】、【按 Y 因子】计算展开长度，用户可输入新因子值或从列表中选择值。另外，在【圆弧的展开长度】中可选中【使用折弯表】复选框，如图 9-32 所示。

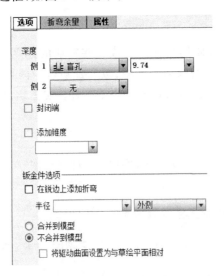

图 9-31　【选项】选项卡　　　　　图 9-32　【折弯余量】选项卡

- 属性：该选项卡中显示壁的默认名称，单击【显示此特征的信息】按钮 ⓘ 可在浏览器中显示特征的信息，如图 9-33 所示。

2. 创建分离的拉伸壁方法

（1）在功能区的【模型】选项卡的【形状】组中单击【拉伸】按钮 ⟋，打开【拉伸】操控面板。

（2）为确保不针对移除材料，取消选中【移除材料】按钮 ⟋。

（3）单击【放置】标签，切换到【放置】选项卡，执行以下操作。

- 如果草绘已经存在，单击【断开】按钮断开与草绘之间的关联，然后单击【编辑】按钮，使用草绘副本创建一个内部草绘，再单击操控面板中的 ✓ 按钮，如图 9-34 所示。

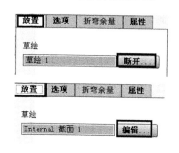

图 9-33　【属性】选项卡　　　　　　图 9-34　断开草绘关联重新绘制

- 如果草绘不存在，单击【定义】按钮，弹出【草绘】对话框设置参考，创建草绘，然后单击操控面板中的 ✓ 按钮，如图 9-35 所示。

（4）单击【选项】标签，切换到【选项】选项卡，如果需要，为每一侧选取一个深度选项和一个值，如图 9-36 所示。

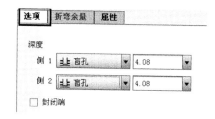

图 9-35　【草绘】对话框　　　　　　图 9-36　为拉伸特征设置深度选项

（5）如果设计中需要设置折弯余量，可单击【折弯余量】标签，切换到【折弯余量】选项卡，根据需要进行设置。

（6）如要使深度方向相反，单击【反向】按钮 ⟋。

（7）输入壁厚值或采用默认值。

（8）如要反转材料厚度，单击【反向】按钮 ⟋。

（9）单击 ✓ 按钮，完成拉伸壁的创建。

9.2.4　创建高级壁

在 Creo Parametric 2.0 的钣金设计中,利用高级壁可创建轮廓壁。高级壁是难以展平且不经常使用的轮廓,下面介绍一些高级壁类型。

- 将切面混合到曲面:创建一种高级壁,作为从曲面到相切曲面的混合。
- 扫描:通过沿所选轨迹扫描截面,并沿轨迹控制截面的方向、旋转和几何,以创建扫描特征。
- 边界混合:从曲面边界创建边界混合。
- 扫描混合:使用原始轨迹和基准曲线或边的链创建扫描混合。

在创建高级壁时,单击功能区的【模型】选项卡的【形状】组,从下拉菜单中选取一种高级壁,打开相应的操控面板进行创建。

下面以扫描混合创建高级壁为例进行介绍。

(1)单击功能区的【模型】选项卡的【形状】组,在弹出的下拉菜单中选择【扫描混合】命令,打开【扫描混合】操控面板,如图 9-37 所示。

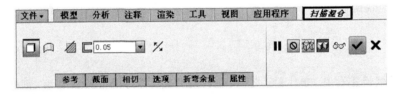

图 9-37　【扫描混合】操控面板

(2)打开【参考】选项卡,在【轨迹】区域中单击【选择项】,从绘图区中选择轨迹,然后在【截平面控制】下拉列表中选择混合方式,例如选择【垂直于轨迹】创建垂直于轨迹原点的剖面,如图 9-38 所示。

(3)切换到【截面】选项卡,根据设计需要选择草绘截面或从绘图区中选择截面,并设置截面的位置及方向,如图 9-39 所示。

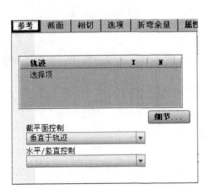

图 9-38　【参考】选项卡

图 9-39　【截面】选项卡

（4）切换到【选项】选项卡，进行各项功能设置，如图 9-40 所示。

- 设置周长控制：以线性方式近似地改变截面的剖面周长。
- 设置横截面面积控制：控制特征的剖面面积。

（5）切换到【折弯余量】选项卡，选中【特征专用设置】复选框激活【按 K 因子】、【按 Y 因子】计算展开长度，用户可输入新因子值或从列表中选择值。另外，在【圆弧的展开长度】中可选中【使用折弯表】复选框，如图 9-41 所示。

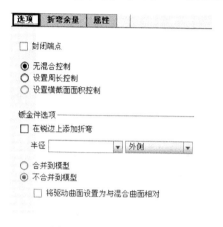

图 9-40　【选项】选项卡　　　　　　　　图 9-41　【折弯余量】选项卡

（6）设置完成后，单击 ✔ 按钮完成高级壁的创建。

9.3　添加钣金件特征

9.3.1　创建折弯

折弯指将钣金件壁成形为斜形或筒形，可以使用【折弯】按钮将折弯添加到钣金件壁。首先草绘折弯线，并用方向箭头或草绘视图确定折弯的方向。折弯线是计算展开长度和创建折弯几何的参考点。通常有两种主要的折弯类型，即角度折弯和滚动折弯。其中，角度折弯是将钣金件弯曲到某个角度，滚动折弯是把钣金件弯曲到某个弧度。

每个角度折弯或滚动折弯都有 3 个折弯选项。

- 折弯：创建没有过渡曲面的标准折弯。
- 边折弯：在折弯和要保持平整的区域之间变形曲面。
- 平面折弯：围绕轴（该轴垂直于驱动曲面和草绘平面）创建折弯。

折弯半径决定折弯角度，沿半径的轴形成折弯，可用内侧半径 ⌐ 和外侧半径 ⌐ 标注折弯尺寸。

单击功能区的【模型】选项卡的【折弯】组中的【折弯】按钮 ⚒，打开如图 9-42 所示的【折弯】操控面板，可以进行创建折弯的操作。

图 9-42 【折弯】操控面板

9.3.2 创建止裂槽

在创建部分薄壁时,如果指定了折弯半径,则必须加上止裂槽,才可以产生合理的几何形状。折弯止裂槽有助于控制钣金件材料的形状,并防止发生不希望的变形。例如,由于材料拉伸,未止裂的折弯可能不会表示出准确的、所需要的实际模型。添加适当的折弯止裂槽,钣金件折弯就会符合设计意图,并可创建一个精确的平整模型。

草绘并再生折弯后,会出现止裂槽菜单,其中有以下止裂槽选项,如图 9-43 所示。

- 扯裂止裂槽:在每个折弯端点切削材料,切口是垂直于折弯线形成的。
- 拉伸止裂槽:拉伸材料,以便在折弯与现有固定材料边的相交处提供止裂槽。
- 矩形止裂槽:在每个折弯端点添加一个矩形止裂槽。
- 长圆形止裂槽:在每个折弯端点添加一个长圆形止裂槽。

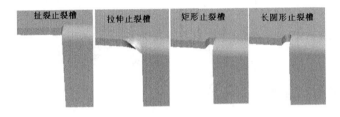

图 9-43 止裂槽形状示例

下面以在钣金件上添加平整壁为例,介绍创建止裂槽的方法。

(1) 打开钣金件,在第一壁上创建平整壁,并选取平坦壁的附着边,如图 9-44 所示。

(2) 根据设计需要,调整平整壁的形状及大小。

(3) 打开【止裂槽】选项卡,选中【单独定义每侧】复选框,然后为侧 1 选取扯裂止裂槽,如图 9-45 所示。

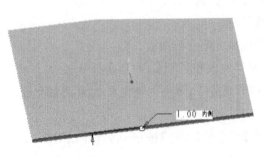

图 9-44 选取附着边

图 9-45 定义侧 1 止裂槽类型

（4）在【止裂槽】选项卡上为侧 2 选取矩形止裂槽，如图 9-46 所示。

（5）单击操控面板上的 ☑ 按钮，完成平整壁及其上止裂槽的创建，如图 9-47 所示。

图 9-46　定义侧 2 止裂槽类型

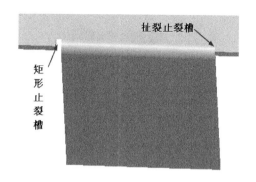

图 9-47　完成平整壁及其上止裂槽的创建

9.3.3　创建扯裂

在 Creo Parametric 2.0 钣金设计中，如果零件是材料的一个连续段，在未割裂钣金件时，它不能被展平。所以在展平前，应首先创建一个扯裂（裂缝）特征，这样在展平模型的该区域时，材料将沿着裂缝截面破断。一般来说，裂缝是一个零体积切口，有下面几种类型的钣金件裂缝可用，如图 9-48 所示。

- 边缝（边扯裂）：沿边创建锯缝。选择要生成裂缝的边，生成的拐角边可以是开放的边、盲边或重叠的边。

- 曲面缝（曲面扯裂）：从模型中切除并排除整个曲面片。选取要割裂的曲面，曲面裂缝将移除模型体积。

- 规则缝（草绘扯裂）：沿草绘的缝线创建锯痕。选择曲面并草绘缝线，可以选择边界曲面以避免某些曲面受裂缝影响。

创建一个草绘扯裂的方法如下：

（1）单击功能区的【模型】选项卡的【工程】组中的【扯裂】按钮 ▦ 下方的三角形，在弹出的下拉菜单中选择【草绘扯裂】命令，打开【草绘扯裂】操控面板，如图 9-49 所示。

（2）在【放置】选项卡中单击【定义】按钮，弹出【草绘】对话框，如图 9-50 所示。

（3）设置【草绘平面】等，并单击【草绘】按钮，打开【草绘】操控面板，然后草绘截面。草绘中的所有图元必须形成一个连续的开放链，其端点与曲面边或侧面影像对齐。草

图 9-48　几种裂缝（扯裂）示意图

图 9-49　【草绘扯裂】操控面板

绘完成后,单击【草绘】操控面板中的 ✔ 按钮,保存截面并
退出。

（4）在【草绘扯裂】操控面板中单击 ✔ 按
钮,则草绘扯裂创建完毕。

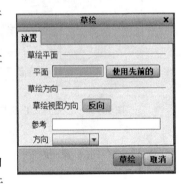

图 9-50　【草绘】对话框

9.3.4　创建切口

创建钣金件切口用于从零件中移除材料。切削时切口垂直于钣金件曲面,如同该零件是完全平整的,即使它处于折弯状态。当零件折弯时,切口表现为钣金件材料的自然行为,如折弯和扭曲等。在进行钣金件设计时,在平面上草绘切口,并将其投影到钣金件壁上。切削中,因为钣金件切口是曲面切口,因此不能制作一个切口来部分地移除壁厚度。例如,不能在 10cm 厚的壁上切出 1cm 深的孔。

创建钣金件切口的方法如下:

（1）单击【拉伸】按钮 ,打开【拉伸】操控面板。

（2）确保针对拉伸为实体选择 。

（3）确保针对移除材料选择 。

（4）单击【放置】标签,切换到【放置】选项卡,然后执行下列操作之一。

- 如果草绘已经存在,单击【断开】按钮断开与草绘之间的关联,然后单击【放置】选项卡中的【编辑】按钮,使用草绘副本创建一个内部草绘,再单击操控面板上的 ✔ 按钮,如图 9-51 所示。

- 如果草绘不存在,单击【定义】按钮,弹出【草绘】对话框,设置参考并创建草绘,然后单击操控面板上的 ✔ 按钮,如图 9-52 所示。

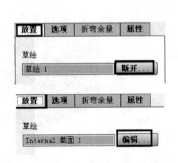

图 9-51　断开草图关联重新绘制

图 9-52　设置参考

（5）单击【选项】标签，切换到【选项】选项卡。如果有需要，为每侧选取一个【深度】选项和一个值，如图 9-53 所示。

（6）如果要创建钣金件切口，可单击 按钮，然后选取要创建的切口类型。

- ：移除与曲面垂直的材料。
- ：移除垂直于驱动曲面和偏移曲面的材料。
- ：移除垂直于驱动曲面的材料。
- ：移除垂直于偏距曲面的材料。
- ：将草绘增加指定的厚度值。

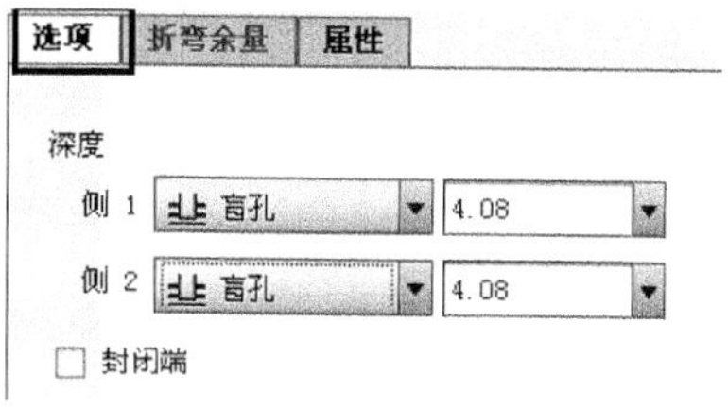

（7）如果要加厚草绘，单击 按钮，然后指定一个值。

（8）如果要沿草绘平面反转深度方向，单击【反向】按钮 。

（9）单击 按钮，完成切口的创建。

图 9-53　设置深度选项

9.3.5　创建凸模

成型是钣金件壁用模板模压成形，将参考零件的几何合并到钣金零件来创建成形特征。通常利用冲孔和模具参考零件，使用组件类型约束来确定模型中成形的位置。用户可以创建两种类型的钣金成形特征，即凸模和凹模。凸模使用参考零件几何成形钣金件壁。凹模钣金件成形使用参考零件形成由边界平面包围的几何（凸或凹）。在设计中，为了要模拟真实的制造要求，可在标准应用程序中创建自己的成形参考几何。如果使用钣金件参考零件，则要成形的钣金件与元件零件的驱动侧相符合。

单击功能区的【模型】选项卡的【工程】组中的【成型】按钮 ，打开如图 9-54 所示的【凸模】操控面板，可以进行创建凸模的操作。

图 9-54　【凸模】操控面板

【凸模】操控面板由对话栏和选项卡组成。

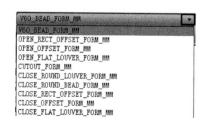

图 9-55　【模型】下拉列表

1. 对话栏

- 【模型】下拉列表：列出了在当前 Creo Parametric 会话中使用的所有凸模模型，以及保存在凸模库中的标准凸模，如图 9-55 所示。
- ：浏览到某个凸模模型。
- ：使用界面至几何或界面至界面的方法放置凸模。

- ⬚：使用手动参考放置凸模。
- ⬚：使用坐标系放置具有凸模界面的凸模。
- ⬚：创建从属于已保存零件的新凸模实例。当对保存的凸模零件进行更改时，新的实例将随之更新。
- ⬚：创建独立于已保存凸模零件的新凸模实例。
- ⬇：冲孔方向。
- ⬚：反转深度方向。
- ⬚：在辅助窗口中显示凸模。
- ⬚：在图形窗口中显示凸模。
- ⚓⚓⚓⚓⚓⚓✔✖：分别为暂停、预览、分离、连接的、确定和取消按钮，可以预览生成的凸模，进而完成或取消凸模的创建。

2. 选项卡

- 放置：显示与所用放置类型一致的上下文相关选项。

当选取【使用界面放置】⬚时，【放置】选项卡如图 9-56 所示。其中参考收集器显示凸模和钣金件参考，【约束类型】下拉列表列出了可用的约束类型。

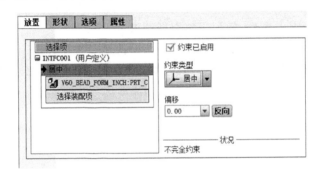

图 9-56　选取【使用界面放置】时的【放置】选项卡

当选取【手动放置】⬚时，【放置】选项卡如图 9-57 所示。

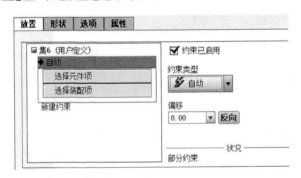

图 9-57　选取【手动放置】时的【放置】选项卡

当选取【使用坐标系放置】⬚时，【放置】选项卡如图 9-58 所示。其中，【参考】显示了凸模和钣金件的放置参考；【放置方向】用于更改钣金件曲面上的放置方向；【类型】列出了线性、径向、直径 3 种放置类型；【偏移参考】用来定义放置的偏移参考；【添加绕第一个轴的旋转】可将凸模绕旋转轴指定的角度。

- 形状：当使用【继承副本】 ▣ 放置凸模时，可以单击【改变冲孔模型】按钮，如图 9-59 所示，在弹出的【可变项】对话框中对凸模模型进行任何更改，如图 9-60 所示。

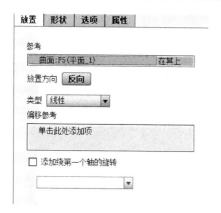

图 9-58 选取【使用坐标系放置】时的【放置】选项卡

图 9-59 【形状】选项卡

- 选项：该选项卡如图 9-61 所示，其中，【非放置边】可对位于非放置曲面上的凸模所创建的锐边倒圆角；【放置边】可对位于放置曲面上的凸模所创建的锐边倒圆角；【半径】可设置放置边或非放置边的倒圆角所用的半径值；【排除冲孔模型曲面】可通过冲孔工具收集从冲孔中排除的曲面集；【细节】按钮可打开用于在冲孔中添加或移除曲面的【曲面集】对话框，如图 9-62 所示；【制造冲孔刀具】可设置制造冲孔刀具的名称及在制造时冲孔刀具所使用的坐标系。

图 9-60 【可变项】对话框

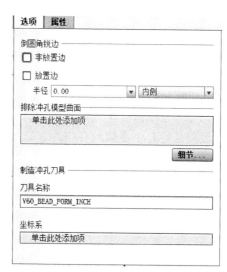

图 9-61 【选项】选项卡

- 属性：该选项卡用于显示凸模特征的默认名称，单击【显示此特征的信息】按钮 🔳 可在浏览器中显示特征的信息，如图 9-63 所示。

图 9-62　【曲面集】对话框　　　　　　　　图 9-63　【属性】选项卡

创建凸模的方法如下：

（1）单击功能区的【模型】选项卡的【工程】组中的【成型】按钮 ⥥ ，打开【凸模】操控面板。

（2）从【模型】下拉列表中选取具有凸模界面的最近使用的凸模或标准凸模，或单击 🗁 按钮，浏览到具有凸模界面的其他凸模。

（3）根据需要选取放置方式，如选取【使用界面放置】方式 ☑ 。

（4）选择【使用界面放置】选项。

（5）选择【凸模】复制选项 ⬜ 。

（6）打开【放置】选项卡，凸模约束类型会自动出现在【约束】下拉列表中。

（7）在钣金件上选取放置参考。

（8）要使 ⥥ 冲孔方向相反，可单击【反向】按钮 ✕ 。

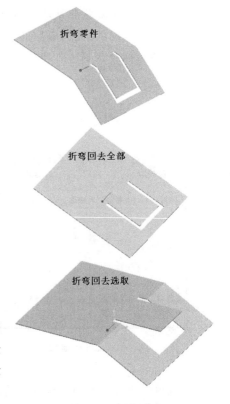

（9）切换到【选项】选项卡，选中【非放置边】和【放置边】复选框中的一个或两个，以对锐边倒圆角，然后选取要从冲孔中排除的任何曲面，添加【刀具名称】和【坐标系】的制造信息。

（10）单击 ✔ 按钮，完成凸模的创建。

9.3.6　创建折弯回去

用户可用折弯回去特征将展平曲面返回到它们的成形位置。作为一条规则，应该只折弯回去完全展平的区域。图 9-64 所示为折弯零件、折弯回去全部以及折弯回去选取的对比。

单击功能区的【模型】选项卡的【折弯】组中的

图 9-64　折弯对比

【折弯回去】按钮 ⚒ ,打开【折回】操控面板,如图 9-65 所示,可以进行折弯回去的操作。

图 9-65　【折回】操控面板

其中,折弯回去部分有两个选项可以选择。
- 折弯回去选取:手动选择展平几何进行折回。
- 折弯回去全部:自动选择所有展平几何进行折回。

9.4　综合实例

本实例以计算机机箱钣金体为设计目标,详细介绍计算机机箱钣金体的设计过程及其应用到的造型方法与技巧,计算机机箱完成后的钣金体模型如图 9-66 所示。

1. 新建钣金体

双击桌面上的 Creo Parametric 2.0 图标 ▣ ,进入 Creo Parametric 2.0 工作界面。然后单击快速访问工具栏中的【新建】按钮 □ ,如图 9-67 所示,或选择【文件】|【新建】菜单命令,弹出【新建】对话框,如图 9-68 所示,选择类型为【零件】、子类型为【钣金体】,输入零件名称,并单击【确定】按钮。

2. 创建第一壁

单击功能区的【模型】选项卡的【形状】组中的【平面】按钮 ⚒ ,如图 9-69 所示,打开【平面】操控面板。打开【参考】选项卡,单击【定义】按钮,如图 9-70 所示,在弹出的【草绘】对话框

图 9-66　实例最终完成的零件模型

中选取基准平面 FRONT 作为草绘平面,其他选项不变,如图 9-71 所示。单击【草绘】按钮,

图 9-67　新建文件

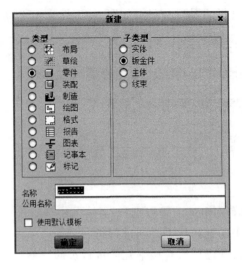

图 9-68 【新建】对话框

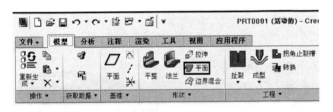

图 9-69 单击【平面】按钮

图 9-70 【平面】操控面板

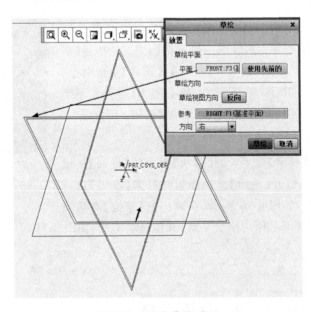

图 9-71 选取草绘平面

打开【草绘】操控面板,单击【草绘】组中的【拐角矩形】按钮 □,在草绘平面上绘制如图 9-72 所示的草图,然后单击 ✔ 按钮完成草绘。单击【平面】操控面板中的 ✔ 按钮,然后按键盘上 的 Ctrl＋D 组合键使零件呈现立体图,完成图 9-73 所示的第一壁的创建。

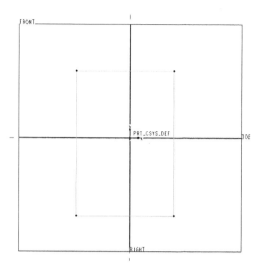

图 9-72　绘制草图

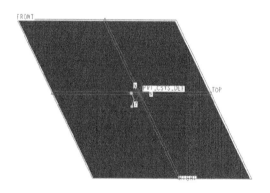

图 9-73　创建第一壁

3．以法兰壁的方式创建其他壁

单击功能区的【模型】选项卡的【形状】组中的【法兰】按钮 ，打开【凸缘】操控面板，创建额外薄壁，如图 9-74 所示。然后单击附着边，产生如图 9-75 所示的法兰壁。切换到【凸缘】操控面板中的【形状】选项卡，如图 9-76 所示，双击长度和角度数值，完成所需长度及角度的修改。接着单击【凸缘】操控面板中的 按钮，并按 Ctrl＋D 组合键使零件呈现立体图，完成图 9-77 所示的法兰壁的创建。

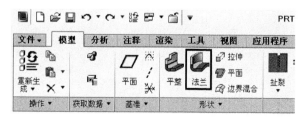

图 9-74　单击【法兰】按钮

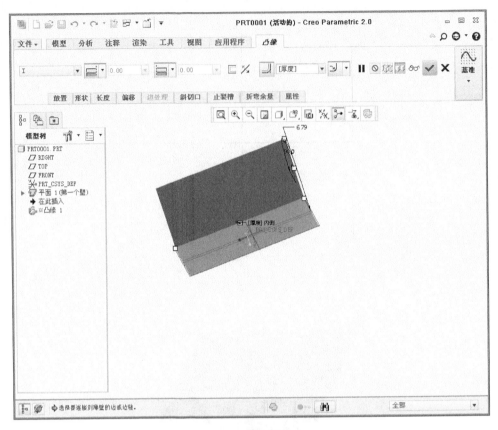

图 9-75 选取附着边

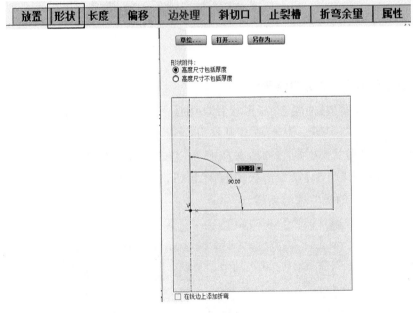

图 9-76 修改尺寸数值

4．以平整壁的方式创建其他壁

单击功能区的【模型】选项卡的【形状】组中的【平整】按钮 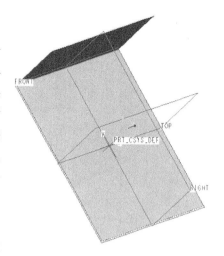 ，创建额外薄壁，如图 9-78 所示。然后单击附着边，产生如图 9-79 所示的额外平整壁。切换到【平整】操控面板中的【形状】选项卡，如图 9-80 所示，双击长度数值，完成所需长度及角度的修改。接着单击【平整】操控面板中的 ✅ 按钮，并按 Ctrl＋D 组合键使零件呈现立体图，完成图 9-81 所示的额外平整壁的创建。

5．创建其他壁

以创建法兰壁或平整壁的方法，完成其他额外壁的创建，如图 9-82 所示。

图 9-77　创建法兰壁

图 9-78　单击【平整】按钮

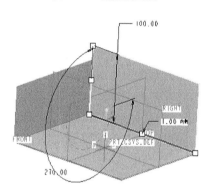

图 9-79　产生额外平整壁

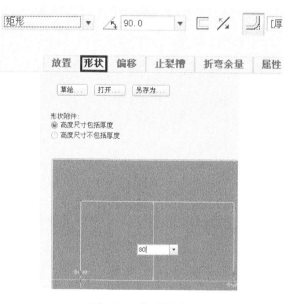

图 9-80　修改尺寸

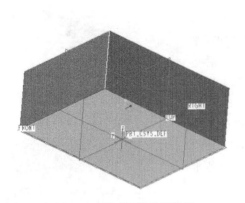

图 9-81　创建连接的平整壁

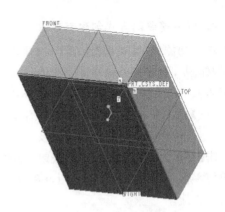

图 9-82　完成其他壁的创建

6. 拉伸

单击功能区的【模型】选项卡的【形状】组中的【拉伸】按钮 ，打开【拉伸】操控面板。然后打开【放置】选项卡，单击【定义】按钮，如图 9-83 所示。弹出【草绘】对话框，选取基准平面 FRONT 作为草绘平面，其他信息不变，如图 9-84 所示，然后单击【草绘】按钮，在打开的【草绘】操控面板中单击【线】按钮 、【修改】按钮 等，在草绘平面上绘制如图 9-85 所示的草图，接着单击 按钮，完成草绘。单击【拉伸】操控面板中的【移除材料】按钮 ，在拉伸选项中选择拉伸至与所有曲面相交 ，单击 按钮，并按 Ctrl＋D 组合键使零件呈现立体图，完成如图 9-86 所示的曲面切割。

图 9-83　创建拉伸特征

图 9-84　选择草绘平面

7. 完成其他壁的切割

按照上述方法完成其他壁的切割，如图 9-87 和图 9-88 所示。

8. 钣金体完成

至此，完成该零件钣金体的绘制，如图 9-89 所示。

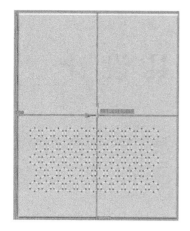

图 9-85　绘制特征草图

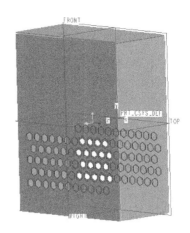

图 9-86　完成切割特征

图 9-87　切割其他壁 1

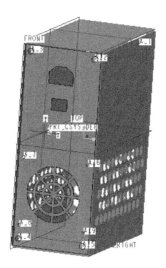

图 9-88　切割其他壁 2

图 9-89　完成的钣金体

第 10 章　模　具　设　计

Creo 对模具设计有非常全面的支持,Creo 支持的模具有塑料模、锻模、铸造模和冲压模等。

10.1　模具设计简介

10.1.1　基本术语

在用 Creo Parametric 2.0 进行模具设计的过程中,使用了很多术语描述设计步骤,这些都是模具设计所独有的。熟练掌握这些术语,对用户理解 Creo Parametric 2.0 模具设计有很大的帮助,这些术语包括设计模型、参考模型、工件模型、模具模型、分型面、收缩率、拔模斜度等。

- 设计模型:模具要成型的产品模型,通常表达设计者对产品的最终构想。
- 参考(参照)模型:参考设计模型的几何,它是设计模型在模具模型中的映像,是模具设计过程中不可缺少的部分,就像在三维实体建模中使用基准特征一样。
- 工件模型:模具成型零件的总体积,又称毛坯。通过分型面等特征可以将其分割为型芯、型腔等成型零件。
- 模具模型:模具模型是 Creo 模具设计中的最高级模型,包括一个或多个参考模型、工件模型、各种模具特征和模具元件,以 . mfg 为扩展名。
- 分型面:为使产品从模具型腔内取出,模具必须分成型芯和型腔两部分,此接口面称为分型面,用于分割工件或已有的模具体积块,得到新的体积块。分型面由一个或多个曲面特征组成。
- 收缩率:收缩率是衡量塑件收缩程度的参数。
- 拔模斜度:拔模斜度是为实现成功脱模的倾斜角度。

10.1.2　基本流程

模具设计的基本流程如图 10-1 所示。

图 10-1　模具设计的基本流程

（1）分析设计模型：用户在进行模具设计前，应根据开模方向对设计模型进行拔模检测，并对设计模型上的各部位进行厚度检测，以确保设计模型有适当的拔模角度和一致的厚度。

（2）创建模具模型：模具模型包括参考（参照）模型和工件两部分，用户可以直接在模具设计模块中创建参考模型和工件，也可以在实体设计模块中创建参考模型和工件，再将其装配到模具设计模块中。

（3）设置收缩率：由于塑件或铸件在冷却或固化时会产生收缩，所以必须增加参考零件的尺寸。一般情况下，应该创建各方向同性的比例收缩率或收缩系数。

（4）创建分型面：分型面的创建是模具设计过程中的一个重要环节。模具的分型面是打开模具，取出成型件的面。用户可以使用各种曲面创建方法或使用裙边曲面技术来创建分型面。

（5）创建模具体积块：创建分型面后，可使用分型面将工件模型分割成一个或多个单独的模具体积块。模具体积块分为凸模和凹模，是一个三维、封闭、没有质量的曲面组。

（6）抽取模具元件：将工件模型分割为体积块后，得到的是有体积、无质量的三维曲面模型，还不是 Creo 实体零件，用户必须对体积块进行抽取以生成模具元件。模具元件是功能完全的实体零件，可以在 Creo 实体模块中打开和编辑。

（7）创建模具特征：创建模具元件后，用户可以利用模具特征来创建浇注系统、冷却系统和顶出系统。常见的模具特征有水线、流道和顶杆间隙孔。

（8）填充模具型腔：通过填充模具型腔，可以模拟生成一个塑件或铸件，用来检查模具设计的正确性。系统可以通过确定工件模型在抽取模具元件后剩余的体积块来自动创建铸模元件。

（9）模拟开模过程：模拟开模过程可以检验模具设计的正确性。用户可指定模具模型中任何成员（参考模型、工件除外）的移动。模具开模或模具打开是一系列步骤，每个步骤包含一个或多个移动。移动是移动一个或多个模具元件的指令，它将模具元件按指定的方向以指定值进行偏移。

10.2　分析设计模型

通常，模具模型的参考模型几何来自于设计模型几何。设计模型与参考模型并不完全相同，设计模型无法始终包含成型或铸造要求的所有必要设计元素，例如设计模型可能不收缩、不包含拔模角等。

因此，在创建模具模型之前，用户必须对设计模型的关键元素（如拔模角度和厚度值等）进行分析，以确定设计模型是否适合模具加工，有没有需要修改的地方。

10.2.1　拔模检查

塑件冷却时的收缩会使塑件包紧模具型芯或型腔的凸起部分，为了便于从型芯上取下塑件或从型腔中脱出塑件，防止脱模时擦伤塑件，通常要在设计塑件时让塑件内、外表面沿脱模方向留出足够的斜度，称为拔模斜度。

通过拔模检查可以判断设计模型的拔模曲面是否正确,并可确定合适的拔模角度。拔模检查时,必须指定一个拔模角度和拖动方向(模具开模方向),系统会检查垂直于设计模型曲面的平面和拖动方向间的角度。

启动 Creo Parametric 2.0,选择【文件】|【打开】菜单命令,弹出"文件打开"对话框,选择并打开一个 PRT 文件。然后在功能区的【应用程序】选项卡的【工程】组中单击【模具/铸造】按钮 ◎,打开【模具和铸造】选项卡,如图 10-2 所示。

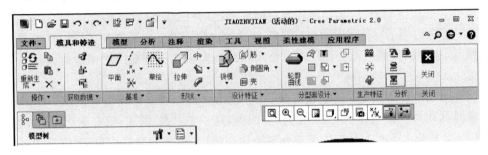

图 10-2 【模具和铸造】选项卡

在【分析】组中单击【模具分析】按钮🗏,弹出如图 10-3 所示的【模具分析】对话框。

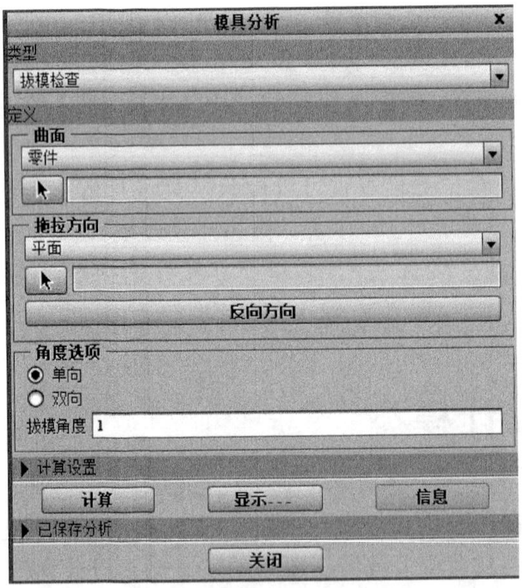

图 10-3 【模具分析】对话框

在【类型】下拉列表中选择【拔模检查】选项,在【曲面】选项组的下拉列表中选择【零件】选项,对模型的各个面进行拔模检查。单击【曲面】选项组中的【选择图元】按钮 ↖ ,在图形区选择打开的模型为检测零件,然后单击【拖拉方向】选项组中的【选择平面】按钮 ↖ ,在图形区中选择基准平面,将其法线作为拔模方向,也可通过单击【拖拉方向】选项组中的【反向】按钮使开模方向反转。在【角度选项】选项组中,可以选择拔模检查基于单向还是双向,并在【拔模角度】文本框中输入拔模角度,最后单击【计算】按钮,在图形显示区中可得到拔模检查的分析结果。如果基于单向,则被拔模曲面会显示一种颜色;如果基于双向,则拔

模面颜色介于拖动方向和拖动反方向颜色之间,可以用多
种色块表示出来。若想让拔模面色块数量更多,单击【显
示】按钮,然后在弹出的【拔模检查-显示设置】对话框中设
置色彩数目,如图 10-4 所示。

10.2.2　厚度检查

通常,塑件的壁厚要求均匀,若不均匀会导致塑件产
生内应力、翘曲、缩凹等各种缺陷。因此,在开模前,用户
必须对塑件的壁厚进行检查。

图 10-4　【拔模检查-显示设置】
　　　　　对话框

使用厚度检查功能,可以判断设计模型中指定区域的壁厚是大于还是小于指定的最大
值或最小值。用户可以在设计模型中选取一个或多个平面执行厚度检查,也可以在指定层
切面上进行厚度检查。

在功能区的【模具和铸造】选项卡中单击【分析】组中的【厚度检查】按钮 ,弹出如
图 10-5 所示的【模型分析】对话框,可以执行两种厚度检查功能。

单击【设置厚度检查】选项组中的【平面】按钮,可检查指定平面截面处的模型厚度,只需
通过【选择平面】按钮 指定要检查其厚度的平面,并在【厚度】选项组的【最大】和【最小】
文本框中输入最大值、最小值即可检查截面的厚度。

单击【设置厚度检查】选项组中的【层切面】按钮,可检查模型厚度,如图 10-6 所示。

图 10-5　【模型分析】对话框(平面厚度检查)　　　图 10-6　【模型分析】对话框(层切面厚度检查)

　　用户需要在模型中选取层切面的起点和终点，并指定层切面方向及偏移尺寸、要检查的最大或最小厚度。最后单击【计算】按钮，得到检查结果。

10.3　建立参考模型

　　接下来启动模具设计模块，开始创建模具模型。模具模型通常包括参考（参照）模型和工件。

　　模具模型的参考模型几何来自于设计模型几何。设计模型无法始终包含成型或铸造要求的所有必要设计元素，参考模型必须更改这些元素以适应模具的设计过程，因此，在参考模型上通常会设置收缩率、拔模角和圆角等。

　　双击桌面上的 Creo Parametric 2.0 图标 ，进入 Creo Parametric 2.0 工作界面。然后单击快速访问工具栏中的【新建】按钮 ，如图 10-7 所示，或选择【文件】|【新建】菜单命令，弹出【新建】对话框，如图 10-8 所示，选择类型为【制造】、子类型为【模具型腔】，输入模型名称，并单击【确定】按钮，打开【模具】选项卡，如图 10-9 所示。

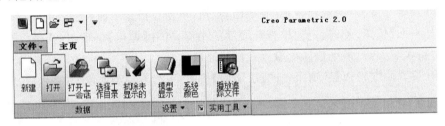

图 10-7　新建文件

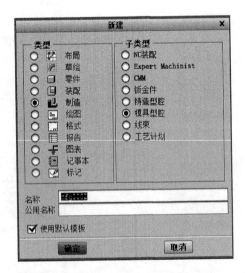

图 10-8　【新建】对话框

　　在功能区的【模具】选项卡中，通过【参考模型和工件】组中的【参考模型】下拉菜单，用户可知 Creo Parametric 2.0 中有 3 种方法可以建立参考模型。

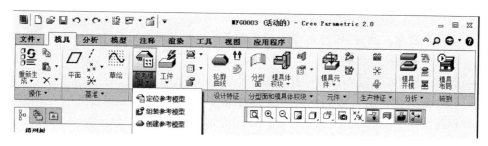

图 10-9　【模具】选项卡

- 组装参考模型：将事先创建的设计模型通过约束装配到模具型腔组件中。
- 创建参考模型：在模具型腔组件中利用拉伸、旋转、混合和扫描等特征创建所需的参考模型。
- 定位参考模型：为模具设计者提供自动化的装配方式，此模式提供了一种在特定模具中以阵列方式创建参考模型的方法。

10.3.1　组装参考模型

选择【参考模型】下拉菜单中的【组装参考模型】命令，弹出【打开】对话框，选择一个零件设计模型文件后，单击【打开】按钮，则此时系统将设计模型加入到模具模型中。

在图形窗口上方打开如图 10-10 所示的【元件放置】操控面板，从最初其上的状态显示用户可以看出加入到模具模型中的设计模型处于"不完全约束"状态，在【自动】下拉列表中可以设置约束方式把设计模型装配出来。

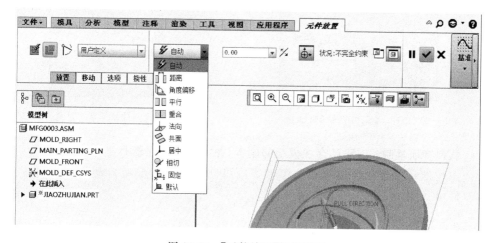

图 10-10　【元件放置】操控面板

例如选择【默认】约束方式后，单击 ✓ 按钮，完成设计模型的装配。之后，系统会弹出如图 10-11 所示的【创建参考模型】对话框，其中提供了 3 种来自于设计模型的参考模型。

- 按参考合并：参考模型是从设计模型复制而来的，用户可以在模具设计过程中，将拔模、圆角和收缩等特征添加到参考模型上而不会影响设计模型。

- 同一模型：直接使用设计零件作为模具或铸造参考模型。此时，用户对参考模型的任何更改都会影响设计模型。
- 继承：参考零件继承设计零件中的所有几何和特征信息。用户可指定在不更改原始零件的情况下，要在继承零件上进行修改的几何及特征数据。继承可为在不更改设计零件情况下修改参考零件提供更大的自由度。

图 10-11　【创建参考模型】对话框

设计模型和参考模型之间有参数化关系，无论用户在创建参考模型时选用什么类型，对设计模型进行的任何更改都会自动传播到参考模型和所有相关的模具元件上。

10.3.2　创建参考模型

选择【参考模型】下拉菜单中的【创建参考模型】命令，弹出【元件创建】对话框，如图 10-12 所示。

指定参考零件的【类型】和【子类型】，并指定参考零件的名称，然后单击【确定】按钮，系统会弹出【创建选项】对话框，其中提供了 4 种创建参考模型的方法，如图 10-13 所示。

　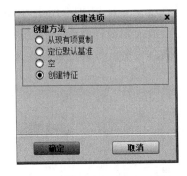

图 10-12　【元件创建】对话框　　　　图 10-13　【创建选项】对话框

- 从现有项复制：创建已存在模型的副本，并将其定位在模具组件中。
- 定位默认基准：利用指定的参考基准将创建的参考模型自动装配到模具模型文件中。
- 空：创建不具有初始几何的参考模型。
- 创建特征：使用现有模具组件中的参考创建一个不具备装配关系的新的参考模型。

10.3.3　定位参考模型

定位参考模型的方法如下：

（1）选择【参考模型】下拉菜单中的【定位参考模型】命令，系统会弹出【打开】对话框、【布局】对话框和型腔布置菜单，如图 10-14 所示。

图 10-14　【打开】对话框、【布局】对话框和型腔布置菜单

　　（2）在【打开】对话框中选择文件作为模具的参考模型，然后单击【打开】按钮，弹出【创建参考模型】对话框，如图 10-15 所示。

　　（3）选择参考模型类型，输入参考模型名称后，单击【确定】按钮，激活【布局】对话框，如图 10-16 所示。

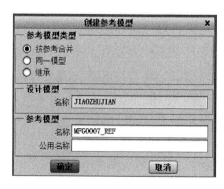

图 10-15　【创建参考模型】对话框

图 10-16　【布局】对话框

（4）单击【参考模型起点与定向】选项区中的按钮，系统会弹出对应的图形窗口和如图 10-17 所示的菜单。

（5）选择【动态】命令，弹出【参考模型方向】对话框，如图 10-18 所示。

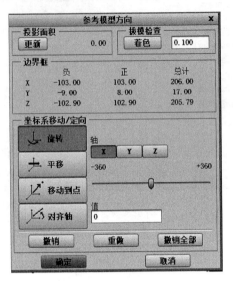

图 10-17　弹出菜单　　　　　　图 10-18　【参考模型方向】对话框

（6）在该对话框中设定参考模型方向，单击【确定】按钮，完成参考模型的定位。然后在【布局】对话框的【布局】选项组中选择一种布局规则，系统提供了 4 种布局规则。

- 单一：用于放置参考模型的单型腔布局。
- 矩形：用于在矩形布局中放置参考模型。
- 圆形：用于在圆形模具中放置参考模型。
- 可变：根据用户定义的阵列表在 X 和 Y 方向放置参考模型。

（7）单击【确定】按钮，图形窗口中将显示布局后的参考模型。在图 10-19 所示的型腔布置菜单中选择【重新定义】命令，会再次弹出【布局】对话框，可以重新定义型腔布置阵列；也可以选择【更换项】命令，用另一个项目替代阵列中的成员；或者选择【完成/返回】命令，退出型腔布置菜单，确认完成参考模型的布局。

图 10-19　型腔布置菜单

10.4　建立工件

工件是能够完全包容参考模型的体积块，通过分型面可以分割成型芯、型腔等模具元件。

在功能区的【模具】选项卡中，通过【参考模型和工件】组中的【工件】下拉菜单，用户可知 Creo Parametric 2.0 中有 3 种方法可以建立工件，如图 10-20 所示。

- 组装工件：将事先创建的元件通过约束装配到模具型腔组件中。
- 自动工件：根据参考模型的最大轮廓尺寸和位置来创建所需的工件模型。
- 创建工件：在模具型腔组件中利用拉伸、旋转、扫描、混合等特征创建所需的工件。

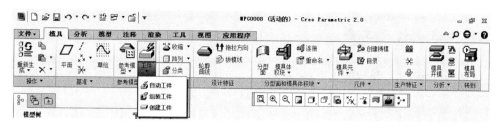

图 10-20　工件类型

10.4.1　组装工件

建立参考模型后,在功能区的【模具】选项卡的【参考模型和工件】组中选择【工件】下拉菜单中的【组装工件】命令,在弹出的【打开】对话框中选择工件文件,并单击该对话框中的【打开】按钮,打开【元件放置】操控面板,就可以将工件加入到模具模型中,工件的放置方法与向组件(装配件)装配元件的放置方法相同,如图 10-21 所示。

图 10-21　【元件放置】操控面板

10.4.2　自动工件

建立参考模型后,在功能区的【模具】选项卡的【参考模型和工件】组中选择【工件】下拉菜单中的【自动工件】命令,会弹出【自动工件】对话框,如图 10-22 所示。

- 参考模型:列出检查到的参考模型,用户可单击【选择参考模型】按钮 ,在图形区中重新选择参考模型。
- 模具原点:单击【选择装配级坐标系】按钮 ,可以选择模具原点坐标系。
- 形状:提供了标准矩形、标准圆形和自定义工件形状。
- 单位:选择工件使用的单位,默认情况下与模具模型所使用的单位一致。
- 偏移:根据模具原点,指定应添加到工件尺寸的偏移值。
- 整体尺寸:设置 X 和 Y 方向上的整体尺寸,Z 方向的正方向和负方向尺寸。
- 平移工件:指定 X 和 Y 方向上的平移值,以围绕参考模型定位工件。

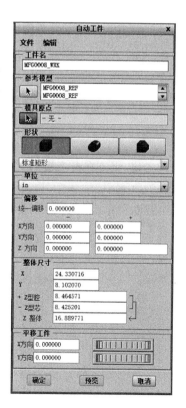

图 10-22　【自动工件】对话框

10.4.3　创建工件

建立参考模型后，在功能区的【模具】选项卡的【参考模型和工件】组中选择【工件】下拉菜单中的【创建工件】命令，会弹出【元件创建】对话框，如图 10-23 所示。

指定【类型】和【子类型】，然后单击【确定】按钮，系统会弹出【创建选项】对话框，其中提供了 4 种创建工件模型的方法，如图 10-24 所示。

图 10-23　【元件创建】对话框　　　　　图 10-24　【创建选项】对话框

- 从现有项复制：创建已存在模型的副本，并将其定位在模具组件中。
- 定位默认基准：利用指定的参考基准将创建的工件模型自动装配到模具模型文件中。
- 空：创建不具有初始几何的参考模型。
- 创建特征：使用现有模具组件中的参考创建一个不具备装配关系的新元件。

10.5　设置收缩率

收缩是指制品从温度较高的模具中取出冷却到室温后出现体积缩小的现象。为了补偿这种变化，需要在参考模型上增加一个收缩量，收缩量＝收缩率×尺寸。单位长度上的收缩量称为收缩率。

建立参考模型后，在功能区的【模具】选项卡的【修饰符】组中单击【收缩】按钮右侧的三角形，用户可以看到 Creo Parametric 2.0 中有两种方式可以将收缩添加到参考模型上，如图 10-25 所示。

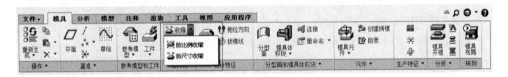

图 10-25　收缩方式

- 按尺寸收缩：允许为参考模型的所有尺寸设置一个收缩系数，也可为个别尺寸指定收缩系数，可选择将收缩应用到设计模型中。

- 按比例收缩：允许相对于某个坐标系按比例收缩零件几何，可分别指定 X、Y 和 Z 坐标的不同收缩率。在该方式下，收缩率仅用于参考模型不影响设计模型。

其中，按比例收缩方式对应的【按比例收缩】对话框如图 10-26 所示。

- 公式：用于计算收缩的公式。公式 $\dfrac{1}{1-S}$ 指定基于参考零件最终几何的收缩因子，公式 1+S 使用基于零件原始几何的预先计算的收缩因子，S 为材料收缩率。
- 坐标系：收缩特征用作参考的坐标系。
- 类型：包含两个选项，【各向同性】指对 X、Y 和 Z 方向设置相同的收缩率。【前参考】指收缩不创建新几何，但会更改现有几何，从而使全部现有参考继续保持为模型的一部分。
- 收缩率：设置收缩率的值，负值收缩零件，正值展开零件。

按尺寸收缩方式对应的【按尺寸收缩】对话框如图 10-27 所示。

图 10-26　【按比例收缩】对话框

图 10-27　【按尺寸收缩】对话框

10.6　创建分型面

　　分型面是用于分割工件的曲面特征，其中包括一个或多个参考模型的曲面。完成的分型面必须与要分割的工件或体积块完全相交。

　　在 Creo Parametric 2.0 中可以手动创建分型曲面，也可以使用裙边曲面技术自动创建分型面。

10.6.1　手动创建分型面

　　手动创建分型面与实体设计模块中曲面特征的创建没有本质区别，主要通过使用各种基本和高级曲面创建方法来创建所需的分型面。

单击功能区的【模具】选项卡的【分型面和模具体积块】组中的【分型面】按钮 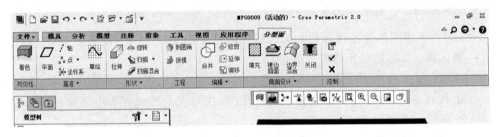，打开【分型面】操控面板，如图 10-28 所示。

图 10-28 　【分型面】操控面板

用户可以通过其上的拉伸、旋转、扫描、填充、偏移等基本曲面创建方法创建分型面，也可以通过扫描混合、边界混合等高级曲面创建方法来创建分型面。

10.6.2 　自动创建分型面

用户可以使用裙边曲面技术自动创建分型面。裙边是一种沿着参考模型的轮廓线来建立分型面的方法，裙边曲面会在位于参考模型上的某条曲线和边界体积库或元件之间创建，因此，在创建裙边曲面之前必须先创建分型线，然后利用该分型线产生分型面，分型线通常是参考模型的轮廓线，一般可用轮廓曲线来创建。在完成分型线的创建后，系统会自动将外部环路延伸至坯料表面来产生分型面。

1. 分型线的创建

分型线的创建可以使用轮廓曲线。轮廓曲线是在指定视觉方向上参考模型的最大轮廓曲线，是模具分型时的分模线。轮廓曲线一般包括数个封闭的内环和外环，其中，内环用于封闭分型面上的孔，外环用于延拓曲面边界到要分割工件的边界。

单击功能区的【模具】选项卡的【设计特征】组中的【轮廓曲线】按钮 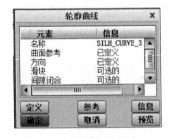，弹出【轮廓曲线】对话框，如图 10-29 所示。

图 10-29 　【轮廓曲线】对话框

此时，参考模型上已经创建好了轮廓曲线，若用户有新的要求，可以自行修改【轮廓曲线】对话框中的选项。

- 名称：用于定义轮廓曲线的名称。
- 曲面参考：选择要在其上创建轮廓曲线的曲面。
- 方向：选择平面、曲线、边、轴或坐标系，以指定投影方向。
- 间隙闭合：参考模型中的相切条件可导致轮廓曲线包括瞬时的跳转或间隙。系统自动进行间隙检测并可以关闭间隙。
- 环选择：如果参考模型上有垂直于投影方向的曲面，则系统在该曲面上方的边和下方的边都会形成曲线链。但由于两条曲线不能同时使用，必须使用所需的一条曲线为创建轮廓曲线指定环路选择。

2. 裙边分型面的创建

单击【轮廓曲线】对话框中的【确定】按钮,创建了作为分型线的预定义轮廓曲线后,可以使用裙边特征自动创建分型面。此时,系统自动进行两个操作,一是将轮廓曲线的封闭环填充曲面中的孔;二是将由轮廓曲线创建时的基准曲线延伸到工件的边界。

单击功能区的【模具】选项卡的【分型面和模具体积块】组中的【分型面】按钮 ，在打开的【分型面】操控面板上单击【裙边曲面】按钮 ，弹出【裙边曲面】对话框,如图 10-30 所示,然后根据系统提示依次设置对话框中的各选项,即可创建裙边分型面。

图 10-30 【裙边曲面】对话框

- 参考模型:选取创建裙边曲面时要使用的参考模型几何。
- 边界参考:选取一个或多个工件来定义裙边曲面的边界。
- 方向:选取拖动方向。
- 曲线:选取定义裙边分型面的轮廓曲线。
- 延伸:设置延伸方向来延伸轮廓曲线。
- 环闭合:封闭裙边曲面上的任意内环或孔。
- 关闭扩展:定义曲面边界的关闭延伸。
- 拔模角度:指定过渡曲面的拔模角度。
- 关闭平面:指定拔模曲面的延伸距离。

10.7 创建模具体积块

创建分型面后,要将工件分割成模具体积块。模具体积块是一个占用体积但没有质量属性的三维封闭曲面特征。分型面可以是开放的,但体积块必须是封闭的。

在 Creo Parametric 2.0 中可以通过分型面来分割工件或现有模具体积块,产生一个或两个新的模具体积块。当然,也可以不使用分型面,使用实体创建命令,直接在模具模型中手动创建模具体积块。

10.7.1 分割模具体积块

利用分型面对工件模型进行分割,可将工件模型直接转化为模具体积块。用户可以为每个模具体积块指定名称,并可将其分类为型芯或型腔。

单击功能区的【模具】选项卡的【分型面和模具体积块】组中的【体积块分割】按钮 ，如图 10-31 所示。

此时会弹出分割体积块菜单,如图 10-32 所示。

- 两个体积块:使用分型面把工件或现有模具体积块分割为两个新的模具体积块。
- 一个体积块:使用分型面把工件或现有模具体积块分割为单个新的模具体积块。由于分割实际上至少产生两个不同的体积块,因此必须包括或忽略剩余体积块才能

图 10-31　单击【体积块分割】按钮

创建单个体积块。
- 所有工件：把所有工件的几何添加到一起，依据参考模型和分型面对其进行分割。
- 模具体积块：将现有模具体积块分割成较小的体积块。
- 选择元件：指定要进行分割的任意模型（参考模型除外）。

在菜单中选择相应命令后，会弹出如图 10-33 所示的【分割】对话框，在图形区中选择分型面后，单击【确定】按钮，即生成相应体积块。

图 10-32　分割体积块菜单

图 10-33　【分割】对话框

10.7.2　编辑模具体积块

单击功能区的【模具】选项卡的【分型面和模具体积块】组中的【模具体积块】按钮，会打开【编辑模具体积块】操控面板，如图 10-34 所示。

图 10-34　【编辑模具体积块】操控面板

在该操控面板中有多种方式可以创建模具体积块，单击【聚合体积块】按钮或【滑块】按钮，或者利用【形状】组中的拉伸、旋转、扫描等命令来创建封闭的模具体积块。

滑块是斜导柱侧抽芯机构的重要元件。系统会根据指定的参考模型和拖拉方向进行几何分析，以标识在模具开模过程中会产生倒扣的区域。选择倒扣区域上的边界并指定投影方向，系统会将所选的边界沿指定投影方向进行延伸，从而创建所需的体积块。

10.8　抽取模具元件

在所有模具体积块均定义完毕后,用户可将其从工件中抽取出来创建模具元件。模具元件是通过用实体材料填充模具体积块创建的。填充模具体积块通过抽取操作来完成,抽取得到的模具元件继续维持与模具体积块的父子关系。因此,在对模具体积块进行修改后,模具元件也会随之更新。

在功能区的【模具】选项卡的【元件】组中单击【模具元件】按钮 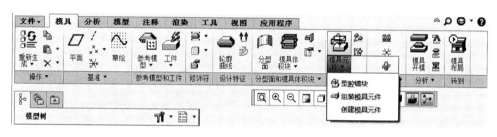 下面的三角形,系统会弹出如图 10-35 所示的下拉菜单。

图 10-35　【模具元件】下拉菜单

- 组装模具元件:向模具模型中直接装配一个模具元件。选择该命令后,系统会弹出【打开】对话框。
- 创建模具元件:在模具模型中直接创建一个模具元件。选择该命令后,系统会弹出【元件创建】对话框。
- 型腔镶块:通过模具体积块创建模具元件。选择该命令后,系统会弹出如图 10-36 所示的【创建模具元件】对话框,其顶部列表框中列出了当前模具模型中的模具体积块。用户可单独选取列表框中的模具体积块,也可单击 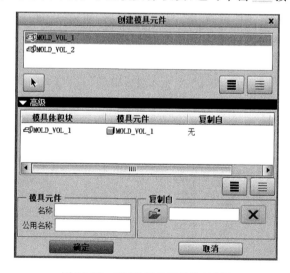 按钮选取列表框中的所

图 10-36　【创建模具元件】对话框

有模具体积块。所选的模具体积块将出现在对话框的【高级】选项区中,用户可在此为抽取的模具元件指定名称。

10.9　创建模具特征

创建模具元件后,用户可以利用模具特征来创建浇注系统、冷却系统和顶出系统。常见的模具特征有流道、水线和顶杆间隙孔。

在功能区的【模具】选项卡的【生产特征】组中,图 10-37 所示为常见的模具组件特征的创建按钮,其中【流道】按钮 用于创建模具的浇注系统中的流道特征;【等高线】按钮 用于创建模具冷却系统的水线特征;【顶杆孔】按钮 用于创建顶杆间隙孔。

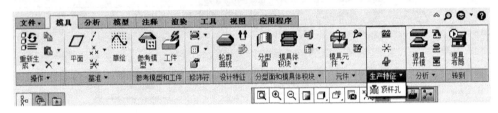

图 10-37　模具组件特征的创建按钮

10.9.1　创建流道

流道是模具浇注系统中的主要组成部分,是用于分布熔融材料以填充模具或铸件的组件级特征。

流道定义特征的轨迹路径。用户可通过在平面上草绘流径,或选取任意基准曲线作为流径来定义特征的流径,此曲线可以是简单的二维草图,也可以是用 Creo Parametric 2.0 中当前可用的任何方法生成的复杂的三维曲线。流道的横截面必须是恒定不变的。如果要沿任意指定几何维持恒定的横截面,需定位流道截面,使其原始位置正交或垂直于其所在的流径。对于简单的二维平面流道,始终将截面与拖动方向平行放置。对于复杂的三维流道,始终将截面在垂直于定义其流径的曲线处放置。

单击功能区的【模具】选项卡的【生产特征】组中的【流道】按钮 ,系统会弹出【流道】对话框,如图 10-38 所示。

在该对话框中指定流道的名称,在形状菜单中选取流道的形状,如图 10-39 所示。

图 10-38　【流道】对话框

图 10-39　形状菜单

　　然后输入控制流道直径的尺寸、草绘流道流径、选取将与流道特征相交的零件,此操作可自动或手动完成。最后单击【确定】按钮,创建出所需的流道特征。

10.9.2　创建水线

　　水线是组件级特征,用于布局水道(钻孔),以传送冷却水通过模具或铸造元件,冷却熔融材料。模具的冷却速度直接关系到整个模具生产线的收益率。

　　单击功能区的【模具】选项卡的【生产特征】组中的【等高线】按钮,系统会弹出【输入水线圆环的直径】输入框和【等高线】对话框,如图 10-40 所示。

　　指定水线的直径值、草绘水线回路的路径、选取将与水线特征相交的零件,如果要指定终止条件,可在【等高线】对话框中选取【末端条件】,然后单击【定义】按钮,从要指定终止条件和终止条件类型的段中选取拐角,最后单击【完成/返回】创建水线特征。

图 10-40　【输入水线圆环的直径】输入框
和【等高线】对话框

10.10　填充模具型腔

　　在模具组件设计完成后,Creo Parametric 2.0 系统会进行注塑模拟,将模具型腔和浇注系统形成的空间填充塑料熔体,以模拟注塑成型得到的产品模型(铸模零件)。通过模拟得到的铸模实体零件可以计算质量属性、检测合适的拔模等。在模拟模具型腔的填充过程中,系统使用以下公式计算铸模:

$$铸模 = 所有当前工件模型几何之和 - 与工件模型相交的组件级切削$$
$$- 所有抽取的零件 - 顶杆间隙$$

　　在实际设计过程中,用户若遇到模拟填充操作不成功的情况,可以从以下几方面找原因:

　　(1)原始零件的设计是否有破孔。

　　(2)原始零件是由其他软件转换过来的 IGES 格式文件,在对 IGES 格式模型进行修补后,是否仍有微小的破孔存在。

　　(3)分型面设计是否有问题。

　　单击功能区的【模具】选项卡的【元件】组中的【铸模】按钮,系统会弹出如图 10-41 所示的输入框,要求用户输入铸模零件的名称,然后单击输入框后的 按钮。

图 10-41　输入铸模零件的名称

　　此时系统会弹出如图 10-42 所示的输入框,要求用户输入铸模零件的公用名称,在输入框中输入名称后,单击输入框后的 按钮。

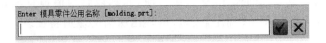

图 10-42   输入铸模零件的公用名称

在模型树中,系统新增了一个实体零件"MOLDING. PRT",右击该零件,在弹出的如图 10-43 所示的快捷菜单中选择【打开】命令,系统会弹出另一个图形窗口以显示铸模零件的效果。

图 10-43   右键快捷菜单

10.11   模拟开模过程

完成模具设计后,用户可对模具的开模过程进行模拟。通过对开模过程进行模拟,不仅可以清晰地查看模具的开模效果,还可以判断模具的最终设计是否与最初设计意图相符。

模具开模过程的模拟包括一系列操作步骤,每个步骤都包含一个或多个移动。移动是一个指令,用来移动一个或多个模具元件,使其在指定方向上偏移指定的距离。用户可选择线性边、轴或平面来指示移动方向。这些模具元件将平行于指定的线性边或轴移动,或垂直于指定的平面移动。

在定义模具元件的移动时,用户要注意以下几点:

(1) 每个步骤可以包括多个同时执行的移动。

(2) 一个模具元件的每个步骤只能包含在一个移动中。

(3) 一个移动可以包含多个模具元件,但它们必须在相同的方向上偏移相同的距离。

(4) 在模拟开模前后先将分型面、体积块、工件模型和参考模型等进行隐藏。

模拟开模过程的方法如下:

(1) 单击功能区的【模具】选项卡的【分析】组中的【模具开模】按钮 ，弹出如图 10-44

所示的模具开模菜单。

（2）在该菜单中选择【定义步骤】命令，会弹出如图 10-45 所示的定义步骤菜单。

（3）选择【定义移动】命令，会弹出如图 10-46 所示的【选择】对话框。

图 10-44　模具开模菜单　　　图 10-45　定义步骤菜单　　　图 10-46　【选择】对话框

（4）在模型树中选择要移动的模具元件，在图形显示窗口中选择边、轴或面作为分解方向，并在弹出的输入框中输入沿指定方向的移动，如图 10-47 所示，然后单击 ✓ 按钮确认。

图 10-47　【输入沿指定方向的位移】输入框

（5）然后选择定义步骤菜单中的【完成】命令，完成一个模具元件的移动。

（6）使用同样的方法，依次完成其他模具元件的移动。

10.12　综合实例

1. 新建设计模型

（1）单击【新建】按钮 □ ，系统弹出【新建】对话框，在【类型】中选择【零件】项，在【子类型】中选择【实体】项，然后设置【名称】为 YUANPANGAI，并取消选中【使用默认模板】复选框，如图 10-48 所示。

（2）单击【确定】按钮，系统弹出【新文件选项】对话框，选择 mmns_part_solid，如图 10-49 所示，然后单击【确定】按钮。

（3）使用旋转工具，得到零件设计模型，如图 10-50 所示。

（4）单击【保存】按钮 □ ，保存文件。

2. 创建模具模型

模具模型主要包含参考模型与工件，因此，创建模具模型也需要分两部分进行，即添加参考模型与定义工件。

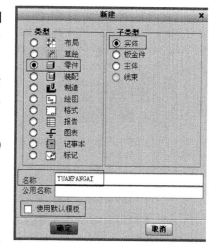

图 10-48　【新建】对话框

图 10-49　【新文件选项】对话框　　　　　图 10-50　零件设计模型

　　（1）单击【新建】按钮 ，系统弹出【新建】对话框，在【类型】中选择【制造】项，在【子类型】中选择【模具型腔】项，将【名称】设为 MOLD，并取消选中【使用默认模板】复选框，如图 10-51 所示。

　　（2）单击【确定】按钮，系统弹出【新文件选项】对话框，选择 mmns_mfg_mold，如图 10-52 所示，然后单击【确定】按钮。

图 10-51　【新建】对话框　　　　　图 10-52　【新文件选项】对话框

　　1）添加参考模型

　　（1）在功能区的【模具】选项卡的【参考模型和工件】组中单击【组装参考模型】按钮 ，弹出【打开】对话框，选择前面保存的零件设计模型文件 YUANPANGAI.prt，然后单击【打开】按钮，如图 10-53 所示，此时，系统将设计模型加入到模具模型中。

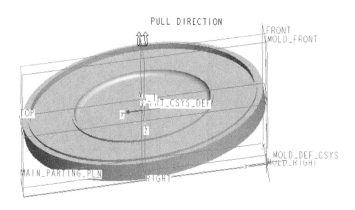

图 10-53　参考模型

（2）定义约束参考模型。在打开的【元件放置】操控面板中单击 放置 标签，在【放置】选项卡的【约束类型】下拉列表中选择【重合】项，选择元件项为 FRONT 基准平面，选择组件项为 MAIN_PARTING_PLN 基准平面。

然后指定第 2 个约束，单击【新建约束】按钮，在【约束类型】下拉列表中选择【距离】项，选择元件项为 RIGHT 基准平面，选择组件项为 MOLD_RIGHT 基准平面。

接着指定第 3 个约束，单击【新建约束】按钮，在【约束类型】下拉列表中选择【距离】项，选择元件项为 TOP 基准平面，选择组件项为 MOLD_FRONT 基准平面。

此时，从【元件放置】操控面板上的状态显示用户可以看出加入到模具模型中的设计模型处于"完全约束"状态，即约束定义完成。

（3）在该操控面板中单击 ✔ 按钮，系统弹出【创建参考模型】对话框，如图 10-54 所示。

（4）单击【创建参考模型】对话框中的【确定】按钮，结果如图 10-55 所示。

图 10-54　【创建参考模型】对话框

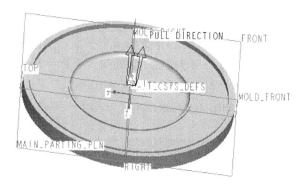

图 10-55　参考模型

2）定义工件

（1）在功能区的【模具】选项卡的【参考模型和工件】组中选择【工件】下拉菜单中的【创建工件】命令，系统弹出【元件创建】对话框，在【类型】中选择【零件】项，在【子类型】中选择【实体】项，将【名称】设为 WORKPIECE，如图 10-56 所示。

（2）单击【确定】按钮，系统弹出【创建选项】对话框，如图 10-57 所示，选中【创建特征】单选按钮。

图 10-56 【元件创建】对话框　　　　图 10-57 【创建选项】对话框

（3）单击【确定】按钮，结果如图 10-58 所示。

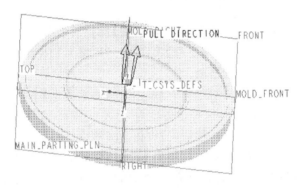

图 10-58 参考模型

（4）在功能区的【模具】选项卡的【形状】组中单击【拉伸】按钮 ，系统打开【拉伸】操控面板，创建实体拉伸特征。在【放置】选项卡中单击 定义... 按钮定义草绘截面放置属性，系统弹出【草绘】对话框。选择 MOLD_RIGHT 基准平面作为草绘平面、MAIN_PARTING_PLN 基准平面作为草绘平面的参考平面，方向选择【顶】，如图 10-59 所示。

（5）单击【草绘】按钮，系统弹出【参考】对话框，选择 MOLD_RIGHT 基准平面与MAIN_PARTING_PLN 基准平面作为参考平面，此时【参考状况】由【未放置的】变为【未求解的草绘】，如图 10-60 所示。

图 10-59 【草绘】对话框　　　　图 10-60 【参考】对话框

（6）单击【关闭】按钮，进入草绘界面绘制截面，如图 10-61 所示。

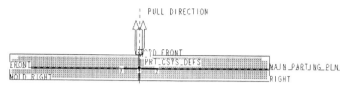

图 10-61　绘制截面界面

（7）使用【矩形】按钮 □ 绘制矩形，结果如图 10-62 所示。

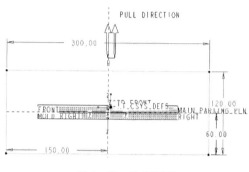

图 10-62　绘制矩形

（8）单击 ✔ 按钮完成草绘，然后在【拉伸】操控面板中选择【对称】类型 ⊟，并输入深度值 300.00，如图 10-63 所示。

（9）单击【拉伸】操控面板中的 ✔ 按钮，然后选择菜单管理器中的【完成/返回】命令，完成模具模型的创建，结果如图 10-64 所示。

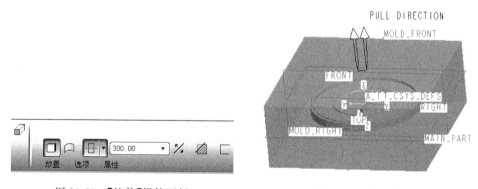

图 10-63　【拉伸】操控面板　　　　　　　　　图 10-64　模具模型

3. 设置收缩

（1）在功能区的【模具】选项卡的【修饰符】组中选择【收缩】下拉菜单中的【按尺寸收缩】命令，系统弹出【按尺寸收缩】对话框，在【公式】选项区中选择 [1+S] 选项，在【收缩选项】选项区中选中【更改设计零件尺寸】复选框，在【收缩率】选项区中将【比率】设为 0.005，如图 10-65 所示。

（2）单击 ✔ 按钮，完成收缩率的设置。

4. 定义分型面

（1）单击功能区的【模具】选项卡的【分型面和模具体积块】组中的【分型面】按钮 🔲 ，打开【分型面】操控面板，单击【形状】组中的【拉伸】按钮 🗗 ，系统打开【拉伸】操控面板，如图10-66所示。

（2）在【放置】选项卡中单击【定义】按钮，系统弹出【草绘】对话框，如图10-67所示。同时系统提示"选择一个平面或曲面以定义草绘平面"，在此选取草绘平面为坯料表面1，选取参考平面为坯料表面2，方向为【左】，结果如图10-68所示。

（3）单击【草绘】按钮，系统弹出【参考】对话框，选取 MAIN_PARTING_PIN 基准平面与另一坯料表面作为草绘参考，【参考状况】由【未设置的】变为【未求解的草绘】，单击【关闭】按钮，如图10-69所示。

（4）绘制直线，然后单击【重合】约束按钮 ◉ ，将草绘直线的两个端点分别与坯料表面的左、右两边直线重合，结果如图10-70所示。

图 10-65　【按尺寸收缩】对话框

图 10-66　【拉伸】操控面板

图 10-67　【草绘】对话框

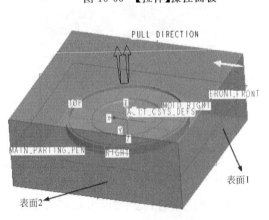

图 10-68　定义草绘平面与参考平面

图 10-69　【参考】对话框

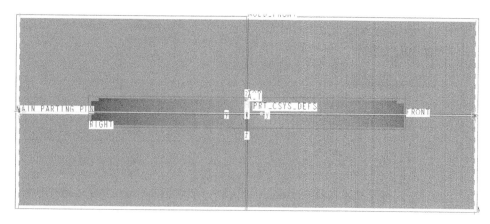

图 10-70　截面草图

（5）单击 ✓ 按钮，将拉伸类型设为 ，在【拉伸深度】文本框中输入 300.00，并按下【反向】按钮 ，如图 10-71 所示。

图 10-71　【拉伸】操控面板

（6）单击【拉伸】操控面板上的按钮 ✓，完成分型面的创建，结果如图 10-72 所示。

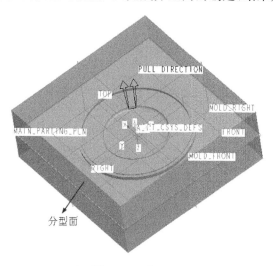

图 10-72　分型面

5．创建模具体积块

（1）在功能区的【模具】选项卡的【分型面和模具体积块】组中选择【体积块分割】命令，弹出分割体积块菜单，选择【两个体积块】、【所有工件】和【完成】命令，如图 10-73 所示。

（2）系统弹出【分割】对话框与【选择】对话框，如图 10-74 所示。

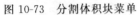

图 10-73　分割体积块菜单

图 10-74　【分割】对话框与【选择】对话框

（3）系统提示"为分割工件选择分型面"，选取分型面后单击【选择】对话框中的【确定】按钮，然后单击【分割】对话框中的【确定】按钮，系统弹出【属性】对话框，由于坯料下半部分的颜色发生改变，将名称设为 LOWER，如图 10-75 所示。

（4）单击【着色】按钮，模具体积块如图 10-76 所示。

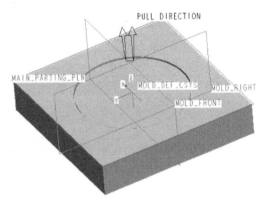

图 10-75　【属性】对话框

图 10-76　着色后的下模体积块

（5）单击【确定】按钮，系统弹出【属性】对话框，由于坯料上半部分的颜色发生改变，将名称设为 UPPER，如图 10-77 所示。

（6）单击【着色】按钮，适当旋转并调整位置后，模具体积块如图 10-78 所示。

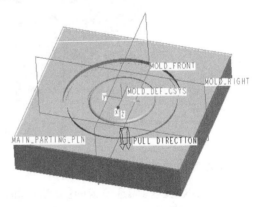

图 10-77　【属性】对话框

图 10-78　着色后的上模体积块

（7）单击【确定】按钮，完成模具元件上、下模体积块的创建。

6．抽取模具元件

（1）在功能区的【模具】选项卡的【元件】组中选择【模具元件】下拉菜单中的【型腔镶块】命令，系统弹出【创建模具元件】对话框，单击【选取全部体积块】按钮 ▤ ，如图 10-79 所示。

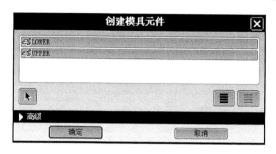

图 10-79　【创建模具元件】对话框

（2）单击【确定】按钮，然后选择菜单管理器中的【完成/返回】命令，完成模具元件的抽取。

7．填充模具型腔

单击功能区的【模具】选项卡的【元件】组中的【创建铸模】按钮 ，系统会弹出一个输入框，输入铸模零件名称"JIAOZHUJIAN"，然后单击 按钮。此时系统会弹出文本提示，单击按钮 ，完成模具型腔的浇注件的生成。

8．模拟开模

单击功能区的【模具】选项卡的【分析】组中的【模具开模】按钮 ，可以移动一个或多个模具元件，清晰查看模具的开模效果，还可以判断模具的最终设计是否与最初的设计意图相符。

第11章 数控加工

11.1 数控加工的基本操作

11.1.1 NC 模块简介

计算机辅助图形数控编程是随着数控机床应用的扩大而逐渐发展起来的,在数控加工的实践中,逐渐发展出各种适应数控机床加工过程的计算机自动编程系统。

Creo 是一个全方位的三维产品开发的综合软件,作为集成化的 CAD/CAM/CAE 系统,在产品加工制造的环节上,同样提供了强大的加工制造模块——NC 模块。

NC 模块能生成驱动数控机床加工 Creo 零件所必需的数据和信息,Creo 系统的相关统一数据库能将设计模型的变化体现到加工信息中,利用它所提供的工具能够使用户按照合理的工序将设计模型处理成 ASCII 码刀位数据文件,这些文件经过后处理变成数控加工数据。NC 模块生成的数控加工文件包括刀位数据文件、刀具清单、操作报告、中间模型、机床控制文件等。

用户可以对所生成的刀具轨迹进行检查,如不符合要求,可以对 NC 数控工序进行修改;如果刀具轨迹符合要求,则可以进行后处理,以便生成数控加工代码,为数控机床提供加工数据。

NC 模块的应用范围很广,包括数控车床、数控铣床、数控线切割、加工中心等自动编程方法。NC 模块是可以根据用户需求,对可用功能进行任意组合的可选模块,其不同模块及应用范围如表 11-1 所示。

表 11-1　NC 模块及其应用范围

模 块 名 称	应 用 范 围
NC-TURN	执行 2 轴车削和中心线钻孔 执行 4 轴车削和中心线钻孔
NC-MILL	通过定位执行 2.5 轴铣削 通过定位执行 3 轴铣削和孔加工
NC-WEDM	执行 2 轴和 4 轴的线切割
NC-ADVANCED	执行 2 轴和 4 轴车削及孔加工 执行 2.5 轴到 5 轴铣削和孔加工 执行 2 轴和 4 轴的线切割 在铣削/车削中心执行铣削、车削和孔加工

11.1.2 NC 模块的操作界面

Creo 中的 NC 模块属于制造类型，所以新建 NC 文件时应在【新建】对话框中选取【类型】为【制造】、【子类型】为【NC 装配】，如图 11-1 所示。

图 11-1　新建 NC 文件

在 Creo 中，NC 模块的操作界面与其他模块一样，包括标题栏、功能区、文件菜单、工具栏、导航区、图形窗口和状态栏等几部分，如图 11-2 所示。

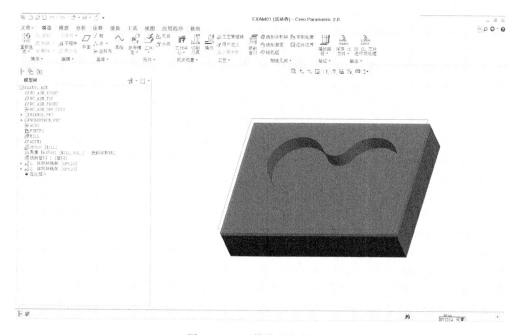

图 11-2　NC 模块的操作界面

操作界面右侧在创建 NC 序列时会出现如图 11-3 所示的 NC 序列菜单。

11.1.3　NC 数控加工的基本流程

使用 NC 模块设计加工程序的流程与实际加工的思维逻辑相似,其加工流程如图 11-4 所示。

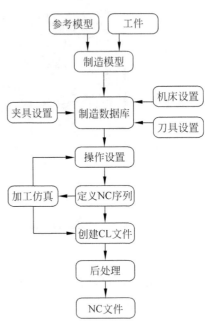

图 11-3　NC 序列菜单　　　　图 11-4　NC 模块加工流程图

1．建立制造模型

制造模型一般由一个参考模型和一个工件装配而成。

制造模型中可以包含工件,也可以不包含,包含工件的优点是可以计算加工的范围、模拟材料的加工切削情况和查询加工材料切削量等。

2．建立制造数据库

制造数据库包括机床设置、夹具设置、刀具设置等项目。其中有些项目可以在加工过程中需要定义时再进行设置。

3．操作设置

操作实际上是一系列 NC 序列的集合。

操作设置一般包括设置操作名称、定义机床、定义刀具、添加操作注释、设置操作参数、定义起始点和返回点等。

4．定义 NC 序列

定义 NC 序列指通过定义 NC 序列的类型、切削参数和制造参数等由系统自动生成刀具轨迹。

5. 校验及生成 NC 文件

通过仿真操作可以对生成的刀具轨迹进行检查,如果不符合要求,则应对 NC 序列及时进行修改;如果刀具轨迹符合要求,则可以通过后处理,生成 NC 文件,驱动数控机床进行加工。

11.1.4　NC 数控加工术语

1. 参考模型

参考模型也可称作参照模型,它的几何形状表示数控加工最终完成时的零件形状。

参考模型通常在设计加工程序之前先创建完成,这部分工作通常属于 CAD 部分,但加工用零件模型与普通零件设计不同,对于不影响加工的零件特征可以不创建,以节省时间。

参考模型上的特征、曲面、曲线、边和点等均可作为产生刀具轨迹的参考。设置完加工所需的各种参数后,NC 模块将根据所设定的加工方式、加工参数生成所需的刀具轨迹和数控加工程序。将数控加工程序应用到实际的数控机床加工,即可加工出设计的产品或零件。

图 11-5 所示为参考模型,即事先设计好的零件模型。

2. 工件

工件,即毛坯模型的几何形状被表示为加工零件尚未经过切削加工时的几何形状。随着加工过程的进行,用户可对工件执行材料去除模拟。一般地,在加工过程结束时,工件几何应与参考模型的几何一致。工件可以代表任何形式的原料,如棒料或铸件等。

用 Creo 设计的零件、装配件和钣金件等都可以作为工件,通过复制参考模型、修改尺寸或删除/隐含特征来代表实际工件,可以很容易地创建工件。另外,如果毛坯模型的几何形状比较简单,可以在 NC 模块中直接创建。

图 11-6 所示为创建的工件,即加工制造中的毛坯模型。

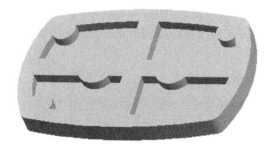

图 11-5　参考模型

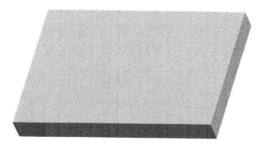

图 11-6　工件

3. 制造模型

在进行加工制造前,必须首先考虑加工区域、加工目标及毛坯材料等,才能完成加工程序。因此,在使用 NC 模块生成加工程序前,需要先设计出加工所需的制造模型。常规的制造模型由一个参考模型和一个装配在一起的工件组成。有了完整的制造模型后,才能通过适当的设置,定义加工所需要的刀具和参数,以产生正确的刀具路径;同时,可以避免当所产生的加工参数运用到实际加工程序时,由于机械动作及加工刀具不在正确的空间位置而造成加工的失败或发生严重的错误。

图 11-7 所示为制造模型,由一个参考模型和一个工件组成。

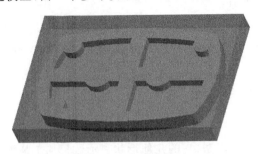

图 11-7　制造模型

制造模型一般由以下 4 个单独的文件组成:制造工艺文件 ∗.mfg、制造组件 ∗.asm、参考模型 ∗.prt、工件 ∗.prt。

在使用更为复杂的装配件时,还会将其他零件和装配件文件包括在制造模型中。

11.2　创建制造模型

11.2.1　以装配方式创建制造模型

参考模型或工件一般都是在加工前已经设计好的,可以直接从文件中打开,以装配的方式加入到制造模型中。

在功能区的【制造】选项卡的【元件】组中单击【组装参考模型】按钮 ,可以装配参考模型。

在功能区的【制造】选项卡的【元件】组中单击【组装工件】按钮 ,可以装配工件。

在装配参考模型或工件时,系统会弹出如图 11-8 所示的【打开】对话框,选取对应的零件模型文件,打开后需要定义其装配约束关系。

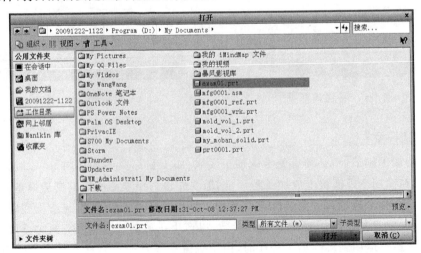

图 11-8　【打开】对话框

NC 模块中的装配约束及其相关操作与装配模块中的相同,用户可参阅前面章节的相关介绍。

11.2.2　以创建方式创建制造模型

如果没有事先根据图纸设计完成参考模型或工件,也可以在制造模型中全新创建。

在功能区的【制造】选项卡的【元件】组中单击【创建工件】按钮 ⊂⊐ ,可以新建工件。

在新建参考模型或工件时,系统会首先弹出如图 11-9 所示的输入框,提示用户输入零件名称。

图 11-9　输入零件名称输入框

输入零件名称后,系统会弹出如图 11-10 所示的特征类菜单,选取适当的特征创建方式,然后使用相应的操作进行创建即可。

NC 模块中零件模型的创建与零件模块中的相同,用户可参阅前面章节的相关介绍。

11.2.3　以创建自动工件方式创建工件

如果没有事先根据图纸设计完成工件,用户可以使用自动方式快速全新地创建工件。

在功能区的【制造】选项卡的【元件】组中单击【自动工件】按钮 🖐 ,系统会打开如图 11-11 所示的【创建自动工件】操控面板。

下面对【创建自动工件】操控面板中的一些相关按钮、选项进行说明。

- 🔲 按钮:用于选择创建坯料或矩形工件。
- 🔘 按钮:用于选择创建圆形工件。
- [自定义　　　　] :用于选择创建工件的方式。其中,【自定义】表示用户定义工件的整体尺寸和偏移。【包络】表示系统自动定义整体尺寸和当前偏移的最小值。
- 【放置】选项卡:该选项卡如图 11-12 所示,用于指定坐标系和参考模型。

图 11-10　特征类菜单

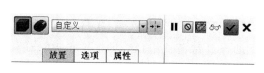

图 11-11　【创建自动工件】操控面板

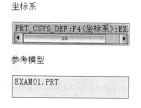

图 11-12　【放置】选项卡

- 【选项】选项卡：该选项卡如图 11-13 所示，用于定义单位、整体尺寸和坯件偏移值。
- 【属性】选项卡：该选项卡如图 11-14 所示，用于输入工件的名称和工件公共名称。

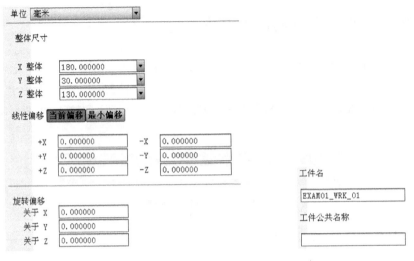

图 11-13　【选项】选项卡　　　　　　　图 11-14　【属性】选项卡

- Ⅱ ⊙ 🔲 🔲 🔲 ✔ ✖：分别为暂停、无预览、分离方式预览、连接方式预览、校验方式预览、确定和取消按钮，可以预览生成的工件，进而完成或取消自动工件的创建。

11.3　操作设置

操作设置又称为操作数据设置或制造设置，主要包括操作名称设置、机床设置、刀具设置、夹具设置、工件坐标系设置和退刀平面设置等。

在功能区的【制造】选项卡的【工艺】组中单击【操作】按钮 🔲，系统会打开如图 11-15 所示的【操作】操控面板，与操作设置有关的选项都集中在这里，用户可根据需要进行设置。

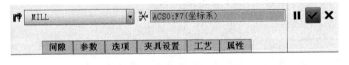

图 11-15　【操作】操控面板

11.3.1　设置常规选项

下面介绍【操作】操控面板中的常规选项。

- 🔲 MILL：用于显示使用的机床类型。
- 🔲 ACS0:F7(坐标系)：用于显示使用的工件坐标系，工件坐标系也称为编程坐标系，其原点就是加工零点，产生的刀具路径是相对于加工零点进行计算的。工件坐标系一般事先建立，注意在创建工件坐标系时，应使工件坐标系各轴的方向与机床坐标系的方向一致。例如 3 轴立式铣床,Z 轴的正方向是垂直于工件向上,X 方向为面对机床向右,根据右手定则可确定 Y 轴的方向。

- 【间隙】选项卡:该选项卡如图 11-16 所示,用于对退刀面进行设置。

图 11-16　【间隙】选项卡

退刀面定义了刀具一次切削后所退回的位置,当一个操作的退刀面定义好之后,刀具将沿此退刀面从一个连续的 NC 轨迹的终止点移动到下一个 NC 轨迹的起点处,具体定义方法取决于加工工艺的需要。退刀面可以是平面、柱面、球面及用户自定义曲面。退刀面的指定是模态的,即一旦被指定,之后定义的 NC 工序都默认使用它,除非人为地将其修改。

退刀面一般为垂直于 Z 轴的平面,高度一般距工件最高处 3～5mm。

- 【参数】选项卡:该选项卡如图 11-17 所示,用于设置后处理过程中优先输出的选项。
  - 零件号:用于输入加工零件的名称,默认值为制造文件名。
  - 启动文件:用于设置输出刀具路径文件的开始位置。
  - 关闭文件:用于设置输出刀具路径文件的结束位置。
  - 输出文件:用于输入后处理过程中输出刀具路径文件的名称。
- 【选项】选项卡:该选项卡如图 11-18 所示,用来指定工件材料。

图 11-17　【参数】选项卡

图 11-18　【选项】选项卡

- 【夹具设置】选项卡:该选项卡如图 11-19 所示,用来指定夹具。
- 【属性】选项卡:该选项卡如图 11-20 所示,用来定义操作名称,以便用户了解已经设置的加工操作环境信息。

图 11-19　【夹具设置】选项卡

图 11-20　【属性】选项卡

11.3.2 机床设置

在【操作】操控面板的最右侧单击【制造设置】按钮 ，或在功能区的【制造】选项卡的【机床设置】组中选择【工作中心】下拉菜单中的【铣削】命令，系统会弹出如图 11-21 所示的【铣削工作中心】对话框，在其中可以进行与铣削机床相关的设置。对于铣削-车削、车床、线切割、工作中心等机床的设置可以单击对应按钮，调出类似的对话框进行设置。

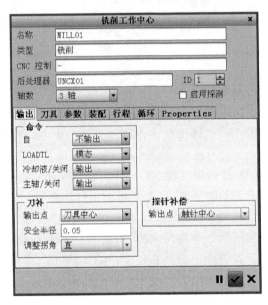

图 11-21 【铣削工作中心】对话框

下面对【铣削工作中心】对话框中的一些相关按钮、选项进行说明。
- 名称：用于输入机床名称。
- 类型：用于显示机床类型，有铣削、车床、铣削-车削、线切割 4 种。
- CNC 控制：用于输入机床控制器的说明等，为可选项，也可以空白。
- 后处理器：用于设置机床后处理器。对于铣削加工，后处理器名称为 UNCX01，其 ID 号用于选择指定的数控系统，此处可以不做修改。
- 轴数：用于选择机床联动的轴数。对于不同的加工类型，可联动的轴数不同。
    - 铣削：3 轴（默认）、4 轴、5 轴。
    - 车床：一个转塔或两个转塔。
    - 铣削-车削：3 轴、4 轴、5 轴（默认）。
    - 线切割：2 轴（默认）或 4 轴。

机床设置中的其他选项均是可选的，用户可以在后续的 NC 序列中进行定义，此处仅作简单说明。
- 【输出】选项卡：该选项卡是机床设置的默认选项卡，主要用于设置机床 CL 命令以及刀具补偿。
- 【刀具】选项卡：该选项卡主要用于设置刀具的自动换刀时间及定义刀具参数，可在以后指定。
- 【参数】选项卡：该选项卡主要用于设置机床主轴的最大速度以及马力、机床快速移动时的单位以及速度。
- 【装配】选项卡：该选项卡主要用于设置机床 X、Y、Z 轴的最小行程和最大行程，如不做定义，系统将不对加工程序作超行程检查。
- 【循环】选项卡：该选项卡用于在孔加工过程中定制循环。
- Properties 选项卡：该选项卡用于对机床设置进行相关注解说明，以便于其他使用者了解所设置的内容。

机床设置完毕后，可以保存各项参数设置，以便于以后调用。

机床设置一般根据实际加工用机床的实际情况进行，用户可参考相应机床参数、操作手册等进行。

11.3.3　刀具设定

在实际加工过程中，刀具和机床同样是不可缺少的硬件设备。不同的加工方法，使用的刀具类型不同，即使是同一种切削工具，也会因为其直径的大小、刀柄的长短等不同而不同。选择不同的刀具，切削完成后的加工质量也截然不同。因此，刀具是切削加工中保证加工质量、提高生产效率的一个重要因素。任何一种加工方法都需要根据不同的加工对象来选择合理的刀具结构、合适的刀具材料和刀具角度。

在功能区的【制造】选项卡的【机床设置】组中单击【切削刀具】按钮 ，系统会打开如图 11-22 所示的【刀具设定】窗口，在其中可以进行与刀具相关的设置。

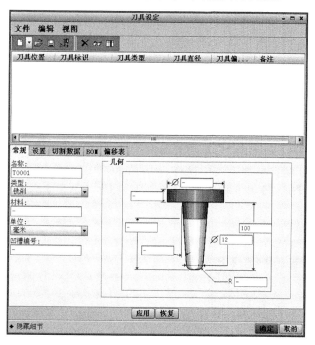

图 11-22　【刀具设定】窗口

【刀具设定】窗口主要由菜单栏、刀具参数列表框、刀具参数设置区和刀具预览区等几部分组成。

- 名称：用于输入刀具名称，刀具名称不能含有空格，并在整个加工过程中唯一标识某一把刀具。
- 类型：用于设置加工所使用的刀具类型，在其下拉列表中进行选取即可，可选择的刀具类型与 NC 工序的加工类型有关。
- 材料：用于定义刀具材料，可选项，可不作选择。
- 单位：用于定义刀具参数的单位，在其下拉列表中进行选取即可。
- 几何：用于直接定义刀具的基本几何参数，以确定刀具的外形，具体的几何尺寸将直接参与刀具路径生成的计算。

在刀具设定中其他选项均是可选的，可以使用默认值，此处仅进行简单说明。

- 【设置】选项卡：其中一个重要设置是刀具号，用来指定刀具在刀库中的位置。
  - 偏距编号：可选项，用于定义长度测量寄存器地址。
  - 量规 X 方向长度、量规 Z 方向长度：可选项，用于定义刀具的测量长度，主要用于加工中换刀或刀架转位时的长度校验，以免发生干涉。对于这些可选项，系统提供的默认值为"-"，表示可以不作选择或设定。
  - 长刀具：该选项适用于 4 轴铣削加工。
- 【切割数据】选项卡：用于定义刀具切削参数。需要注意的是，此处定义的刀具切削参数只作为刀具的属性数据，实际加工中需要在加工参数表中具体设置。
- BOM 选项卡：用于定义刀具部件的材料明细表，可不做设置。

11.3.4　夹具设置

数控加工中的夹具一般是通用的，编程人员多数不进行实际设计。因此，在实际操作中，出于节省时间的考虑，在产生的刀具路径不影响实际加工程序的前提下，通常省略夹具的设置。

在功能区的【制造】选项卡的【元件】组中单击【夹具】按钮 ，系统会打开如图 11-23 所示的【夹具设置】操控面板，在其中可以进行与夹具相关的设置。

夹具元件一般在零件设计模式中设计，然后在【夹具设置】操控面板的【元件】选项卡中单击【添加夹具元件】按钮 进行添加。

图 11-23　【夹具设置】操控面板

11.4　NC 序列管理

在 NC 模块中，NC 序列就是刀具运动轨迹。一旦指定 NC 序列的类型、切削部位和加工参数，将产生刀具运动轨迹，产生的刀具运动轨迹包含以下信息：

（1）刀具在实际切除工件材料时的运动轨迹。

（2）切削时的进刀和退刀方式以及每条轨迹间的连接方式。

（3）刀位命令和后处理关键字（主轴转速与进给速度）。

在 NC 模块中，NC 序列的类型主要集中在功能区的【铣削】选项卡的【铣削】组和【孔加工循环】组中，如图 11-24 所示。

图 11-24　NC 序列类型

11.4.1　NC 序列的设置

选取一种 NC 序列类型后，系统会弹出如图 11-25 所示的 NC 序列菜单，第一次进入时，系统默认选择【序列设置】命令，同时弹出序列设置菜单。

在定义 NC 序列时，序列设置菜单中所有的项目无须全部定义，用户可以根据加工要求选择一些项目进行定义，以完成对 NC 序列的设置。

不同 NC 序列的参数项不同，但其中有几个是相同的或必须定义的，下面对这些项目进行说明。

- 名称：用于定义 NC 序列的名称。如果选择定义，则定义参数时系统会弹出输入框，提示输入 NC 序列的名称；如果不定义，则系统会自动给 NC 序列定义默认的名称。
- 刀具：刀具和刀具参数定义，与前面介绍的刀具设置相同。
- 参数：进行加工工艺参数的定义。系统会弹出如图 11-26 所示的【编辑序列参数】窗口，可以在其中进行加工参数的定义。各参数名在列表框的左侧，对应的参数值显示在右侧。对于系统给出的默认值为空的参数，必须输入适当且符合逻辑的数值；对于系统给出的默认值为"-"的参数，可以不输入。

定义 NC 序列的类型、加工参数等后，系统会自动产生刀具运动轨迹。

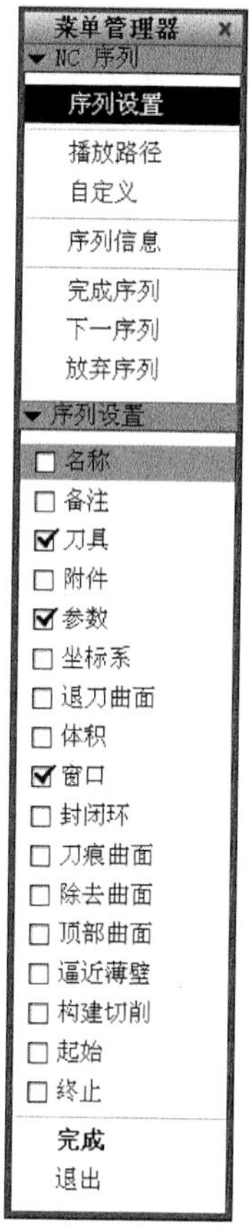

11.4.2　演示轨迹

图 11-25　NC 序列菜单和序列设置菜单

演示轨迹用于在计算机屏幕上演示生成的刀具运动轨迹和刀具切割工件实体的情况，以帮助操作者及时发现错误的刀具轨迹，从而降低生产成本。

生成刀具轨迹后，系统会自动返回到 NC 序列菜单，选择其中的【播放路径】命令，系统会打开如图 11-27 所示的播放路径菜单。

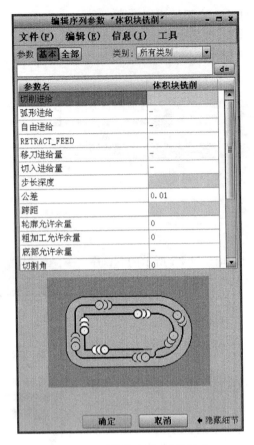

图 11-26 【编辑序列参数】窗口   图 11-27 播放路径菜单

- 屏幕播放：用于在屏幕上显示刀具的运动轨迹，并查看刀位数据文件的内容。
- NC 检查：用于实体仿真演示，从而直观地查看刀具切割工件的情况。
- 过切检查：用于查看刀具切除工件边界的情况，以便及时纠正所创建的刀具轨迹。

演示轨迹的操作步骤如下：

（1）在播放路径菜单中选择【屏幕播放】命令，系统弹出如图 11-28 所示的【播放路径】对话框。

图 11-28 【播放路径】对话框

（2）在【播放路径】对话框中单击【播放】按钮 ![播放按钮] ，可以在屏幕工作区中观察刀具轨迹。

（3）单击 ![CL数据按钮] 按钮，如图 11-29 所示，可以在观察刀具轨迹的同时显示生成的 CL 数据。

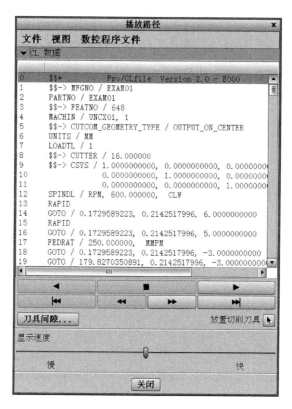

图 11-29　参看 CL 数据

（4）单击【关闭】按钮，生成的刀具轨迹如图 11-30 所示。

11.4.3　仿真加工

仿真加工的操作步骤如下：

（1）在播放路径菜单中选择【NC 检查】命令，系统会打开如图 11-31 所示的 VERICUT 窗口，初始显示为定义的工件。

（2）在 VERICUT 窗口中单击右下角的【播放】按钮 ，可以在 VERICUT 窗口中仿真加工的情形，仿真加工的结果如图 11-32 所示。

如果要使用 VERICUT 进行加工仿真，需要在安装 Creo 系统时安装 VERICUT 仿真模块。若采用系统默认安装，即不安装 VERICUT 仿真模块，使用 NC-CHECK 方式进行加工仿真。

在播放路径菜单中选择【NC 检查】命令，系统会打开如图 11-33 所示的 NC 检查菜单，选择【运行】命令可以进行仿真加工，仿真加工的结果如图 11-34 所示。

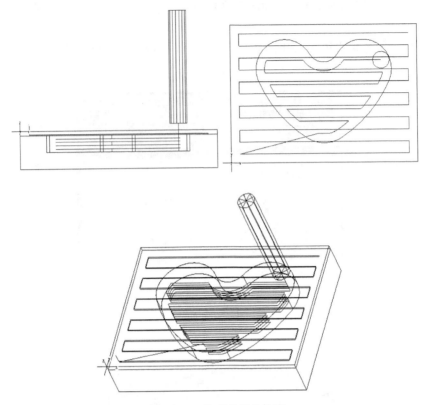

图 11-30　生成的刀具轨迹

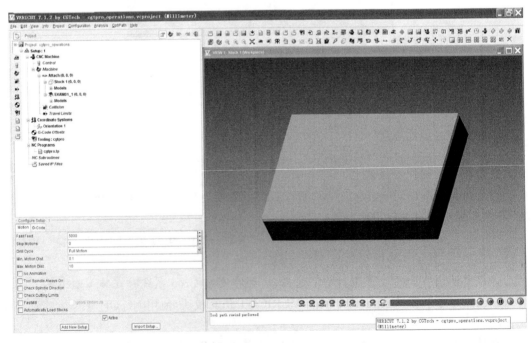

图 11-31　VERICUT 窗口

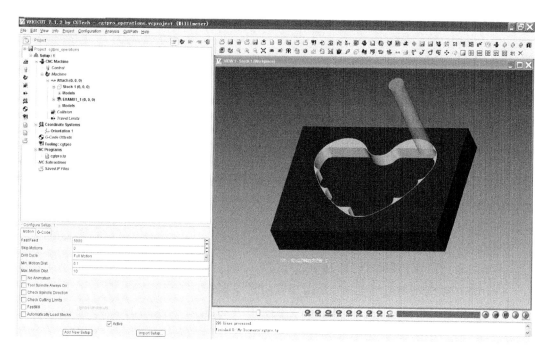

图 11-32　仿真加工的结果

图 11-33　NC 检查菜单

图 11-34　以 NC-CHECK 方式仿真加工的结果

在配置文件 Config. Creo 中,nccheck_type 选项的值决定使用哪种方式进行仿真加工。

11.4.4 生成 NC 代码

经检查,如果生成的刀具运动轨迹正确,接下来的操作是设置产生刀具轨迹文件(CL Data File),并对刀具轨迹文件进行后处理,产生 NC 代码。

操作步骤如下:

(1) 在 NC 序列菜单中选择【完成序列】命令,返回主界面。

(2) 在功能区的【制造】选项卡的【输出】组中单击【保存 CL 文件】按钮 ,系统会打开如图 11-35 所示的选择特征菜单。

* 选择:直接选取相应的特征产生 CL 文件。
* 操作:用于将一个操作中的所有 NC 序列产生 CL 文件。
* NC 序列:用于将单个 NC 序列产生 CL 文件。

图 11-35   选择特征菜单

(3) 选取后,系统会打开如图 11-36 所示的路径菜单。

(4) 在路径菜单中选择【文件】命令,系统会打开如图 11-37 所示的输出类型菜单。

图 11-36   路径菜单

图 11-37   输出类型菜单

* CL 文件:输出刀具轨迹文件,即 CL 文件。
* MCD 文件:输出加工控制数据文件,即 NC 代码文件。
* 交互:输出交互式文件。
* 批处理:输出批处理文件,允许在后台执行刀具轨迹计算。

系统默认选择 CL 文件和交互,若同时选择 MCD 文件则可以同时对刀具轨迹进行后处理。

(5) 在输出 CL 文件时,系统会弹出如图 11-38 所示的【保存副本】对话框,刀具轨迹 CL 文件的后缀名为. ncl,单击【确定】按钮后,系统提示成功创建 CL 文件。

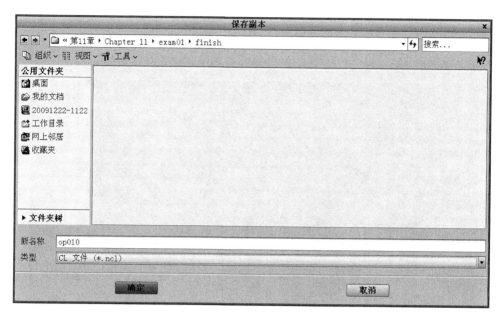

图 11-38　【保存副本】对话框

（6）在进行后处理时，系统会弹出如图 11-39 所示的后置期处理选项菜单，可以使用系统默认选项，直接选择【完成】命令。

（7）系统弹出如图 11-40 所示的后置处理列表菜单，选取一个后置处理配置文件。

图 11-39　后置期处理选项菜单

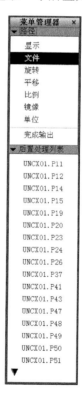

图 11-40　后置处理列表菜单

（8）系统弹出如图 11-41 所示的窗口，输入程序开始的行号，系统提示 •后置处理文件 seq0001.tap成功创建。，即可生成 NC 文件。

图 11-41　输入程序开始行号

11.5　常用加工参数

1．切削进给

切削进给用于设置切削运动的进给速度，通常为 $400\sim500$mm/min。

2．步长深度

在分层铣削中，步长深度用于设置每层沿 Z 轴下降的深度。

3．跨距

跨距用于设置相邻两条刀具轨迹的距离，通常为刀具直径的 $50\%\sim80\%$。

4．允许的底部余量

允许的底部余量用于设置工件底部的切削余量。

5．切割角

切割角用于设置在 XY 平面上，刀具与 X 轴的夹角。

6．扫描类型

扫描类型用于设置刀具切削时的运动方式。

（1）类型 1：刀具连续切削，当刀具在切割过程中遇到孤岛或障碍时，刀具自动退刀至退刀面，跨过孤岛或障碍后再垂直进刀，继续切割，直到加工完成。

图 11-42 所示为扫描类型为【类型 1】时生成的刀具轨迹。

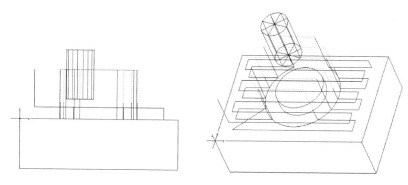

图 11-42　扫描类型为【类型 1】时生成的刀具轨迹

（2）类型 2：刀具连续切削，当刀具在切割过程中遇到孤岛或障碍时，刀具不退刀，而是环绕孤岛或障碍的侧壁往返切割，直到加工完成。

图 11-43 所示为扫描类型为【类型 2】时生成的刀具轨迹。

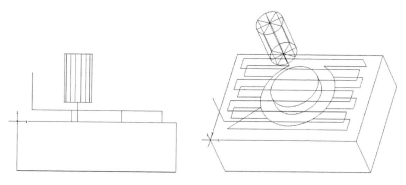

图 11-43　扫描类型为【类型 2】时生成的刀具轨迹

（3）类型 3：刀具连续切削，当刀具在切割过程中遇到孤岛或障碍时，刀具分区域加工，区域加工完毕后，刀具环绕孤岛或障碍的侧壁移动到下一区域继续切割，直到加工完成。

图 11-44 所示为扫描类型为【类型 3】时生成的刀具轨迹。

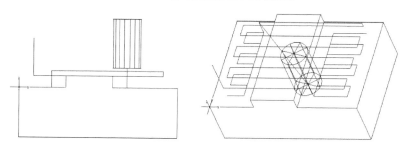

图 11-44　扫描类型为【类型 3】时生成的刀具轨迹

【扫描类型】参数的系统默认选项是【类型 3】。

【类型 1】、【类型 2】和【类型 3】3 种走刀方式相比较而言，切削过程中如果不会遇到孤岛，则 3 种走刀方式的结果是一样的；在需要回避孤岛或障碍的情况时，【类型 3】的加工效率比较高,因为它的辅助加工时间比较少。

　　一般而言,【类型 1】在不是必须的情况下应该尽量避免使用,不仅是因为这种加工方法效率较低,而且频繁地进退刀将造成切削上的震动,对刀具的寿命极为不利。

　　(4) 类型螺旋:刀具在每个切削层中产生螺旋式的刀具轨迹,以这种方式走刀时产生的切削力小。

　　图 11-45 所示为扫描类型为【类型螺旋】时生成的刀具轨迹。

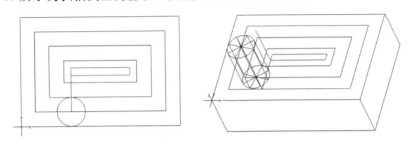

图 11-45　扫描类型为【类型螺旋】时生成的刀具轨迹

　　(5) 类型 1 方向:刀具只按单一方向切削,在每一条切削线的结束点,刀具退回到退刀面并返回切削的起始端按相同的切削方向进行下一次切削。当遇到孤岛或障碍时的回避方式与【类型 1】的方式相同。这种加工方式有利于保证全部加工过程均为顺铣或逆铣,适用于精加工。

　　(6) 类型 1 连接:其走刀方式与【类型 1 方向】基本一致,唯一不同的地方是在每一条切削线的结束点,刀具退回到退刀面但不直接返回下一切削的起始端,而是返回到本次切削线的起始点,进刀至指定的深度,然后沿铣削体积块的轮廓移动到下一切削线的起始点。

　　(7) 常数_加载:其主要用于高速加工。

　　(8) 螺旋保持切割方向:其主要用于高速加工,走刀类型和【类型螺旋】相同,而层间则是以 S 形路线连接,这样保证了每一层的加工方向是一致的。

　　(9) 螺旋保持切割类型:其主要用于高速加工,走刀类型和【类型螺旋】相同,而层间则以反向的圆弧连接,即当一层切削完毕后刀具以圆弧的切削方式切入下一层而不是垂直进刀。这样相邻层间的切削方向是相反的,但层间的切削类型一致。

　　(10) 跟随硬壁:在每一切削层里刀具的每一条切削线都与体积块的轮廓线偏移一定的距离。

7. 主轴速度

　　主轴速度用于设置数控机床主轴的运转速度,在进行粗加工时主轴转速一般是 1500～2000r/min,在进行精加工时主轴转速一般是 2500～11 000r/min。

8. 冷却液选项

　　冷却液选项用于设置数控机床中切削液或冷却液的状况。

9. 安全距离

　　安全距离用于设置退刀距离。

11.6　常用加工方式

加工方式的选择会直接影响加工效率和加工质量,如何保证较高的加工效率和加工质量是模具数控加工过程中必须重视的问题。

Creo 系统提了供多种加工方法,各加工方法的特点如下。

1. 体积块加工

体积块加工是 NC 模块中最基本的材料去除方法和工艺手段。体积块加工所产生的刀具轨迹会根据设计的制造几何形状(铣削体积块或铣削窗口),以等高分层的形式去除材料,即在体积块加工中材料是一层一层地去除,所有层的切面与退刀面平行。体积块加工主要用于切除大体积材料的粗加工中,加工后留有部分余量,用于进行精加工。

2. 局部铣削加工

局部铣削是 NC 模块中提供的清根加工方法。通过局部铣削加工可以得到更大的材料切削量,同时可以避免两次不同的加工程序所使用的刀具直径差异过大,造成较小直径的刀具在切削时负荷大于设计量,而造成震动或断刀等问题。局部铣削通过配置加工参数,可以使用较小尺寸的刀具对大尺寸刀具铣切不到的根部。圆角或内、外轮廓中曲率半径小于刀具直径的部位等进行精加工。局部铣削一般用于体积块加工、曲面加工、轮廓加工、腔槽加工等 NC 序列之后。

3. 曲面加工

在 NC 模块中,曲面加工借助其提供的非常灵活的走刀选项,可以实现对不同曲面特征的加工并能满足加工精度要求。曲面加工提供了多种定义刀具轨迹的方法,针对复杂曲面,用户可以依照曲面的变化情况选择直线方向。切削路径方向或投影方式等作为产生刀具轨迹的依据,使所产生的刀具轨迹能更逼近曲面的几何形状。曲面加工可以用来加工水平或倾斜的曲面。曲面加工要求所选择的曲面必须能够形成连续的刀具轨迹。通过设置适当的参数,曲面加工方法实际上还可以完成体积块铣削、轮廓铣削及表面铣削等。

4. 表面加工

表面加工即平面加工,所产生的刀具轨迹也是以等高分层的形式进行分层加工。表面加工通过配置加工参数,可以用来粗加工或精加工与退刀面平行的大面积或平面度要求较高的平面,加工表面可以是一个平面也可以是几个共面的平面。

5. 轮廓加工

轮廓加工所产生的刀具轨迹也是以等高分层的形式沿着曲面轮廓进行分层加工。轮廓加工通过配置加工参数,可以用来粗加工或精加工垂直或倾斜度不大的轮廓表面。轮廓加工要求所选择的加工表面必须能够形成连续的刀具轨迹。

6. 腔槽加工

腔槽加工主要用于各种不同形状的凹槽加工。腔槽加工可用于在体积块粗加工之后进行的精加工铣削,也可直接用于精加工铣削。腔槽加工可以用于铣削腔槽中包含的水平面、垂直面或倾斜曲面。在腔槽加工中,腔槽侧面边界的铣削方法类似于轮廓铣削加工,腔槽底部的铣削方法类似于体积块铣削加工中的底面铣削。

7. 轨迹加工

轨迹加工是以扫描方式,使刀具沿着所选定的轨迹进行铣削加工。若针对特别的沟槽进行加工,刀具的外形则需要根据要加工的沟槽形状来定义,即使用成型刀具沿着设定的刀具轨迹对特别的沟槽或外形进行加工。

8. 孔加工

孔加工用于各类孔系零件的加工,主要包括钻孔、镗孔、铰孔和攻丝等。

9. 螺纹加工

螺纹加工用于在圆柱表面上切削出内、外螺纹。在进行螺纹加工时,刀具必须为螺纹铣刀,而不是常规的铣刀。

10. 雕刻加工

NC 模块中的雕刻加工用于实现沟槽类装饰特征或图像符号的雕刻加工。

11. 钻削式粗加工

钻削式粗加工也可称为陷入加工,它是以插入钻削的方式用于切削工件去除材料。陷入加工主要应用于有凹槽或凸形的工件,当槽内或凸形周边有大量要切除的材料时,采用常规的方法切削这些余量,不仅费时,且易损耗刀具,增加制造成本。而陷入加工,可以像钻削一样进行加工,具有较高的排屑效率和加工效率,是一种比较好的粗加工方法。

12. 粗加工、重新粗加工和精加工

在 NC 模块中,粗加工、重新粗加工和精加工一般配合使用,是加工过程中的不同阶段,其加工轨迹类似,但是切削参数并不相同,每个阶段要达到的加工目标和侧重点也不相同。粗加工用于以均匀的步距深度增量方式高效率地铣削工件去除材料。重新粗加工可以称为半精加工,可以根据已经进行的粗加工 NC 序列自动计算余量以产生本次 NC 序列将要完成的刀具轨迹,以便只加工粗加工序列无法到达的区域。对于粗加工后继续进行半精加工的工件,可以很容易地控制其加工余量,适合对复杂零件模型进行第二次粗加工。用户只能对粗加工刀具轨迹进行重新粗加工,使用其他加工方法生成的刀具轨迹无法进行重新粗加工。精加工是在粗加工和重新粗加工后加工参考零件的细节部分,对工件进行的小切削量加工,目的是为了获得预期的尺寸精度和表面质量。系统自动识别所定义的铣削窗口内的零件形状,自动生成刀具轨迹。

粗加工、重新粗加工和精加工可用于高速模具加工,特别适用于加工输入的非实体几何,并可直接加工包含 STL 格式多面数据的模型。

11.7　综合实例

在实际的生产过程中,加工一个零件模型涉及很多内容,例如毛坯的确定、工艺规程的确定、夹具的设计、机床的选择、刀具的选择及切削用量的选择等,其中,切削用量又包括切削速度、进给量和切削深度(背吃刀量)等。切削用量的设定需要长期的实践积累,不是一朝一夕就能熟练的,即使是加工经验相当丰富的技术人员,也未必能够做出最合理、最快捷和最有效的设置。因此,学习的重点应放在怎样生成刀具轨迹以及如何生成后处理文件上,至于实际的刀具选择和切削用量的设置,则只有在实际工作中结合实践来体会。

本书中实例所设置的切削用量不一定是最优的,仅提供一个参考。

体积块加工方法是 NC 数控加工中最基本的工艺手段,也是一般加工中最常用的方法。本实例采用体积块加工方法加工一个直壁的凹模零件模型,目的在于使大家熟悉 NC 模块中加工程序的设计方法和步骤等。

1. 零件模型分析

图 11-46 所示为心形凹模,下凹部分为一心形的直壁凹槽,凹槽由 6 段相切的圆弧组成,上表面与底面为平面。

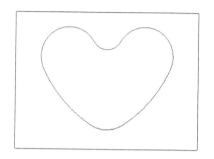
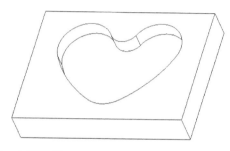

图 11-46　心形凹模

由于工件为长方形的块料,需要进行凹槽的粗加工和侧壁的精加工。

需要注意的是,本实例中工件的顶面应该已经在普通铣床上加工完毕,只需加工凹槽即可。本实例为了更多地介绍体积块加工,假设工件顶面并未加工。

2. 工艺规划

1) 安装工件

安装工件即将工件以底面固定安装在数控机床上。

2) 加工坐标系

建立如图 11-47 所示的加工坐标系,坐标原点为工件左下上角,X 轴正方向指向工件右侧,Y 轴正方向指向工件上方。

3) 加工工序

零件模型的形状比较简单,可以使用 2.5 轴加工方式进行加工。

零件模型没有尖角或很小的圆角,对表面也没有特殊要求,所以使用一把 Φ16 的平底刀进行加工,可以避免换刀。

加工工序分为两个:凹槽粗加工和凹槽侧壁精加工。

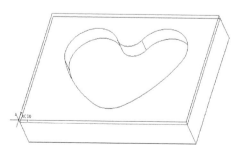

图 11-47　加工坐标系

通过计算,$\Phi 16$ 平底刀的转速为 600r/min,切削进给速度为 250mm/min。

各工序的加工内容、加工方式、使用刀具和进给、转速等机械参数如表 11-2 所示。

表 11-2 凹模加工工序

序号	加工内容	加工方式	刀具	进给 mm/min	转速 r/min
1	凹槽粗加工	体积块加工	$\Phi 16$ 平底刀	250	600
2	凹槽侧壁精加工	体积块加工	$\Phi 16$ 平底刀	250	600

图 11-48 所示为工件形状及每一加工工序完成后的实体仿真切削结果。

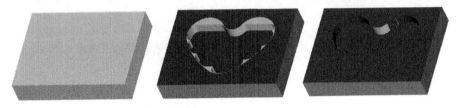

图 11-48 加工流程图

3. 打开 NC 文件

(1) 选择【文件】|【打开】菜单命令或单击快速访问工具栏中的【打开】按钮 。

(2) 在弹出的【文件打开】对话框中选取配套素材 Chapter 11 文件夹的 exam01 中的制造工艺文件 exam01. mfg,单击【打开】按钮,进入 NC 模块。打开的 exam01. mfg 文件如图 11-49 所示。

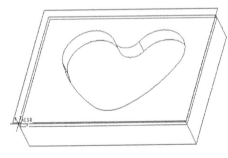

图 11-49 打开的 exam01. mfg 文件

该文件已经完成的操作设置为:机床名称为 mill;机床类型为铣削;机床联动的轴数为 3 轴;退刀面设置为垂直于 Z 轴的平面,高度距工件顶面 5mm;其余保持系统默认值。

4. 凹槽粗加工程序设计

(1) 在功能区的【铣削】选项卡的【铣削】组中单击【体积块粗加工】按钮 ,系统打开如图 11-50 所示的 NC 序列菜单和序列设置菜单。

对于此次加工,需要定义刀具、参数、窗口选项。在序列设置菜单中选中【刀具】、【参数】和【窗口】复选框后,选择【完成】命令,以进行详细定义。

(2) 刀具设定:系统自动打开【刀具设定】窗口,以进行刀具设置。

在此对刀具进行如下设置:名称为 T0001;类型为端铣削;材料为 HSS;单位为毫米;凹槽编号为 4;直径为 16;长度为 100;其余保持系统默认值。

设置完成后,单击【应用】按钮,此时【刀具设定】窗口的显示如图 11-51 所示。

在【刀具设定】窗口中单击【确定】按钮,完成刀具的定义。

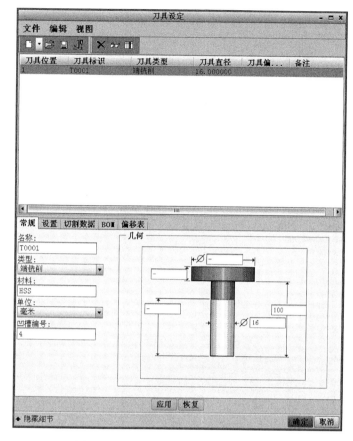

图 11-50　NC 序列菜单和
序列设置菜单

图 11-51　【刀具设定】窗口及其设置内容

（3）加工参数设置：刀具定义完成后，系统会自动打开【编辑序列参数】窗口，以进行加工参数的定义。在此进行如图 11-52 所示的加工参数设置。

跨距的确定需要考虑刀具的承受能力、加工后的残余材料量、切削负荷等因素。粗加工时最大可设置为刀具有效直径的 90%，本例中设置为刀具有效直径的 75%，即 12。

允许未加工坯件，即体积块的加工余量为 0.3。对于分粗、精加工的工件表面需要设置余量，数控加工中所设置的精加工余量可以比普通机加工的余量小。

另外，设置粗加工选项为【仅限粗加工】，其余保持系统默认值。

设置完成后，关闭【编辑序列参数】窗口。

（4）铣削窗口定义：加工参数定义完成后，需进行铣削窗口的定义，系统会打开如图 11-53 所示的定义窗口菜单。

为便于实例操作，在此已建立铣削窗口，用户可以直接在绘图区中选取作为此次加工的制造几何体。

（5）生成加工程序：选取铣削窗口后，系统会自动生成刀具轨迹。此时，模型树如图 11-54 所示。

5. 演示粗加工刀具路径

（1）生成刀具轨迹后，系统会自动返回到如图 11-55 所示的 NC 序列菜单。

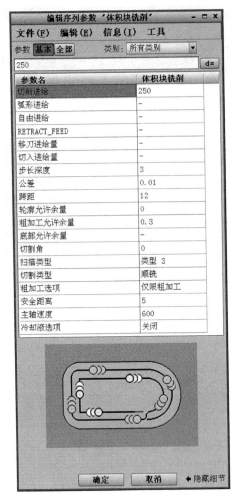

图 11-52 【编辑序列参数】窗口及加工参数设置

图 11-53 定义窗口菜单

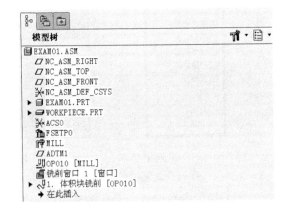

图 11-54 模型树的显示

(2) 在 NC 序列菜单中选择【播放路径】命令,系统会打开如图 11-56 所示的播放路径菜单。

图 11-55 NC 序列菜单的显示

图 11-56 播放路径菜单

（3）在播放路径菜单中选择【屏幕播放】命令，系统弹出如图 11-57 所示的【播放路径】对话框。

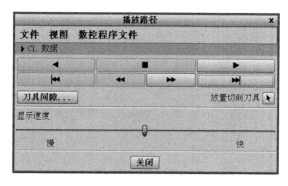

图 11-57　【播放路径】对话框

（4）在【播放路径】对话框中单击【播放】按钮 ▶ ，用户可以在屏幕工作区中观察刀具的运动，生成的刀具轨迹如图 11-58 所示。

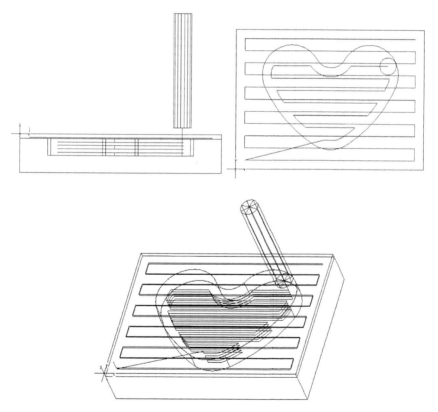

图 11-58　生成的凹槽粗加工刀具轨迹

（5）在播放路径菜单中选择【NC 检查】命令，可以进行仿真加工，结果如图 11-59 所示。

（6）在 VERICUT 窗口中的铣削后的工件模型上右击，在弹出的快捷菜单中选择 Save Cut Stock 命令，如图 11-60 所示。

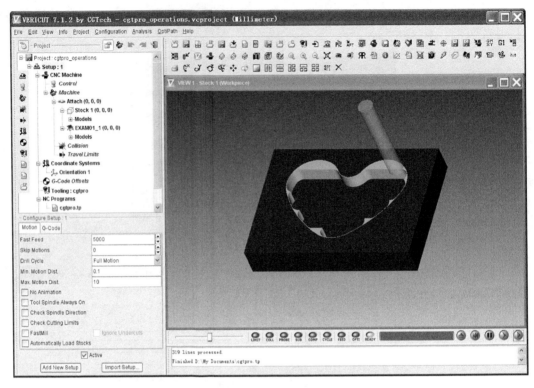

图 11-59　仿真加工的结果

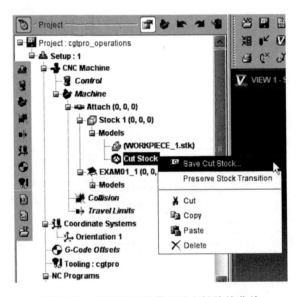

图 11-60　铣削后工件模型的右键快捷菜单

（7）系统弹出如图 11-61 所示的 Save Cut Stock 对话框，输入文件名，单击 Save 按钮，将切削模型保存在文件中，以备调用。

（8）在 NC 序列菜单中选择【完成序列】命令，完成加工程序的设计，返回主界面。

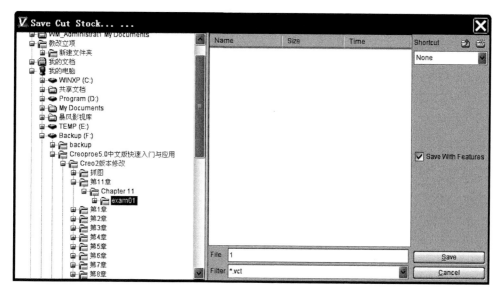

图 11-61　保存铣削后的工件模型

6. 凹槽侧壁精加工程序设计

（1）在功能区的【铣削】选项卡的【铣削】组中单击【体积块粗加工】按钮，系统会打开 NC 序列菜单和序列设置菜单。

对于此次加工，需要定义参数、窗口选项。在序列设置菜单中选中【参数】、【窗口】复选框后，选择【完成】命令，以进行详细定义。

（2）加工参数设置：刀具定义完成后，系统会自动打开【编辑序列参数】窗口，以进行加工参数的定义。在此进行如图 11-62 所示的加工参数设置。

由于本步骤中是垂直下刀铣削凹槽侧壁，因此跨距的设定只要为合理值即可。

由于本步骤中为凹槽的精加工，允许未加工毛坯，即体积块的加工余量为 0。另外，设置粗加工选项为【仅限轮廓】，即只铣削轮廓，其余保持系统默认值。设置完成后，关闭【编辑序列参数】窗口。

（3）铣削窗口定义：加工参数定义完成后，需进行铣削窗口的定义，直接选取已创建的铣削窗口即可，系统会自动生成刀具轨迹。

7. 演示精加工刀具路径

（1）在 NC 序列菜单中依次选择【播放路径】和【屏幕播放】命令，生成的刀具轨迹如图 11-63 所示。

（2）在播放路径菜单中选择【NC 检查】命令，系统

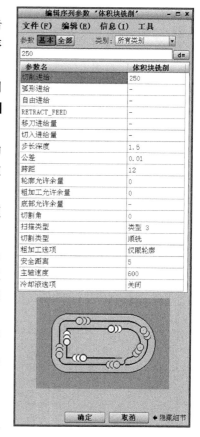

图 11-62　【编辑序列参数】窗口及加工参数设置

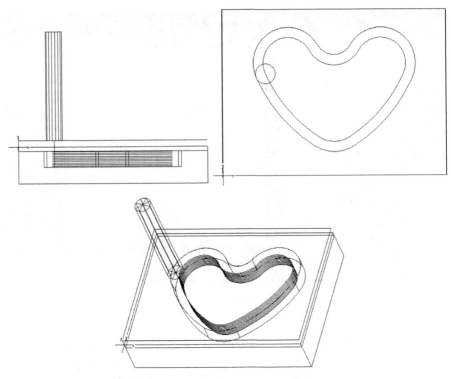

图 11-63　侧壁精加工的刀具轨迹

打开 VERICUT 窗口。

（3）在 VERICUT 窗口中的工件模型上右击，在弹出的快捷菜单中选择 Add Model|
Model File 命令，如图 11-64 所示。

图 11-64　工件模型的右键快捷菜单

（4）系统弹出如图 11-65 所示的 Open 对话框，在其中调入前面保存的切削模型。

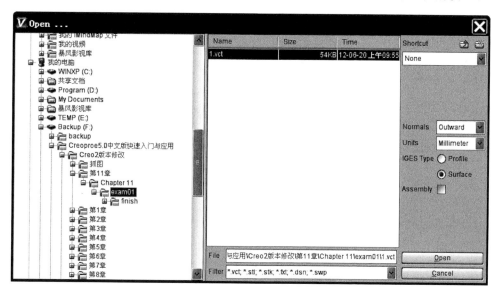

图 11-65　调入保存的切削模型

（5）在 VERICUT 窗口中的工件模型上右击，在弹出的快捷菜单中选择 Delete 命令，如图 11-66 所示。

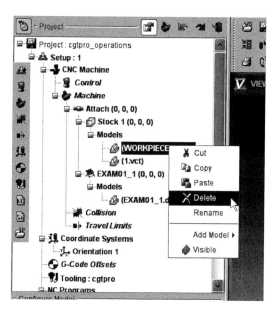

图 11-66　删除预定义的工件模型

此时，VERICUT 窗口的显示如图 11-67 所示。

（6）在 VERICUT 窗口中单击右下角的【播放】按钮，可以在 VERICUT 窗口中仿真加工的情况，仿真加工的结果如图 11-68 所示。

（7）在 NC 序列菜单中选择【完成序列】命令，完成加工程序的设计，返回主界面。

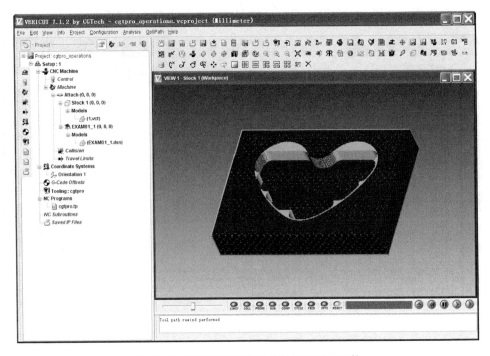

图 11-67　VERICUT 窗口及粗加工后的工件

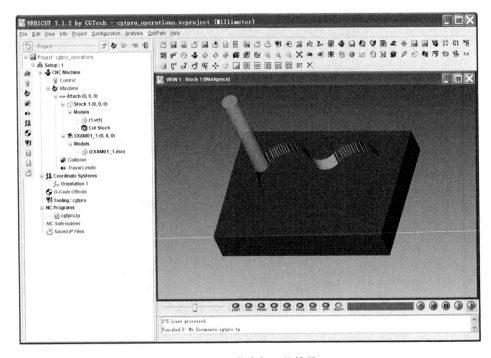

图 11-68　仿真加工的结果

8. 保存文件

保存文件,完成实例练习。

第12章 机 构 分 析

12.1 机构分析简介

12.1.1 机构分析的功能

在 Creo Parametric 组件(装配)模式中,可以将组件创建为运动机构并分析其运动。它提供的方法涉及创建和使用机构模型,测量、观察和分析机构在不受力和受力情况下的运动,即可以分别完成运动分析和动力学分析两方面的功能。

运动分析是使用机械设计功能来创建机构,定义特定运动副,创建使其能够运动的伺服电动机,在满足伺服电动机轮廓和机构连接、凸轮从动机构、槽从动机构或齿轮副连接的要求的情况下,实现机构的运动模拟;可观察并记录分析,或测量位置、速度或加速度等量,然后用图形表示这些测量;也可创建轨迹曲线和运动包络,用物理方法描述运动。运动分析不考虑受力,它模拟除质量和力之外的运动的所有方面。因此,运动分析不使用执行电动机,也不必为机构指定质量属性。运动分析忽略模型中的所有动态图元,如弹簧、阻尼器、重力、力/扭矩以及执行电动机等,所有动态图元都不影响运动分析结果。如果伺服电动机具有不连续轮廓,在运行运动分析前软件会尝试使其轮廓连续,如果不能使其轮廓连续,则此伺服电动机将不能用于分析。

动力学分析研究机构对施加的力所产生的运动。因此,根据实际受力情况,使用机械动态功能在机构上定义重力、力/扭矩、弹簧、阻尼器等特征,并设置材料、密度等基本属性特征,可以根据电动机所施加的力及其位置、速度或加速度来定义电动机;除位置和运动分析外,还可运行动态、静态和力平衡分析;也可创建测量,以监测连接上的力,以及点、顶点或运动轴的速度或加速度;可确定在分析期间是否出现碰撞,并可使用脉冲测量定量由于碰撞而引起的动量变化。

12.1.2 机构分析的常用术语

在创建机构前,用户应熟悉下列术语在 Creo 中的定义。

- 主体(Body):一个元件或彼此无相对运动的一组元件,主体内自由度为 0。
- 连接(Connections):定义并约束相对运动的主体之间的关系。
- 自由度(Degrees of Freedom):允许的机械系统运动。连接的作用是约束主体之间的相对运动,减少系统可能的总自由度。
- 拖动(Dragging):在屏幕上用鼠标拾取并移动机构。

- 动态(Dynamics)：研究机构在受力后的运动。
- 执行电动机(Force Motor)：作用于旋转轴或平移轴上(引起运动)的力。
- 齿轮副连接(Gear Pair Connection)：应用到两连接轴的速度约束。
- 基础(Ground)：不移动的主体。其他主体相对于基础运动。
- 机构(Joints)：特定的连接类型(例如销钉机构、滑块机构和球机构)。
- 运动学(Kinematics)：研究机构的运动,而不考虑移动机构所需的力。
- 环连接(Loop Connection)：添加到运动环中的最后一个连接。
- 运动(Motion)：主体受电动机或负荷作用时的移动方式。
- 放置约束(Placement Constraint)：组件中放置元件并限制该元件在组件中运动的图元。
- 回放(Playback)：记录并重放分析运行的结果。
- 伺服电动机(Servo Motor)：定义一个主体相对于另一主体运动的方式,可在机构或几何图元上放置电动机,并可指定主体间的位置、速度或加速度运动。
- LCS(Local Coordinate System)：LCS 是与主体相关的局部坐标系,是与主体中定义的第一个零件相关的默认坐标系。
- UCS(User Coordinate System)：用户坐标系。
- WCS(World Coordinate System)：世界坐标系,即组件的全局坐标系,包括用于组件及该组件内所有主体的全局坐标系。

在此附加说明一下自由度与冗余约束。

自由度(DOF)是描述或确定一个系统(主体)的运动或状态(如位置)所必需的独立参变量(或坐标数)。一个不受任何约束的自由主体,在空间运动时,具有 6 个独立运动参数(自由度),即沿 X、Y、Z 3 个轴的独立移动和绕 X、Y、Z 3 个轴的独立转动,在平面运动时,只具有 3 个独立运动参数(自由度),即沿 X、Y、Z 3 个轴的独立移动。

主体受到约束后,某些独立运动参数不再存在,相应的,这些自由度也就被消除。当 6 个自由度都被消除后,主体就被完全定位并且不可能再发生任何运动。如使用销钉连接后,主体沿 X、Y、Z 3 个轴的平移运动被限制,这 3 个平移自由度被消除,主体只能绕指定轴(如 X 轴)旋转,不能绕另两个轴(Y、Z 轴)旋转,绕这两个轴旋转的自由度被消除,结果只留下一个旋转自由度。

冗余约束指过多的约束。在空间里,要完全约束住一个主体,需要将 3 个独立移动和 3 个独立转动分别约束住,如果把一个主体的 6 个自由度都约束住了,再另加一个约束去限制它沿 X 轴的平移,这个约束就是冗余约束。

合理的冗余约束可用来分摊主体各部分受到的力,使主体受力均匀或减少摩擦、补偿误差,延长设备的使用寿命。冗余约束对主体的力状态产生影响,对主体的运动没有影响。因运动分析只分析主体的运动状况,不分析主体的力状态,在运动分析时,可不考虑冗余约束的作用,而在涉及力状态的分析中,必须要适当地处理好冗余约束,以得到正确的分析结果。系统在每次运行分析时,都会对自由度进行计算,并可创建一个测量来计算机构有多少自由度、多少冗余。

12.1.3　机构分析的流程

机构分析流程如下：

1. 建立运动模型

- 定义机构主体；
- 指定质量属性；
- 建立零件间连接；
- 设置连接轴属性；
- 添加运动副；
- 生成特殊连接。

2. 检查模型

在装配模型中，拖动可以移动的零部件，观察装配连接情况，检验所定义的连接是否能产生预期的运动。

3. 添加模型图素，设置运动环境

- 添加伺服电动机；
- 需要时，添加重力、执行电动机、弹簧、阻尼器、力/扭矩等影响运动要素；
- 设置初始条件，建立测量方式。

4. 分析模型

- 位置分析；
- 运动学（运动分析）；
- 静态分析；
- 动态分析；
- 力平衡分析；
- 重复的组件分析。

5. 获取结果

- 回放结果；
- 干涉检查；
- 定义要分析的相关度量；
- 创建追踪曲线和运动包络；
- 创建要转移到结构/热力学分析的载荷集。

12.1.4　机构分析的主操作界面

在 Creo Parametric 2.0 主界面中，选择【文件】|【打开】菜单命令，打开模型装配文件后，在功能区的【应用程序】选项卡的【运动】组中会出现如图 12-1 所示的【机构】按钮。

单击【机构】按钮，会弹出如图 12-2 所示的机构分析的主操作界面，显示机构分析的主要工具。

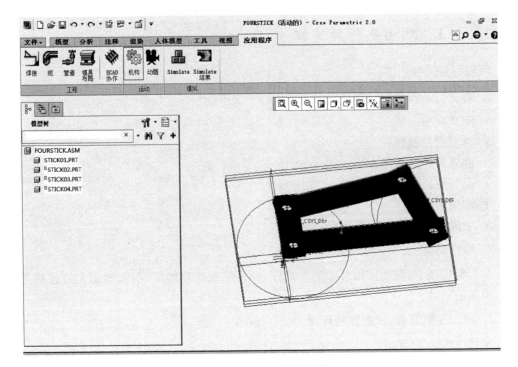

图 12-1　【应用程序】选项卡

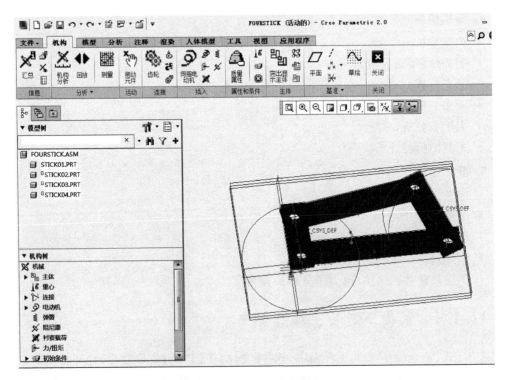

图 12-2　机构分析的主操作界面

12.2　建立运动模型

12.2.1　定义质量属性

　　机构的质量属性由其密度、体积、质量、重心和惯性矩组成。质量属性将确定应用力时机构如何阻碍其速度或位置的改变。对于不需要考虑"力"的情况,可以不定义质量属性;而对于运行动态和静态分析,必须为机构指定质量属性。

　　在机构分析主操作界面的【属性和条件】组中单击【质量属性】按钮 🐾 ,弹出【质量属性】对话框,通过该对话框可选取零件、组件或主体,以指定或查看其质量属性,如图 12-3 所示。

　　【参考类型】下拉列表用于选择定义质量属性的类型对象。

- 零件:在组件中选取任意零件(包括子组件的元件零件),以指定或查看其质量属性。
- 组件:从图形窗口或模型树中选取元件子组件或顶级组件。
- 主体:查看选定主体的质量属性,但不能对其进行编辑。

　　【定义属性】下拉列表用于定义质量属性的方法,所选的参考类型不同,其选项也有所不同。

- 默认:对于所有参考类型,此选项会使所有输入字段保持非活动状态,对话框会根据定义的密度或质量属性文件来显示质量属性值。如果没有为模型指定密度和质量属性,将显示默认值。

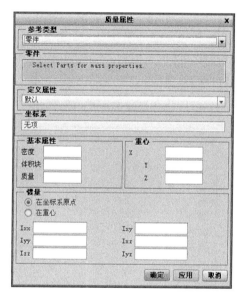

图 12-3　【质量属性】对话框

- 密度:如果已经选取一个零件或组件作为参考类型,则可以通过密度来定义质量属性。
- 质量属性:如果已经选取一个零件或组件作为参考类型,则可以定义质量、重心和惯性矩。

除此之外,【质量属性】对话框中还有一些其他选项。

- 坐标系:用于选取零件或主体的坐标系。如果选取组件作为参考类型,则此选项不可用。
- 密度:当用密度定义质量时,输入所选零件或组件的密度值。
- 体积块:不能编辑所选机构的体积。
- 质量:当用质量属性定义选定零件的质量时,输入该零件的质量值。
- 重心:定义相对于指定坐标系的重心位置。重心是为了便于某些计算而在机构中假想的一个点,可认为机构的全部质量都集中于此点上。

- 惯量：使用此区域计算惯性矩。惯性矩是对机构的转动惯量的定量测量，可选取坐标系原点或重心作为所选机构围绕其旋转的轴。

单击机构分析主操作界面的【信息】组中的【质量属性】按钮 ，可以查看顶级机构装配模型的质量属性信息，如图12-4所示。

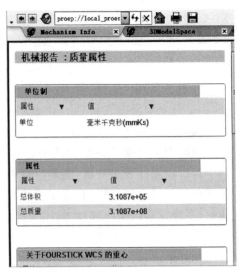

图12-4　质量属性信息

12.2.2　建立连接

连接能够限制主体的自由度，仅保留所需的自由度，以产生机构所需的运动类型。

连接在装配环境中建立，在装配环境中单击功能区的【模型】选项卡的【组装】按钮 ，弹出【打开】对话框，如图12-5所示。在选择零件之后，会打开【元件放置】操控面板，如图12-6所示。

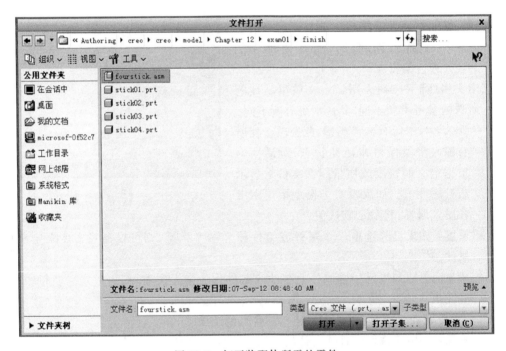

图12-5　打开装配体所需的零件

图12-6　【元件放置】操控面板

连接在装配环境中建立,但与传统的装配元件方法中的约束不同。传统给元件加入各种固定约束,将元件的自由度减少到 0,因元件的位置被完全固定,这样装配的元件不能用于运动分析(基体除外)。而连接是一种组合约束,如"销"、"圆柱"、"刚体"、"球"、"6DOF"等,使用一个或多个组合约束装配的元件,因自由度没有完全消除(刚体、焊接、常规除外),元件可以自由移动或旋转,这样装配的元件可用于运动分析。机构连接的目的是获得特定的运动,元件通常还具有一个或多个自由度。

在【元件放置】操控面板中,提供了多种预定义连接方式,连接的建立过程需要配合"约束"去限制主体的某些自由度,如图 12-7 所示。

图 12-7　约束集类型

- 刚性:使用一个或多个基本约束,将元件与组件连接到一起。连接后,元件与组件成为一个主体,相互之间不再有自由度,如果刚性连接没有将自由度完全消除,则元件将在当前位置被"粘"在组件上。如果将一个子组件与组件用刚性连接,子组件内各零件也将一起被"粘"住,其原有自由度不起作用,总自由度为 0。

- 销:由一个轴对齐约束和一个与轴垂直的平移约束组成。元件可以绕轴旋转,具有一个旋转自由度,总自由度为 1。轴对齐约束可选择直边、轴线或圆柱面,可反向;平移约束可以是两个点对齐,也可以是两个平面的对齐/配对,平面对齐/配对时,可以设置偏移量。

- 滑块:由一个轴对齐约束和一个旋转约束(实际上就是一个与轴平行的平移约束)组成。元件可沿轴平移,具有一个平移自由度,总自由度为 1。轴对齐约束可选择直边、轴线或圆柱面,可反向。旋转约束选择两个平面,偏移量根据元件所处位置自动计算,可反向。

- 圆柱:由一个轴对齐约束组成。比销约束少了一个平移约束,因此,元件可绕轴旋转同时可沿轴平移,具有一个旋转自由度和一个平移自由度,总自由度为 2。轴对齐约束可选择直边、轴线或圆柱面,可反向。

- 平面:由一个平面约束组成,也就是确定了元件上某平面与组件上某平面之间的距离(或重合)。元件可绕垂直于平面的轴旋转并在平行于平面的两个方向上平移,具有一个旋转自由度和两个平移自由度,总自由度为 3,可指定偏移量,可反向。

- 球:由一个点对齐约束组成。元件上的一个点对齐到组件上的一个点,比轴承连接少了一个平移自由度,可以绕对齐点任意旋转,具有 3 个旋转自由度,总自由度为 3。

- 焊缝:两个坐标系对齐,元件自由度被完全消除。连接后,元件与组件成为一个主体,相互之间不再有自由度。如果将一个子组件与组件用焊接连接,子组件内各零件将参考组件坐标系发按其原有自由度的作用,总自由度为 0。

- 轴承:由一个点对齐约束组成。它与机械上的"轴承"不同,是元件(或组件)上的一个点对齐到组件(或元件)上的一条直边或轴线上,因此,元件可沿轴线平移并任意方向旋转,具有一个平移自由度和 3 个旋转自由度,总自由度为 4。

- 常规:也就是自定义组合约束,用户可根据需要指定一个或多个基本约束来形成一个新的组合约束,其自由度的多少因所用的基本约束种类及数量不同而不同。在定义的时候,可直接选取要使用的对象,此时在类型处开始显示为"自动",然后根据所选择的对象系统自动确定一个合适的基本约束类型。

- 6DOF:即 6 自由度,也就是对元件不做任何约束,仅用一个元件坐标系和一个组件坐标系重合来使元件与组件发生关联。元件可任意旋转和平移,具有 3 个旋转自由度和 3 个平移自由度,总自由度为 6。

  万向:也就是万向节传动。实现一些轴线相关或相对位置经常变化的转轴之间的动力传递。

- 槽:是两个主体之间的一个点—曲线连接。从动件上的一个点,始终在主动件上的一根曲线(3D)上运动。槽连接只使两个主体按所指定的要求运动,不检查两个主体之间是否干涉,点和曲线甚至可以是零件实体以外的基准点和基准曲线,当然也可以在实体内部。

12.2.3　运动轴设置

在对运动组件完成连接之后,可以通过【运动轴】对话框对连接进行参数设置,控制机构中的运动轴。

在 Creo Parametric 2.0 的机构模式中,用户可在机构树的分支下看到所建立的连接。单击连接按钮,找到需要进行设置的连接轴,然后右击,在弹出的快捷菜单中选择【编辑定义】命令,如图 12-8 所示。

此时会弹出如图 12-9 所示的【运动轴】对话框。

图 12-8　选择【编辑定义】命令

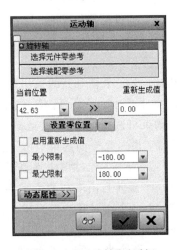

图 12-9　【运动轴】对话框

使用【运动轴】对话框中的选项可设置以下内容:

- 由运动轴连接所连接的主体的当前位置;
- 定义运动轴零位置的几何参考;
- 运动轴再生的位置;
- 运动轴所允许的运动限制;
- 阻碍轴运动的摩擦力。

但是并不能为球接头定义运动轴设置。此外,不能编辑属于多旋转 DOF 连接(例如 6DOF 连接或一般连接)的旋转运动轴。

12.2.4　拖动与快照

定义完连接后,可以使用拖动功能在允许的运动范围内移动元组件,来查看定义是否正确,连接轴是否按照设想方式运动;可以使用快照功能保存当前运动机构的位置状态。使用拖动和快照,能够验证运动关系是否正确,利于添加运动关系,并作为分析的起始点。

单击功能区的【机构】选项卡的【运动】组中的【拖动元件】按钮 🖐️,会弹出【拖动】对话框,如图 12-10 所示,根据需要进行设置即可。

12.2.5　伺服电动机

伺服电动机可以为机构以特定方式提供驱动。通过伺服电动机可以实现旋转及平移运动,并且可以将位置、速度或加速度指定为时间的函数,如常数或线性函数,从而定义运动的轮廓。

在 Creo Parametric 2.0 的机构模式中,可在机构树的分支下右击【伺服电动机】图标 🔧,弹出【伺服电动机定义】对话框,新建或编辑伺服电动机,如图 12-11 所示。

【伺服电动机定义】对话框中有【类型】和【轮廓】两个选项卡。

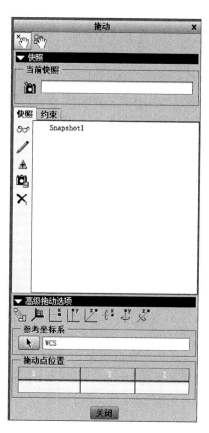

图 12-10　【拖动】对话框

1.【类型】选项卡

选取从动图元能够确定伺服电动机所作用的主体,可以是连接轴,也可以是模型中的几何图元,如图 12-12 所示。

图 12-11　【伺服电动机定义】对话框

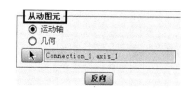

图 12-12　【从动图元】区域

在【从动图元】区域中选中【几何】单选按钮后，【参考图元】和【运动方向】收集器将可用，如图 12-13 所示。

若在【参考图元】收集器中导入了参考，则从动图元将相对于该参考并根据在【轮廓】选项卡上所指定的信息进行运动。

在【运动方向】收集器中，如果选取点作为参考图元，则必须选取边或基准轴来定义方向。如果伺服电动机有旋转运动，则选取的图元应为旋转轴。

利用【反向】按钮，可更改伺服电动机的运动方向。正旋转方向使用右手定则确定，当大拇指和运动轴平行并指向运动轴箭头方向时，四指弯曲的方向即为正旋转方向。

在【运动类型】区域中，可以为图元的运动建立方向基准，包括平移和旋转两种方式。其中，平移指沿直线移动模型，不进行旋转；旋转指绕着某个轴移动模型。

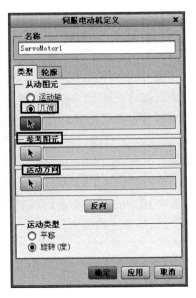

图 12-13　选中【几何】时的【类型】选项卡

2.【轮廓】选项卡

利用伺服电动机的【轮廓】选项卡能够指定伺服电动机的位置、速度和加速度随时间变化的规律，如图 12-14 所示。

- 规范：定义从伺服电动机获得的运动类型，在【规范】下拉列表中有位置、速度和加速度 3 个选项，如图 12-15 所示。

从该下拉列表中选取"加速度"，可以指定伺服电动机关于其加速度的运动，还可以为加速度伺服电动机输入【初始角】和【初始角速度】值。其中，【初始角】用于定义伺服电动机的起始位置。【初始角速度】用于定义分析开始时伺服电动机的速度，如图 12-16 所示。

图 12-14　【轮廓】选项卡

图 12-15　【规范】下拉列表

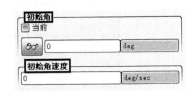

图 12-16　初始角速度

- 模：用于定义电动机的运动轮廓。定义模时，需选定模函数并输入函数的系数值。对于伺服电动机，函数中的 X 为时间，对于执行电动机，函数中的 X 为时间或选取的测量参数。在其下拉列表中有 9 种模函数，即常量、斜坡、余弦、SCCA、摆线、抛物线、多项式、表和用户定义。
  - 常量：函数为 $q=A$，其中，A 为一常数。此函数用于需要恒定轮廓时。
  - 斜坡：即线性，函数为 $q=A+B\times X$，其中，A 为一常数，B 为斜率。此函数用于轮廓随时间做线性变化时。
  - 余弦：函数为 $q=A\times\cos(360\times X/T+B)+C$，其中，$A$ 为幅值，B 为相位，C 为偏移量。此函数用于轮廓呈余弦规律变化时。
  - SCCA：此函数只能用于加速度伺服电动机，不能用于执行电动机，用来模拟凸轮轮廓输出。SCCA 称为"正弦-常数-余弦-加速度"运动。
  - 摆线：函数为 $q=L\times X/T-L\times\sin(2\times pi\times X/T)/2\times pi$，其中，$L$ 为总高度，T 为周期。此函数用于模拟凸轮轮廓输出。
  - 抛物线：函数为 $q=A\times X+(1/2)\times B\times X^2$，其中，$A$ 为线性系数，B 为二次项系数。此函数用于模拟电动机的轨迹。
  - 多项式：函数为 $q=A+B\times X+C\times X^2+D\times X^3$，其中，$A$ 为常数，B 为线性系数，C 为二次项系数，D 为三次项系数。此函数用于模拟一般的电动机轨迹。
  - 表：就是指定 N 个点，以这些点为结点，按线性或样条插值的方式构建一条通过所有点的曲线，这条曲线就是电动机的轮廓。注意，样条拟合构建的曲线比线性拟合构建的曲线平滑一点。
- 图形：定义图形显示的布局，即可以用图形分别表示伺服电动机的位置分布、速度分布和加速度分布。

若选中【在单独图形中】复选框，表示在单独的图形中显示分布。单击【绘制选定电动机】按钮 ∠，会打开【图形工具】窗口，其中显示了已定义的图形。

12.2.6　运动副

在 Creo Parametric 2.0 的机构模式中，提供了齿轮、凸轮、带、3D 接触等多种运动副形式。在功能区的【机构】选项卡的【连接】组中单击相应的按钮即可进行相应的设置。

- 【凸轮】按钮 ：用凸轮的轮廓去控制从动件的运动规律。
- 【齿轮】按钮 ：用来控制两个旋转轴之间的速度关系。
- 【带】按钮 ：通过两带轮曲面与带平面重合连接。
- 【3D 接触】按钮 ：元件不做任何约束，只对三维模型进行空间点重合，从而使元件与组件发生关联。元件可任意旋转和平移，具有 3 个旋转自由度和 3 个平移自由度，总自由度为 6。

12.3　设置运动环境

如果要进行机构动力学分析，例如动态、静态和力平衡分析，则要增加重力、弹簧、阻尼器、力/扭矩等建模图元。

12.3.1　重力

单击功能区的【机构】选项卡的【属性和条件】组中的【重力】按钮 ，弹出【重力】对话框,如图 12-17 所示,为模型定义重力加速度数值及方向来模拟重力对组件运动的影响,组件中的主体(除基础主体外)将沿指定的重力加速度的方向移动。

在一般情况下,重力并未被启用,在分析过程中要使组件模拟真实的重力环境,单击【分析】组中的【机构分析】按钮 ,弹出【分析定义】对话框,如图 12-18 所示,在【外部载荷】选项卡中选中【启用重力】复选框。

图 12-17　【重力】对话框

图 12-18　【分析定义】对话框

12.3.2　执行电动机

使用执行电动机可以为运动机构施加特定的载荷。执行电动机通过以单个自由度施加力(沿着平移或旋转运动轴,或槽轴)来产生运动。如果执行电动机沿着曲线而行,则称为槽电动机。

执行电动机通常对平移或旋转连接轴施加力而引起运动,用户可根据需要在机构的运动轴上放置任意数目的执行电动机,以准备进行动态分析,可以在每个动态分析的定义中打开或关闭一个、多个或所有执行电动机。

单击功能区的【机构】选项卡的【插入】组中的【执行电动机】按钮 ,可弹出【执行电动机定义】对话框,创建或编辑执行电动机,如图 12-19 所示。

【执行电动机定义】对话框中包含下列选项。

- 运动轴:执行电动机需要选取连接轴以施加作用。
- 模:指定执行电动机的模,可以是一个常量,也可以由所选的函数来定义,如图 12-20 所示。

图 12-19　【执行电动机定义】对话框　　　　图 12-20　模类型

- Variable：在定义模的函数中，指定用 X 表示的独立变量。当模为常量时，该区域不可用。当以分析的时间函数定义模时，函数表达式中的所有 X 变量都替换为时间。当以之前创建的任何位置或速度测量函数定义模时，在函数表达式中将所有 X 变量都替换为测量值。
- 【绘制选定电动机】按钮 ⊠：单击该按钮会打开【图形工具】窗口，如图 12-21 所示。使用此窗口可以图形方式查看执行电动机的模，它是时间或测量的函数。

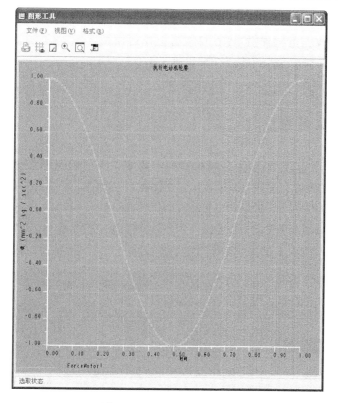

图 12-21　【图形工具】窗口

12.3.3 弹簧

通过弹簧,可以在机构中生成平移或旋转弹力。弹簧被拉伸或压缩时将产生线性弹力,在旋转时将产生扭转力,这种力能使弹簧返回平衡位置。用户可以沿着平移轴或在不同主体上的两点间创建一个拉伸弹簧,也可以沿着旋转轴创建一个扭转弹簧。

单击功能区的【机构】选项卡的【插入】组中的【弹簧】按钮 ![spring icon],会打开【弹簧】操控面板,如图 12-22 所示。

图 12-22 【弹簧】操控面板

图 12-23 选择【编辑定义】命令

【弹簧】操控面板中包含以下选项。

- ![icon]:将弹簧类型设置为延伸或压缩。
- ![icon]:将弹簧类型设置为扭转。
- K:设置弹簧刚度系数。
- 当前:显示弹簧参考点与运动轴参考(平移)或角(旋转运动轴)之间的当前距离。
- U:设置弹簧未拉伸时的长度。

创建完成后,如需编辑弹簧,可在机构树内找到弹簧,然后右击,从弹出的快捷菜单中选择【编辑定义】命令来进行重新定义,如图 12-23 所示。

12.3.4 阻尼器

阻尼器是一种负荷类型,可用来模拟机构上真实的力。阻尼器产生的力会消耗运动机构的能量并阻碍其运动。例如,可使用阻尼器代表将液体推入柱腔的活塞做减慢运动的粘性力。阻尼力始终和应用该阻尼器的图元的速度成比例,且与运动方向相反。

单击功能区的【机构】选项卡的【插入】组中的【阻尼器】按钮 ![icon],打开【阻尼器】操控面板,创建阻尼器模拟机构上的力,如图 12-24 所示。

图 12-24 【阻尼器】操控面板

- ⊣：将阻尼器类型设置为延伸或压缩。
- ♨：将阻尼器类型设置为扭转。
- c：设置阻尼系数。

12.3.5　力/扭矩

用户可以通过定义力/扭矩来模拟机构运动的外部环境。

单击功能区的【机构】选项卡的【插入】组中的【力/扭矩】按钮，会弹出【力/扭矩定义】对话框，从而创建力/扭矩，如图 12-25 所示。

- 类型：选取要施加的力的类型，有【点力】、【主体扭矩】、【点对点力】3 种类型。
- 模：指定力/扭矩的模。
- 方向：指定力/扭矩的方向，有【键入的矢量】、【直边、曲线或轴】和【点到点】3 个可选项。在【方向相对于】区域中有【基础】和【主体】两个选项，用户在定义时一定要明确方向是相对于基础还是主体，如图 12-26 所示。

图 12-25　【力/扭矩定义】对话框

图 12-26　【方向】选项卡

- 键入的矢量：是指在可用一组笛卡儿轴 X、Y、Z 来指定的三维空间中的向量定义方向。通过选择一个主体并输入坐标来指示向量方向，方向是相对于选定主体坐标系的原点的，可选取 WCS 或主体坐标系。
- 直边、曲线或轴：在组件中选取一条直边、曲线或基准轴来定义速度向量的方向。
- 点到点：选取两个主体点或顶点，一个作为向量的原点，另一个用来指示方向。

12.3.6　初始条件

初始条件定义初始位置和初始速度，是定义机构动力学分析的初始条件。

单击功能区的【机构】选项卡的【属性和条件】组中的【初始条件】按钮，会弹出【初始条件定义】对话框，如图 12-27 所示。

- 快照：通过选择主体的定位方式来确定装配模型中所有体的位置初始条件。
- 速度条件：根据相应按钮建立相应的速度初始条件。
  - 点速度 ：定义机构模型中某点或顶点处的线速度。
  - 连接轴速度 ：定义运动轴的旋转或平移速度。
  - 角速度 ：定义主体沿已定义向量的角转速。
  - 相对于槽的切线速度 ：定义从动机构点相对于槽曲线的初始切向速度。
  - 评估 ：使用转速约束条件估算模型。
  - 删除 ：删除加亮显示的速度条件。

选取参考图元后，【初始条件定义】对话框展开，显示【模】和【方向】区域，如图 12-28 所示，其中，【方向】用于选择速度向量的方向。

图 12-27　【初始条件定义】对话框

图 12-28　显示模和方向

12.4　分析

12.4.1　位置分析

位置分析可评估机构在伺服电动机驱动下的运动，可以使用任何具有一定轮廓、能产生有限加速度的运动轴伺服电动机，只有运动轴或几何伺服电动机才能包含在位置分析中。

位置分析模拟机构运动,满足伺服电动机轮廓和任何接头、凸轮从动机构、槽从动机构或齿轮副连接的要求,并记录机构中各元件的位置数据,在进行分析时不考虑力和质量。因此,不必为机构指定质量属性。模型中的动态图元,如弹簧、阻尼器、重力、力/扭矩以及执行电动机等,不会影响位置分析。

使用位置分析可以研究以下内容:

(1) 元件随时间运动的位置。

(2) 元件间的干涉。

(3) 机构运动的轨迹曲线。

12.4.2　运动分析

运动学是动力学的一个分支,它考虑除质量和力之外的运动的所有方面。运动分析会模拟机构的运动,满足伺服电动机轮廓和任何接头、凸轮从动机构、槽从动机构或齿轮副连接的要求。运动分析不考虑受力,因此,不能使用执行电动机,也不必为机构指定质量属性。模型中的动态图元,如弹簧、阻尼器、重力、力/扭矩以及执行电动机等,不会影响运动分析。

使用运动分析可获得以下信息:

(1) 几何图元和连接的位置、速度及加速度。

(2) 元件间的干涉。

(3) 机构运动的轨迹曲线。

(4) 捕获机构运动的运动包络。

12.4.3　静态分析

静态学是力学的一个分支,研究机构主体平衡时的受力状况。机构中的所有负荷和力处于平衡状态,并且势能为 0。由于静态分析中不考虑速度及惯性,所以能比运动分析更快地找到平衡状态,在其分析定义对话框中无须对起止时间进行设置。

虽然静态分析的结果是稳态配置,用户在运行静态分析时应切记以下几点:

(1) 如不指定初始配置,单击【运行】按钮时,系统将从当前显示的模型位置开始静态分析。

(2) 运行静态分析时,会出现加速度对迭代数的图形,显示机构图元的最大加速度。随着分析的进行,图形显示和模型显示都会变化,以反映计算过程中到达的中间位置。当机构的最大加速度为 0 时,表明机构已达到稳态。

(3) 通过修改【分析定义】对话框的【首选项】选项卡中的【最大步距因子】,可以调整静态分析中各迭代之间的最大步长。减小此值会减小各迭代之间的位置变化,且在分析具有较大加速度的机构时会很有帮助。

(4) 如果找不到机构的静态配置,则分析结束,机构停留在分析期间到达的最后配置中。

(5) 计算出的任何测量尺寸都是最终时间和位置的尺寸,而不是处理进程的时间历程的尺寸。

12.4.4　动态分析

动态分析是力学的一个分支,主要研究主体运动(有时也研究平衡)时的受力情况以及力之间的关系。

在运行动态分析时,用户应切记以下几点:

(1) 基于运动轴的伺服电动机在动态分析期间都处于活动状态,因此,不能为伺服电动机指定起止时间,而只能指定运行时间。

(2) 运行动态分析时,可添加伺服电动机和执行电动机。

(3) 如果伺服电动机或执行电动机具有不连续轮廓,在运行动态分析前会使其轮廓连续。

(4) 运行动态分析时,可使用【外部载荷】选项卡添加力/扭矩。

(5) 运行动态分析时,可考虑或忽略重力和摩擦力。

在开始动态分析时,通过指定持续时间为 0 并照常运行,可计算位置、速度、加速度和反作用力,系统会自动确定用于计算的合适的时间间隔。如果用图形表示分析的测量结果,则图形将只包含一条线。

12.4.5　力平衡分析

力平衡分析用于分析机构处于某一形态时,为保证其静平衡所需施加的外力。力平衡分析需要使机构保持零自由度,且进行自由度检测,输入力的方向后,即可按照所需方向计算出保持平衡状态的力的大小。

12.5　获取分析结果

分析结果是机构分析的主要目的。在使用机构分析工具对创建的机构模型进行分析后,用本节介绍的回放、测量、轨迹曲线等工具将分析结果表达出来,有利于对机构进行直观分析、对设计结果进行优化。

12.5.1　回放

回放用来查看机构中零件的运动干涉情况,创建运动包络,并可将分析的不同部分组合成一段影片,显示力和扭矩对机构的影响,以及在分析期间跟踪测量的值。

单击功能区的【机构】选项卡的【分析】组中的【回放】按钮 ◀▶,会弹出【回放】对话框,如图 12-29 所示。

图 12-29　【回放】对话框

- ◀▶：回放分析并打开【动画】对话框，使用其中选项可控制回放速度和方向。
- ☞：恢复结果集，同时会打开一个对话框，其中列出了之前保存的结果集文件，可以浏览并从磁盘中选取一个已保存的结果集，如图 12-30 所示。

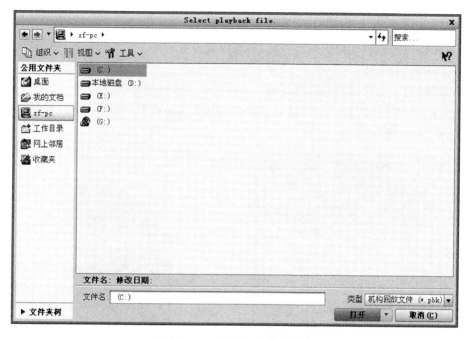

图 12-30　选取已保存的结果集

- ▯：将文件保存到磁盘上。
- ✕：从进程中移除当前结果。
- ▯：输出结果集。当前结果集被保存为带有.fra 扩展名的帧文件。
- ✉：打开【创建运动包络】对话框。
- 结果集：在当前进程中显示分析结果和已保存的回放文件。
- 碰撞检测设置：指定结果集回放中是否包含冲突检测、包含多少以及回放如何显示冲突检测。
- 影片进度表：为回放指定开始时间和终止时间。
- 显示箭头：选取测量和输入载荷。在回放期间，软件将所选测量和负荷以三维箭头显示。

12.5.2　测量

　　用户可以创建测量，用来分析机构在整个运动过程中的各种具体参数，如位置、速度、力等，为改进设计提供资料。在创建分析之后即可创建测量，但查看测量的结果必须有一个分析的结果集，与动态分析相关的测量，一般应在运行分析之前创建。
　　单击功能区的【机构】选项卡的【分析】组中的【测量】按钮 ⊠，会弹出【测量结果】对话框，如图 12-31 所示，在其中可新建、编辑、删除、复制测量。载入一个结果集后，选择此结果

集,可查看所创建的测量在此结果集中的结果。单击对话框左上角的【绘制图形】按钮 ◪,
将以曲线图表示所选测量在当前结果集中的结果。

12.5.3 轨迹曲线

轨迹曲线用来表示机构中的某一点、边或曲线相对于另一零件的运动,分为【轨迹曲线】
和【凸轮合成曲线】两种。【轨迹曲线】表示机构中的某一点或顶点相对于另一零件的运动。
【凸轮合成曲线】表示机构中的某曲线或边相对于另一零件的运动。

单击功能区的【机构】选项卡的【分析】组中的【轨迹曲线】按钮 ◪,会弹出【轨迹曲线】对
话框,如图 12-32 所示。

图 12-31　【测量结果】对话框

图 12-32　【轨迹曲线】对话框

用户必须先从分析运行创建一个结果集,然后才能生成这些曲线。使用当前进程中的
结果集,或通过装载之前进程中的结果文件,可生成轨迹曲线或凸轮合成曲线。

12.6　综合实例

1. 装配模型

(1) 打开 Creo Parametric 2.0 界面,单击快速访问工具栏上的【新建】按钮 ▯,在弹出
的【新建】对话框中选择【类型】为【零件】、子类型为【实体】,并输入名称,如图 12-33 所示,然
后单击【确定】按钮。

(2) 单击功能区的【模型】选项卡的【基准】组中的【草绘】按钮 ◪,在弹出的【草绘】对话
框中选择 FRONT 平面作为绘制平面,如图 12-34 所示,然后单击【草绘】按钮。

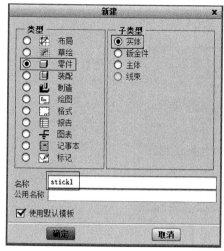

图 12-33　新建实体零件

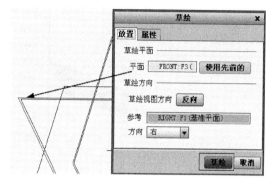

图 12-34　选择草绘平面

（3）在【草绘】操控面板中单击【矩形】按钮 □ ，绘制如图 12-35 所示的矩形，然后单击
【尺寸】组中的【法向】按钮 ↦ ，选择对象，修改尺寸长为 300.00、宽为 40.00，再单击 ✔ 按
钮，完成草绘。

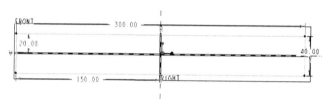

图 12-35　草绘矩形

（4）单击功能区的【模型】选项卡的【形状】组中的【拉伸】按钮 ，在打开的【拉伸】操控
面板中选择【拉伸为实体】 □ ，并设置拉伸厚度为 10.00，然后单击 ✔ 按钮，完成拉伸，如
图 12-36 所示。

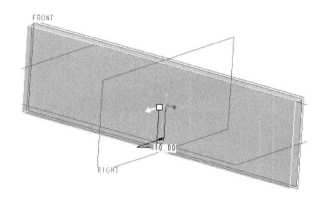

图 12-36　拉伸为实体

（5）单击【草绘】按钮 ，在弹出的【草绘】对话框中选择实体表面作为绘制平面，如图 12-37 所示，然后单击【草绘】按钮。

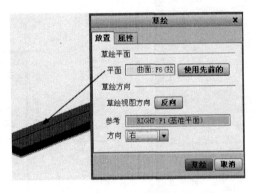

图 12-37　选择草绘平面

（6）在【草绘】操控面板中单击【圆】按钮 ○ ，绘制如图 12-38 所示的两个圆形，然后单击【法向】按钮 ，选择对象，修改直径尺寸为 20.00，再单击 ✓ 按钮，完成草绘。

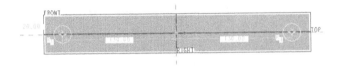

图 12-38　绘制圆形

（7）单击功能区的【模型】选项卡的【形状】组中的【拉伸】按钮 ，在打开的【拉伸】控制面板中选择【拉伸为实体】 、【移除材料】 ，并选择拉伸方式为与所有平面相交 ，单击 按钮，完成拉伸，如图 12-39 所示。

图 12-39　拉伸定义

（8）绘制完成的杆 stick01 如图 12-40 所示，单击【保存】按钮 ，将文件保存到指定文件夹。

图 12-40　绘制完成的杆 stick01

（9）同样的方法，绘制长 260.00、宽 40.00、两孔直径为 20.00 的杆 stick02，拉伸为实体并保存零件，如图 12-41 所示。

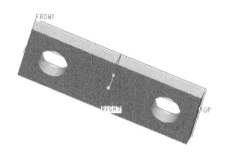

图 12-41　绘制完成的杆 stick02

（10）同样的方法，绘制长 180.00、宽 40.00、两孔直径为 20.00 的杆 stick03，拉伸为实体并保存零件，如图 12-42 所示。

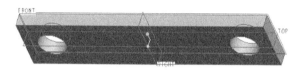

图 12-42　绘制完成的杆 stick03

（11）同样的方法，绘制长 160.00、宽 40.00、两孔直径为 20.00 的杆 stick04，拉伸为实体并保存零件，如图 12-43 所示。

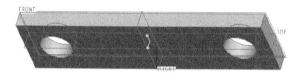

图 12-43　绘制完成的杆 stick04

（12）单击【新建】按钮 □ ，在弹出的【新建】对话框中选择【类型】为【装配】、子类型为【设计】，并输入名称 fourstick，如图 12-44 所示，然后单击【确定】按钮。

（13）单击功能区的【模型】选项卡的【元件】组中的【组装】按钮 ，在弹出的【打开】对话框中选择之前绘制的杆 stick01，如图 12-45 所示。

（14）单击【打开】按钮，在打开的【元件放置】操控面板中选择约束类型为固定，如图 12-46 所示，并设置为完全约束，然后单击 按钮，完成装配。

（15）继续单击【组装】按钮 ，在【打开】对话框中打开之前绘制的杆 stick02，然后在打开的【元件放置】操控面板中设置装配方式为【销】，如图 12-47 所示。

图 12-44　新建组件

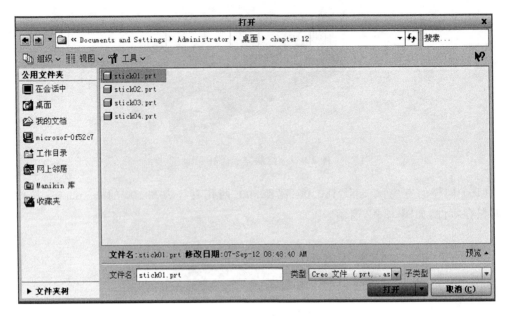

图 12-45　打开杆 stick01

图 12-46　装配杆 stick01

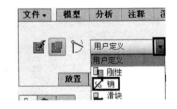

图 12-47　设置装配方式

（16）设置装配方式为【销】之后，选择零件 stick02 的轴 A_1，使之与零件 stick01 的轴 A_1 对齐，如图 12-48 所示。

图 12-48　设置两轴对齐

（17）设置轴对齐之后，平移 stick02，设置两杆表面相贴，如图 12-49 所示，完成前两轴的约束设置。然后单击 ✔ 按钮，完成装配。

图 12-49　完成约束

（18）同样的方法，继续第 3 杆的装配，设置装配方式为【销】，选择零件 stick03 的轴 A_1，使之与零件 stick02 的轴 A_2 对齐，如图 12-50 所示。

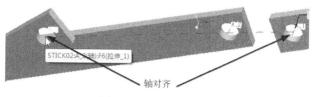

图 12-50 装配第 3 杆

（19）设置轴对齐之后，平移 stick03，设置 stick03 与 stick02 两杆表面相贴，如图 12-51 所示，完成第 3 杆的约束设置。然后单击 ✓ 按钮，完成装配。

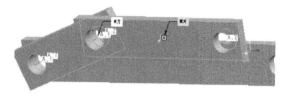

图 12-51 装配完成的前 3 杆

（20）继续单击【组装】按钮 ，打开之前绘制的杆 stick04，设置装配方式为【销】，选择零件 stick04 的轴 A_1，使之与零件 stick03 的轴 A_2 对齐，并进行平面配对，如图 12-52 所示。

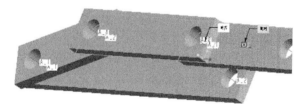

图 12-52 装配第 4 杆

（21）单击【元件放置】操控面板上的【放置】标签，打开【放置】选项卡，如图 12-53 所示。然后单击【新建集】按钮，创建新的约束集。

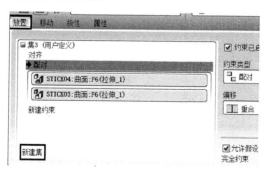

图 12-53 新建集

（22）在新建的约束中将 stick04 的轴 A_2 与零件 stick01 的轴 A_2 对齐，完成如图 12-54 所示的装配。

图 12-54　完成 4 杆装配

2. 建立运动模型

（1）单击功能区的【应用程序】选项卡的【运动】组中的【机构】按钮，如图 12-55 所示，打开【机构】操控面板。

图 12-55　启动机构模块

（2）单击【机构】选项卡的【运动】组中的【拖动元件】按钮，弹出【拖动】对话框，然后单击【拍下当前配置的快照】按钮，创建当前快照，如图 12-56 所示。

（3）单击【机构】选项卡的【属性和条件】组中的【初始条件】按钮，弹出【初始条件定义】对话框，在【快照】下拉列表中选择 Snapshot1，单击【定义运动轴速度】按钮，并在装配图中选择运动轴，定义模为 36，如图 12-57 所示，然后单击【确定】按钮。

图 12-56　创建当前快照

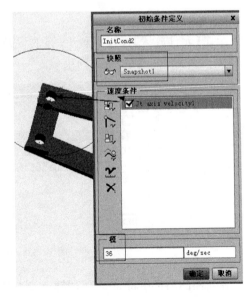

图 12-57　【初始条件定义】对话框

（4）单击【机构】选项卡的【插入】组中的【伺服电动机】按钮 ，弹出【伺服电动机定义】对话框，在【类型】选项卡中选取【从动图元】为【运动轴】，然后单击 按钮，在装配体内选取运动轴，如图 12-58 所示。

（5）切换到【轮廓】选项卡，在【规范】下拉列表中选择【速度】，在【模】下拉列表中选择【常数】，定义模为 36，如图 12-59 所示，单击【确定】按钮。

图 12-58　选取从动图元

图 12-59　定义伺服电动机

此时，伺服电动机图标出现在装配体旋转轴上，如图 12-60 所示。

3. 运动分析

（1）单击功能区的【机构】选项卡的【分析】组中的【机构分析】按钮 ，弹出【分析定义】对话框，如图 12-61 所示，设置【初始配置】为【快照】，其他配置不变，单击【运行】按钮，此时装配体开始模拟运动。

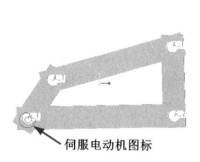

图 12-60　伺服电动机图标

图 12-61　【分析定义】对话框

（2）单击【回放】按钮 ◀▶，弹出【回放】对话框，如图 12-62 所示，可见分析结果显示在结果集内。

（3）单击【回放】对话框中的【播放当前结果集】按钮 ◀▶，弹出【动画】对话框，单击【播放】按钮 ▶，模拟运动开始播放，如图 12-63 所示。

图 12-62　【回放】对话框

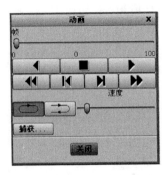

图 12-63　【动画】对话框

（4）在【回放】对话框中单击【将当前结果集保存到磁盘】按钮，将.pbk 文件保存到指定位置，如图 12-64 所示。

图 12-64　保存分析文件

（5）单击【机构】选项卡的【分析】组中的【轨迹曲线】命令，弹出【轨迹曲线】对话框，单击 按钮，在模型上选取一点，绘制该点的轨迹曲线，如图 12-65 所示。

（6）在【轨迹曲线】对话框的【结果集】区域选取结果集，并单击【预览】按钮，在图中会出现该点的运动轨迹，如图 12-66 所示。

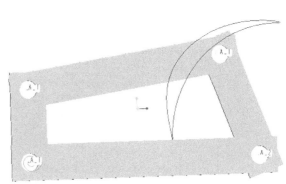

图 12-65　【轨迹曲线】对话框　　　　　　　　图 12-66　预览轨迹曲线

　　（7）单击【机构】选项卡的【分析】组中的【测量】按钮 ⊠，弹出【测量结果】对话框，在其中单击【创建新测量】按钮 ▢，如图 12-67 所示。

　　（8）弹出【测量定义】对话框，单击 ▶ 按钮在图中选取要测量的点，在【类型】下拉列表中选取【位置】，并选取【分量】为【X 分量】，如图 12-68 所示，单击【确定】按钮。

图 12-67　【测量结果】对话框　　　　　　　　图 12-68　新建测量

　　（9）回到【测量结果】对话框，在【结果集】区域选取分析结果，并单击【绘制图形】按钮 ⊠，打开【图形工具】窗口，在其中会出现该点 X 分量的图形，如图 12-69 所示。

　　（10）单击【保存】按钮 ▣，保存完成的机构模拟。

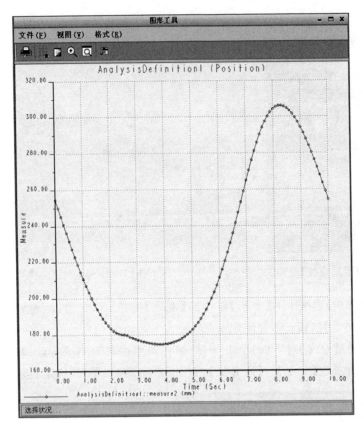

图 12-69　位置测量结果

第 13 章　结构/热分析

13.1　Creo Simulate 简介

　　Creo Simulate 是一种多学科的 CAE(Computer Aided Engineering,计算机辅助工程)工具,可用来模拟模型的物理行为,帮助用户了解和改进设计的机械性能。用户可以直接计算应力、挠度、频率、热传递路径及其他因子,这些因子可表明模型在测试实验室或真实环境中如何工作。

13.1.1　模块分类

　　Creo Simulate 产品线提供了两个模块,即结构模块和热模块,每种模块针对不同系列的机械特性解决问题。

　　结构模块(Mechanical):此模块用于评估零件或组件(装配)模式下的结构特性。此模块允许为模型创建结构载荷和约束,然后执行静态分析、模态分析、预应力分析、失稳分析和振动分析,还可以评估模型的疲劳寿命和解决接触问题。用户可以使用此模块解决涉及小变形和大变形以及使用各向同性和非各向同性、线性弹性、非线性超弹性和弹塑性等各种材料的静态问题。

　　热模块(Thermal):此模块用于评估零件或组件模式下的热行为。此模块允许对模型施加热载荷、规定的温度和对流条件,然后执行稳态或瞬态热分析。用户可使用这些分析结果来研究模型中的热传递,根据热力状态进行灵敏度分析和优化设计,还可以将热分析结果作为结构模块中温度载荷的基础。

13.1.2　模块功能

1. 结构模块的功能

　　Creo Simulate 结构模块可使设计工程师评估、了解和优化其设计在真实环境中的静态和动态结构性能。结构模块特有的自适应求解技术支持自动进行快速、准确的求解,有助于提高产品质量并降低设计成本。除自身固有的求解器外,结构模块的 FEM 模式还提供了专门分析,自动为第三方有限元求解器(例如 NASTRAN 和 ANSYS)创建完全关联的 FEA 网格。

　　结构模块主要具有以下功能:

　　(1) 通过对模型几何施加属性、载荷和约束,为设计设置真实环境。

　　(2) 控制 Creo Simulate 网格化模型的方式,以确保最有效求解。

　　(3) 通过在运行模拟之前指定收敛性设置来预先定义求解精度级别,并在 Creo

Simulate 自动检查错误、收敛到精确解并生成校验收敛性信息的过程中进行监视。

（4）使用 Creo Simulate 的自适应求解器功能或使用 FEM 模式，通过 NASTRAN 或 ANSYS 求解有限元模型。

（5）选择一个或多个在某一范围内变化的敏感度参数，然后查看需要输出作为该变化参数的函数的图形。

（6）优化设计以最好地满足设计目标，如最小化设计成本或总应力。例如，可以通过结构模型将装配的质量最小化，同时使应力、一阶模态频率和最大位移保持在限制之内。

（7）以条纹图、轮廓图、矢量和查询图的形式存储并查看选定模型图元上的位移、应力和应变。

2. 热模块的功能

Creo Simulate 热模块为设计工程师提供了专门的工具，可模拟某热载荷下零件和装配的行为。热模块依靠独特的自适应解决方案技术自动提供快速、准确的解决方案，提高产品质量，降低设计成本。除自身固有的求解器外，热模块的集成模式还提供了专门分析，自动为第三方有限元求解器创建完全关联的 FEA 网格。

热模块主要具有以下功能：

（1）通过对模型几何施加热载荷、规定温度和对流及辐射条件来建立真实环境。

（2）根据定义的局部温度、能量范数、全局误差范数或测量来指定收敛设置，然后查看图形来直观地检查收敛行为。

（3）可以及时研究单点处的设计热行为或行为更改时及时研究设计热行为。

（4）使用 Creo Simulate 自适应求解器的功能或使用 FEM，以通过 ANSYS 求解有限元模型。

（5）选择一个或多个敏感度参数以在一个范围内进行变化，然后以图形方式查看作为该变化参数函数的结果。

（6）优化设计以更好地满足设计目标，如最小化最高温度或设计的任何其他方面。例如，可以通过热模块将装配的质量最小化，同时使最大模型温度保持在限制之内。

（7）以条纹图、轮廓图和查询图的形式保存并查看温度、温度梯度和选定模型图元上的热通量的结果。

13.1.3　运行模式

Creo Simulate 具有两种基本模式，即集成模式和独立模式。

（1）集成模式：该模式将 Creo Simulate 功能合并到 Creo Parametric 中。在集成模式下，将在 Creo Parametric 中创建、分析和优化 Creo Simulate 模型，且不用单独启动 Creo Simulate 用户界面。因此，集成模式无须手动在 Creo Parametric 和 Creo Simulate 间来回切换，它是进行零件或装配建模和优化的最简便的方法，也是本章主要叙述的操作模式。

（2）独立模式：该模式在单独的用户界面中工作，可以通过 Creo Simulate 应用程序独立使用、分析和优化在 Creo Parametric 或其他 CAD 系统中创建的模型，并且可以完全独立于 Creo Parametric 运行模拟研究。

两种不同模式的操作界面有所不同。

1. 集成模式界面

在 Creo Parametric 主界面中,选择【文件】|【打开】菜单命令,打开一个任意的 Creo 零件文件后,在【应用程序】选项卡的【模拟】组中会出现如图 13-1 所示的 Simulate 按钮 。

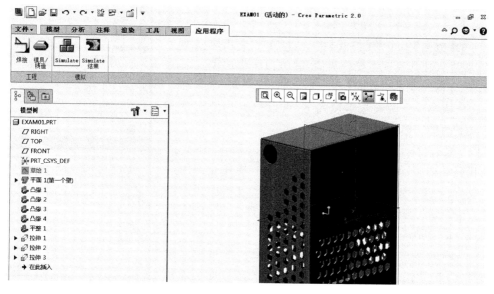

图 13-1 集成模式界面

单击 Simulate 按钮 ,会弹出 Simulate 结构/热分析的主操作界面,单击【设置】组中的【结构模式】按钮 或【热模式】按钮 ,将出现不同的工具界面,如图 13-2 所示。

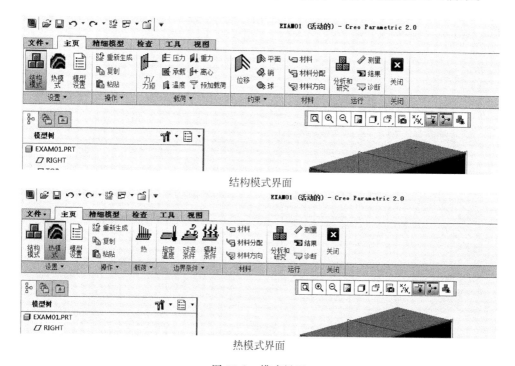

结构模式界面

热模式界面

图 13-2 模式界面

2. 独立模式界面

单击【开始】按钮,然后选择【所有程序】| PTC Creo |
Creo Simulate 2.0 命令,如图 13-3 所示,即可启动 Creo
Simulate 2.0 独立应用程序。

此时进入独立模式界面,如图 13-4 所示。单击【主页】
选项卡的【数据】组中的【打开】按钮,打开一个几何模型文
件后,会进入独立模式主操作界面,其类似于集成模式下的
结构/热分析的主操作界面。

在集成和独立两种基本模式下,可以根据建模需要选
择在以下两种子模式中工作。

(1) 固有(Native)模式:允许使用 Creo Simulate 自适
应 P 代码功能来运行集成和独立模式。固有模式允许用户
创建载荷、约束、理想化、连接、属性和测量等建模图元。在
此模式中,Creo Simulate 使用 P 代码元素网格化模型,并
使用自身的自适应求解器求解。

(2) FEM 模式:允许使用 Creo Simulate 的有限元建
模功能(而非 P 代码功能)运行集成和独立模式。此模式允
许用户创建载荷、约束和理想化等 FEM 建模图元,也可以
用 H 代码元素网格化模型,使用各种有限元求解器(包括
NASTRAN 和 ANSYS)运行分析并审阅运行结果。

图 13-3　启动 Creo Simulate 2.0
独立应用程序

在结构模式或热模式主操作界面下,单击【主页】选项
卡的【设置】组中的【模型设置】按钮 弹出【模型设置】对话框,选中【FEM 模式】复选框来
激活 FEM 模式,如图 13-5 所示。

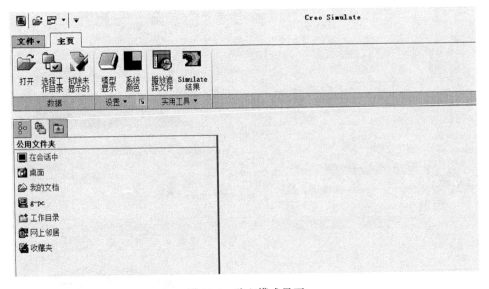

图 13-4　独立模式界面

13.1.4 工作流程

在使用任何一种 Simulate 产品对设计进行分析和优化时,通常都会按特定顺序来完成模拟建模和分析所需的各种操作。所采用的工作流程类型取决于产品的不同,下面分固有模式和 FEM 模式两种类型进行介绍。

在固有模式下分析和优化模型时,将完成以下由 4 个步骤组成的过程:

1. 开发模型

(1) 在 Creo Parametric 中创建模型几何。

(2) 简化模型,目的是减少计算时间。

(3) 定义单位制。

(4) 如果有需要,添加建模先决条件,如坐标系和区域。

(5) 添加材料、载荷、约束、接触和测量。

(6) 增加弹簧、梁、壳等理想化模型。

(7) 检查网格,如网格划分质量不高可能导致计算偏差较大。

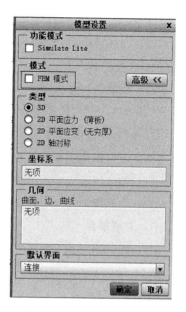

图 13-5 【模型设置】对话框

2. 分析模型

(1) 定义分析。

(2) 运行分析。

(3) 查看分析结果。

3. 定义设计更改

(1) 定义设计研究所需的设计变量。

(2) 查看并修改形状或更改属性。

4. 优化模型

(1) 定义敏感度研究和优化研究。

(2) 运行研究。

(3) 查看研究结果。

(4) 如果对优化结果满意,则更新模型以反映优化的设计。

根据首选项、建模目标和技术,步骤的顺序可能会有所不同,在模型开发阶段更是如此。

在 FEM 模式中分析设计时,通常需要完成以下 5 步过程:

1. 开发模型

(1) 在 Creo Parametric 中创建模型几何。

(2) 简化模型。

(3) 选择或定义单位制。

(4) 如果有需要,添加建模先决条件,如坐标系和区域。

(5) 添加材料、载荷和约束。

（6）添加理想化模型，如壳、弹簧、梁和质量。

（7）添加连接，如焊接、连接和接口。

2．定义分析

（1）选择分析类型。

（2）如果适用，选择要在分析中使用的约束、载荷、模式和频率等。

3．创建并查看网格

（1）应用网格控制。

（2）创建网格。

（3）查看网格，必要时对其进行细化。

4．求解模型

（1）将网格导出到 FEA 求解器，如 NASTRAN 或 ANSYS。

（2）查看导出的网格或者运行分析。

5．查看结果

（1）如果运行分析，可将求解的模型导入 Creo Simulate 的后处理器，并查看结果。

（2）查看模型分析结果的图形再现。

（3）定义结果的 FEA 参数。

（4）查看分析统计结果。

（5）评估 FEM 报告。

以上介绍的工作流程代表了每种产品最常用的方法。当然，在实际操作中存在多种替代方法，其中一些方法会比其他方法更高效。最终制定的工作流程取决于设计过程、预期实现的目标以及模型的性质。

13.2　模型类型

单击【模型设置】对话框中的【高级】按钮可打开该对话框的【类型】部分，选择使用该区域中的 3D 类型或 2D 类型，具体取决于要在 Simulate 中执行何种分析种类。结构和热模块的【模型设置】对话框提供了不同的模型类型。

例如，在结构模块的【模型设置】对话框中提供了以下模型类型，如图 13-6 所示。

- 3D：与模型有关的任何对象均在 XY 平面外（包括理想化、载荷或位移），可以创建壳、连接、梁、质量(仅限结构)、弹簧(仅限结构)、电焊等理想化的三维模型。
- 2D 平面应力(薄板)：可创建一薄壁模型（如一片受拉伸的钣金件），所有分析特征（包括几何形状、载荷、约束等）必须位于 XY 平面内。
- 2D 平面应变(无穷厚)：如果一个方向上的应变可忽略不计，可以采用此种类型，例如长管道、堤坝和防护壁等。2D 平面应变模型代表实际三维模型的单位厚度切面。
- 2D 轴对称：用于分析几何形状、施加的载荷和约束均是轴对称的模型，例如具有柱状和锥状结构的油箱、法兰或某些夹具等。2D 轴对称模型代表实际三维模型的切面，该切面如果绕 Y 轴旋转即成为原始三维结构。

在热模块的【模型设置】对话框中提供了以下模型类型,如图 13-7 所示。

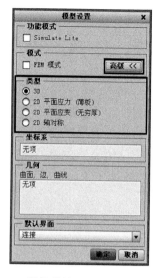

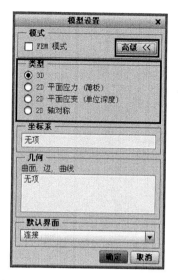

图 13-6　结构模块的【模型设置】对话框　　　　图 13-7　热模块的【模型设置】对话框

- 2D 平面应变(单位深度):如果热流量在某一方向上可以忽略不计(如温度只在两个方向上变化,不会在第 3 个方向上变化),可以采用这种类型。该类型对于在一个方向上较长的结构来说很典型,例如长管道或散热片。2D 平面应变模型代表实际三维模型的切面。
- 2D 轴对称:如果模型的几何形状以及计划施加其上的热载荷、规定温度和对流条件关于轴对称(例如,储藏罐或导管等柱状和锥状结构),可以采用这种类型。2D 轴对称模型代表实际三维模型的切面,该切面如果绕 Y 轴旋转即成为原始三维结构。

13.3　材质分配

对模型进行仿真分析,需要为模型指定一系列的物理属性,例如密度、刚度、比热、表面光洁度等。

在 Simulate 中,可按以下方式使用材料。

(1) 创建新材料。

(2) 将材料分配给元件、体积块区域、理想化和连接。

(3) 编辑、删除和复制现有材料。

(4) 将材料保存到材料库中。

在 Simulate 结构/热分析的主操作界面上,单击【材料】组中的【材料】按钮,会弹出【材料】对话框,如图 13-8 所示,在其中可以创建新材料、编辑或删除现有材料以及处理库中的材料。

【材料】对话框中的按钮和选项如下。

- ：创建新材料,输入适当的材料属性,材料属性中不仅包括结构分析所需的参数,还包括热力学分析及疲劳分析的参数。

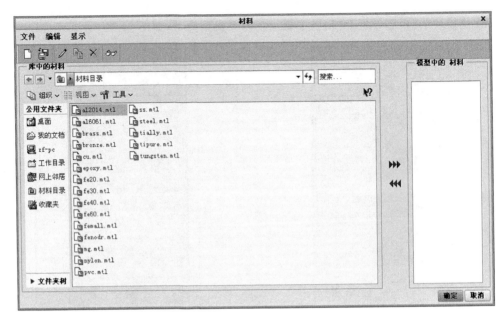

图 13-8 【材料】对话框

-  ：把在【材料】对话框中选择的材料保存到指定的扩展名为.mtl 的文件中。
- ：在显示和隐藏材料说明之间进行切换。
- ：编辑材料。
- ：复制材料。
- ×：删除所选材料。
- ：将材料从库添加到模型。
- ：将材料从模型添加到库。
- 库中的材料：保存在库中的材料的列表。
- 模型中的材料：保存在模型数据库中的材料的列表。

在 Simulate 结构/热分析的主操作界面上，单击【材料】组中的【材料分配】按钮 ，会弹出【材料分配】对话框，如图 13-9 所示，在其中可以将材料分配给元件和体积块区域。

设置过材料的零件上将有相应标示，如图 13-10 所示。

图 13-9 【材料分配】对话框

图 13-10 为零件指定材料

在 Simulate 结构/热分析的主操作界面上，单击【材料】组中的【材料方向】按钮 ，会弹出【材料方向】对话框，如图 13-11 所示。在其中可以为零件和壳指定这些图元的正交各向异性或横向同性材料属性的材料方向，还可以查看相对于与这些图元关联的材料方向的某些结果，如应力、位移、通量等。

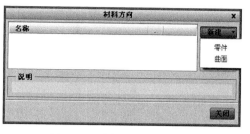

图 13-11　【材料方向】对话框

13.4　约束和载荷

约束和载荷是在 Creo Simulate 中用来仿真实物的重要依据，也是分析和敏感度研究的基础。

13.4.1　约束

约束是针对实际情况，对结构的点、线、面的自由度做限制。

在开始对模型增加约束之前，用户必须先确定是否有以下必须存在的几何和参考。

- 坐标系：每一个约束都需要相对一个既定的坐标系，如果不想使用系统默认的世界坐标系（WCS），也可以自定义坐标系，并将该坐标系变为当前坐标系。通常，可以使用直角坐标系、圆柱坐标系或球面坐标系。
- 基准点：如果打算在一曲线或表面上约束一特定点，则要在该位置上包含一基准点约束。
- 区域：如果打算约束一特定曲面区域，模型需要包含定义该区域的基准曲线轮廓。

为结构模型定义约束，目的是固定模型的几何部分，以便模型不会发生移动，或只以预先确定的方式移动，定义模型相对于坐标系能够运动的范围。在 Simulate 中，假定结构模型中未约束的部分可以在所有方向上自由运动。

当模型出现一组以上的约束时，只允许每个分析中有一个活动的约束集。

此时，有以下约束类型可以选择。

- 位移约束：创建各种基于图元的约束类型。
- 平面约束、销约束和球约束：针对 3D 模型沿平面、圆柱曲面或球形曲面创建约束。
- 对称约束：创建循环或镜像对称约束，该类型在 FEM 模式中不可用。

Simulate 会将指定的约束应用于所有选定的图元，并在每个位置都放置一个约束图标。

对于组件中的压缩实体零件，在可能情况下，Simulate 会在相交中间曲面之间添加一个约束。如果 Simulate 添加了此类约束，被约束的中间曲面在运行期间将被强制共同变形。

1. 位移约束

在 Simulate 结构/热分析的主操作界面上，单击【约束】组中的【位移】按钮 ，会弹出【约束】对话框，如图 13-12 所示，在其中可以定义结构中的位移约束。

（1）名称：定义约束的名称。使用【更改颜色】按钮 可以更改针对该约束显示的图标、分布和文本的颜色。

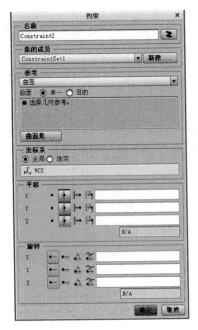

图 13-12　【约束】对话框

（2）集的成员：定义约束集的名称。用户可以从下拉列表中选择现有约束集，或单击【新建】按钮创建新的约束集。

（3）参考：用户可以在打开【约束】对话框之前或之后为这些参考选择几何，如图 13-13 所示，【参考】下拉列表中包含以下几何图元。

- 曲面：一个或多个曲面、零件边界、目的曲面或曲面集。
- 边/曲线：边、曲线、复合曲线或目的链和目的曲线。
- 点：一个或多个点、顶点、点特征、点阵列或目的点。

（4）坐标系：更改参考坐标系。默认值为当前坐标系。

（5）平移：允许模型沿着所参考的笛卡儿坐标系、柱坐标系或球坐标系的主轴移动的范围。其中，进行自由度限制的图标为 · （自由）、$\,$（固定）、$\,$（指定范围）。

（6）旋转：允许模型相对所参考的笛卡儿坐标系、柱坐标系或球坐标系旋转的范围。其中，进行自由度限制的图标为 ← （自由）、$\,$（固定）、$\,$（指定范围）。

建立约束后，视图区域的符号能够表示出 6 个自由度的受限情况，填充的方格表示此项自由度被限制，如图 13-14 所示。第一行表示 X、Y、Z 方向的平移自由度，第二行表示 X、Y、Z 方向的旋转自由度。

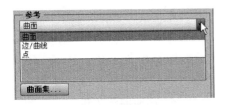

图 13-13　参考收集器中的参考

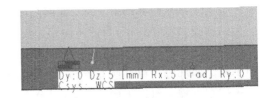

图 13-14　约束符号

2．平面约束、销约束和球约束

在 Simulate 中创建约束时，平面约束、销约束、球约束的对话框类似，下面以平面约束为例进行说明。

在 Simulate 结构/热分析的主操作界面上，单击【约束】组中的【平面】按钮 $\,$ ，会弹出【平面约束】对话框，如图 13-15 所示，在其中可以创建允许平面移动但限制平面偏离位移的约束，但对于此类约束只能选择平面曲面。

【平面约束】对话框具有以下选项。

- 名称：可以为约束指定一个名称。单击【更改颜色】按钮 $\,$ ，可以更改针对平面约束显示的图标、分布和文本的颜色。

图 13-15　【平面约束】对话框

- 集的成员：约束集的名称。用户可以从该下拉列表中选择现有约束集，或单击【新建】按钮创建新的约束集。
- 参考：选择要约束的平面曲面。

根据设计需要，选取要约束的平面曲面，然后单击【确定】按钮，完成平面约束的创建。

图 13-16 【对称约束】对话框

3. 对称约束

在 Simulate 结构/热分析的主操作界面上，单击【约束】组中的【对称】按钮 ⫴，会弹出【对称约束】对话框，如图 13-16 所示。用户可以在固有模式的结构或热模块中使用对称约束命令创建循环或镜像对称约束，但此命令在 FEM 模式中不可用。

（1）名称：定义约束的名称。单击【更改颜色】按钮 ⌷，可以对约束的图标、分布和显示的文本执行更改颜色操作。

（2）集的成员：定义约束集（结构模块中）或边界条件集（热模块中）的名称。用户可以从该下拉列表中选择现有约束集，或单击【新建】按钮创建新的约束集。

（3）类型：选择下列约束类型之一，该对话框会根据选择有所不同。

- 循环：循环对称约束允许分析模拟整个零件或组件行为的循环对称模型的截面。
- 镜像：镜像对称约束会限制垂直于对称平面的平移自由度，并释放绕垂直于对称平面的轴的旋转自由度。

（4）参考：对于镜像约束，可选取点、边、曲线或曲面定义对称的平面。

4. 示例

（1）打开 Creo Parametric，新建零件，并利用拉伸特征绘制如图 13-17 所示的简单零件。

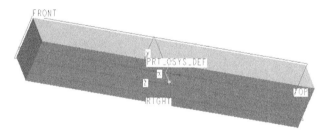

图 13-17 绘制简单零件

（2）单击【应用程序】选项卡的【模拟】组中的 Simulate 按钮 ⌷，启动 Simulate，然后单击【结构模式】按钮 ⌷，再单击【模型设置】按钮，弹出【模型设置】对话框，在其中采用默认设置，单击【确定】按钮，如图 13-18 所示。

（3）单击【主页】选项卡的【材料】组中的【材料】按钮 ⌷，弹出【材料】对话框，从材料库中选择 STEEL，如图 13-19 所示，然后单击【确定】按钮。

（4）单击【主页】选项卡的【材料】组中的【材料分配】按

图 13-18 Simulate 模型设置

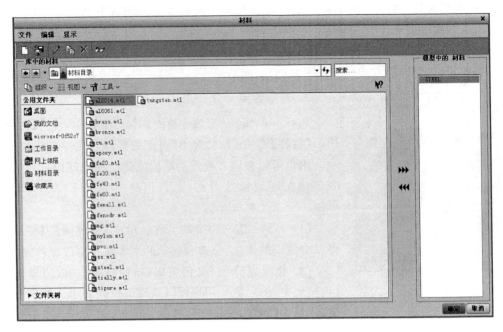

图 13-19　选择材料

钮 ，弹出【材料分配】对话框，为零件选择模型中的 STEEL 材料，如图 13-20 所示，然后单击【确定】按钮。

　　（5）单击【主页】选项卡的【约束】组中的【位移】按钮 ，弹出【约束】对话框，选择一平面作为参考对象，设置平移及旋转均为固定 ，将材料的一端进行固定，如图 13-21 所示。

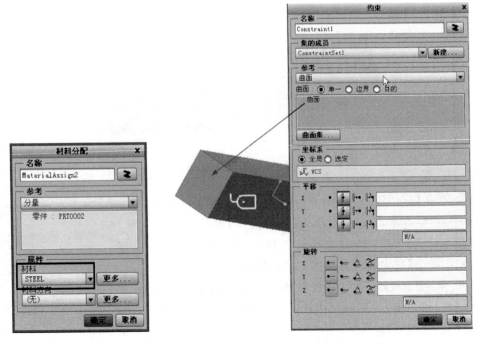

图 13-20　设置材料分配　　　　　　　　　　图 13-21　设置位移约束

完成位移约束的零件如图 13-22 所示。

（6）单击【主页】选项卡的【约束】组中的【对称】按钮 ⫸，弹出【对称约束】对话框，选择两条边线作为参考对象，进行镜像对称约束，如图 13-23 所示。

完成对称约束的零件如图 13-24 所示。

图 13-22 位移约束

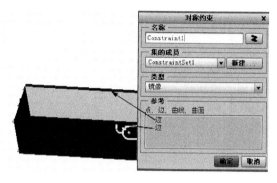

图 13-23 【对称约束】设置

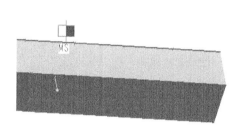

图 13-24 对称约束零件

13.4.2 载荷

载荷是施加到整个或部分结构的力、速度、加速度或力矩等，以模拟真实环境进行分析。

要使 Simulate 能够执行大多数类型的分析，必须至少在模型的一个区域施加载荷，可将载荷组成载荷集。

根据模型类型的不同，结构模块下的载荷类型有：力和力矩载荷、承载载荷（在 FEM 模式中不可用）、离心载荷、重力载荷、压力载荷、温度载荷。

在为模型增加载荷之前，必须确定所有必要的几何和参考都有坐标系、基准点、区域和载荷的名称。

1. 力和力矩载荷

在 Simulate 结构分析的主操作界面上，单击【载荷】组中的【力/力矩】按钮 ⊢，会弹出【力/力矩载荷】对话框，如图 13-25 所示，在其中可以定义结构模块中的力载荷。

- 名称：载荷的名称。单击【更改颜色】按钮 □，可以对针对载荷显示的图标、分布以及文本执行更改颜色操作。
- 集的成员：载荷集的名称。用户可以从该下拉列表中选择现有载荷集，也可以通过单击【新建】按钮打开【载荷集定义】对话框来创建新集。

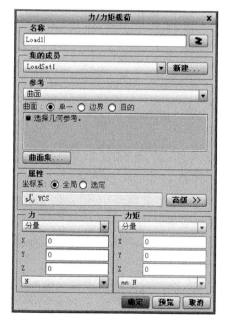

图 13-25 【力/力矩载荷】对话框

- 参考：此下拉列表包括曲面、边/曲线和点几何图元。用户可以在打开【力/力矩载荷】对话框之前或之后选择几何图元。
- 坐标系：用于选择作为载荷参考的坐标系，默认设置为当前坐标系。Simulate 会计算用来指定力或力矩的分量或向量相对于此坐标系的坐标位置。
- 高级：展开对话框，显示【分布】和【空间变化】下拉列表。
- 力：为载荷指定力的大小和方向，从其下拉列表中选择力的单位或接受默认单位。
- 力矩：为载荷指定力矩的大小和方向，从其下拉列表中选择力矩的单位或接受默认单位。
- 预览：在模型中添加一系列箭头，用于表示载荷的位置和分布。

施加完力后，Simulate 会将载荷图标添加到要施加载荷的几何，如图 13-26 所示。

2. 承载载荷

承载载荷是具有特殊用途的载荷，以特定方向逼近力的分布。例如，通过孔的螺栓上的载荷。使用此类型的载荷，预期会得到逐渐减小的载荷分布效果。

在 Simulate 结构分析的主操作界面上，单击【载荷】组中的【承载】按钮 ，会弹出【承载载荷】对话框，如图 13-27 所示。【承载载荷】对话框和【力/力矩载荷】对话框类似，通过该对话框可以在孔曲面或曲线上创建承载载荷。

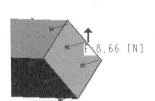

图 13-26　载荷图标

图 13-27　【承载载荷】对话框

在该对话框的【参考】下拉列表中，有两个选项可以选择。

- 边/曲线：可以选取圆柱曲面或孔的边作为参考来施加承载载荷，但只能选取圆形曲线，不能选取椭圆形曲线，此参考类型对三维模型不可用。
- 曲面：可以选取圆柱曲面作为参考，但只能选取圆形曲面，不能选取椭圆形曲面，此参考类型对二维模型不可用。

创建承载载荷的方法和创建力/力矩载荷的方法类似，按照对话框内容依次设置即可，加载承载载荷之后的零件如图 13-28 所示。

3. 压力载荷

压力载荷多用于流体力,如液压、气压等。

正压力载荷的作用方向始终与图元在各个位置处的法向相同,即使图元是弯曲的,在创建图元时 Simulate 也会自动设置图元的法向。

在 Simulate 结构分析的主操作界面上,单击【载荷】组中的【压力】按钮 ,会弹出【压力载荷】对话框,如图 13-29 所示,通过该对话框可以在三维模型曲面或二维模型曲线上创建压力载荷。

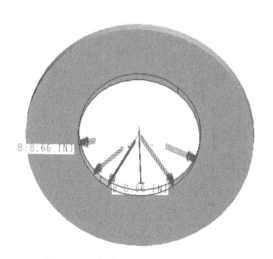

图 13-28　加载承载载荷之后的零件

图 13-29　【压力载荷】对话框

对于二维模型,可以选取限制唯一曲面的曲线,但不能选取基准曲线、自由浮动曲线或多个曲面共用的曲线。

单击该对话框中的【高级】按钮,可通过指定 Simulate 在几何图元上分布载荷的方式来定义空间变化,即通过 Simulate 中支持的空间变化选项可在为其定义载荷的图元上模拟简单和复杂的载荷变化。这些选项对包含局部载荷集中(例如逐渐减小的载荷和反向载荷)的模型很有用,可以选择统一载荷,即在整个所选几何上都相同的载荷。

创建压力载荷的方法和创建其他载荷的方法类似,按照对话框内容依次设置即可,加载压力载荷之后的零件如图 13-30 所示。

4. 重力载荷

在 Simulate 结构分析的主操作界面上,单击【载荷】组中的【重力】按钮 ,会弹出【重力载荷】对话框,如图 13-31 所示,使用该对话框可以创建整个模型上的加速度载荷。

在定义重力载荷时,需指定其所属的载荷集,且每个载荷集只能有一个重力载荷。该对话框中的【加速度】用于指定重力加速度的模和方向,并要选择重力加速度的单位。

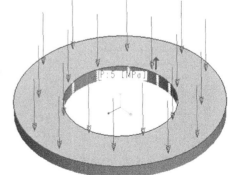

图 13-30　加载压力载荷之后的零件

完成该对话框的设置后,Simulate 会将重力载荷图标置于 WCS 的原点,有一个向量指向载荷的方向,且该向量的端点处标有字母 G,重力载荷作用于零件或组件的重心,如图 13-32 所示。

图 13-31 【重力载荷】对话框

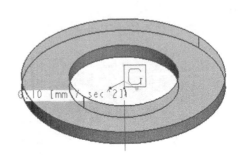

图 13-32 重力载荷图标

5. 离心载荷

在 Simulate 结构分析的主操作界面上,单击【载荷】组中的【离心】按钮 ,会弹出【离心载荷】对话框,如图 13-33 所示。在该对话框中,可以添加由于模型的刚体旋转而施加给整个模型的离心载荷,并可以指定角速度和角加速度,它们可以具有不同的向量方向。

在定义离心载荷时,需指定其所属的载荷集,且每个载荷集只能有一个离心载荷。

该对话框与创建其他载荷时的对话框类似,不同之处为【角速度】和【角加速度】两项。

- 角速度:用于指定向量的方向和大小。速度可以是正值,也可以是负值。对于 2D 轴对称模型,只能指定角速度的大小。
- 角加速度:用于指定向量的方向和大小。角加速度向量是角速度向量的变化率。

完成【离心载荷】对话框的设置后,模型上会出现一个角速度或角加速度载荷图标,这些图标代表向量,且离心载荷的作用方向与加速度的方向相反,如图 13-34 所示。

6. 温度载荷

温度载荷可用于模拟模型中的温度变化。温度载荷提供了有关模型结构在特定的温度变化作用下如何变形的有价值的信息。根据指定的载荷方式,温度变化可能在整个模型中

图 13-33 【离心载荷】对话框

一致,或按照 Simulate 的热分析中的温度分布而变动。在 FEM 模式中,坐标函数也是温度分布选项。

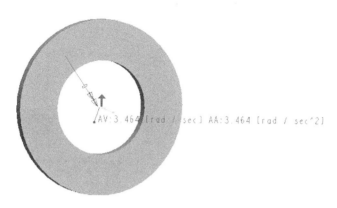

图 13-34 施加离心载荷后的零件

在 Simulate 结构分析的主操作界面上,单击【载荷】组中的【温度】按钮 ,会弹出【结构温度载荷】对话框,如图 13-35 所示,通过该对话框可完成以下操作:

- 创建模型上温度变化所产生的全局和 MEC/T 温度载荷。
- 创建指定图元(FEM 模式)上温度变化所产生的结构温度载荷。
- 将外部温度载荷导入到结构模块中(在 FEM 模式下不可用)。

创建温度载荷后,Simulate 会将载荷图标放置在 WCS 原点附近,如图 13-36 所示。

图 13-35 【结构温度载荷】对话框

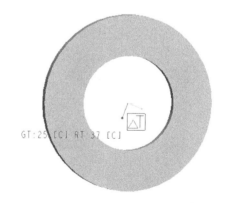

图 13-36 温度载荷示例图

7. 示例

(1) 打开 Creo Parametric,新建零件,然后利用拉伸特征,绘制如图 13-37 所示的简单零件。

(2) 单击【应用程序】选项卡的【模拟】组中的 Simulate 按钮 ,启动 Simulate,然后单击【结构模式】按钮,在弹出的【模型设置】对话框中选择默认设置,单击【确定】按钮,如图 13-38 所示。

图 13-37　绘制零件　　　　　　　　图 13-38　Simulate模型设置

　　（3）单击【主页】选项卡的【载荷】组中的【力/力矩】按钮 ⊢，弹出【力/力矩载荷】对话框，按图 13-39 所示选取【边/曲线】作为参考对象，并设置 X 轴方向的载荷分量为-5N，单击【确定】按钮，完成创建。

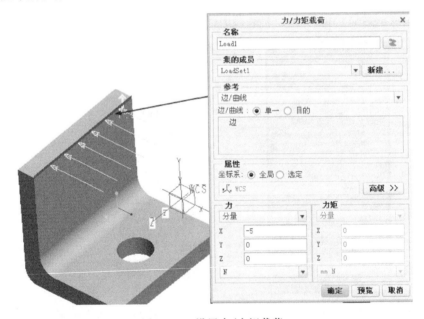

图 13-39　设置力/力矩载荷

　　（4）单击【主页】选项卡的【载荷】组中的【压力】按钮 ，弹出【压力载荷】对话框，按图 13-40 所示选取曲面作为参考对象，并设置压力值为 5Mpa，单击【确定】按钮，完成创建。
　　（5）单击【主页】选项卡的【载荷】组中的【承载】按钮 ，弹出【承载载荷】对话框，按图 13-41 所示选取曲面作为参考对象，并设置 X 轴方向的分量为 5N、Z 轴方向的分离为 5N，单击【确定】按钮，完成创建。
　　完成以上 3 种载荷设置的模型如图 13-42 所示。

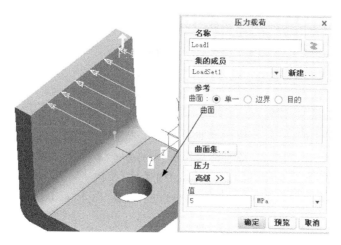

图 13-40　设置压力载荷

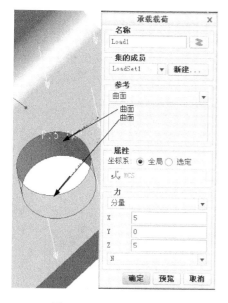

图 13-41　设置承载载荷

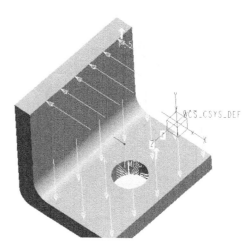

图 13-42　完成载荷设置的零件

13.5　理想化模型

在对结果影响不大的前提下,对模型进行适当的理想化能够节约大量的运算时间,并且有利于模型的进一步评估。

理想化模型就是模型几何的数学近似值,Creo Simulate 用它来模拟一个设计的行为。

在分析期间,Creo Simulate 会在已加入模型的每个理想化模型中计算应力和其他物理量。Creo Simulate 中提供了不同类型的理想化模型供用户选择使用。

1. 质量、弹簧和梁模型

质量、弹簧和梁模型是 Creo Simulate 结构分析中基本的理想化模型,都是以梁模型为主体的。当模型的长度远远大于其他尺寸时,可以使用理想化梁模型。弹簧用于理想化对象之间线性的弹力和扭矩,当忽略形状,只考虑重力时,可以使用质量模型。

在 Creo Simulate 中创建一个梁模型的过程如下,用户可以参考本章 13.10 节的实例(创建了一个理想化的工字梁模型)。

(1) 创建基准线表示梁的起始和终止位置。

(2) 指定梁模型的材料。

(3) 指定梁模型的横断面(横断面通常用于指定梁模型的惯性矩和扭曲刚度)。

(4) 将横断面连接到梁上(通常需要指定梁的方向)。在 Simulate 结构分析的主操作界面上,单击【精细模型】选项卡的【理想化】组中的【梁】按钮 ,弹出【梁定义】对话框来创建梁,它的 3 个必要条件是截面、方向和释放自由度,如图 13-43 所示。

2. 抽壳模型

当模型的厚度远远小于其长度和宽度时,可以使用抽壳模型。抽壳模型通常有【壳】 和【壳对】 两种方式,其中,壳对通过选取多个相互平行的曲面来定义抽壳模型,壳直接通过选取曲面来定义。

在 Simulate 结构分析的主操作界面上,单击【精细模型】选项卡的【理想化】组中的【壳】按钮 ,弹出【壳定义】对话框来创建抽壳模型,对其属性和材质方向要做进一步定义,如图 13-44 所示。

图 13-43　【梁定义】对话框

图 13-44　【壳定义】对话框

13.6 测量

测量是 Simulate 的一个功能强大的模型行为分析工具,用于测量分析或设计研究期间所计算的标量。

通过测量,可以执行某些方面(例如,拉伸、抗压、剪切强度、转动弹性、质量变化、折射行为等)的具体计算。

用户可以使用测量执行以下操作:

(1)设置测量以监视模型性能的特定方面。例如,可以了解与圆角半径相切的应力,以便稍后计算疲劳。

(2)将测量用作分析的收敛条件,或用作设计研究的目标或限制。例如,可以使用测量在局部或全局敏感度设计研究中测量参数变化的敏感度。

(3)使用测量确定形状更改对模型中特定量的影响程度。例如,可以了解更改圆角半径会使圆角处的 Von Mises 应力增加或减少的程度。

(4)使用测量监视模型的动态性能。例如,可以在模型上的某点设置测量以充当加速计,从而测量在动态分析期间该点的加速度变化率,还可以使用动态测量确定模型的速度或位置。

单击【主页】选项卡的【运行】组中的【测量】按钮 ✐,会弹出如图 13-45 所示的【测量】对话框,创建和指定固有模式下的测量。

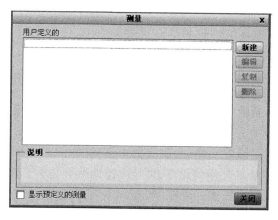

图 13-45 【测量】对话框

13.7 网格划分

网格划分是有限元分析的核心,在 Creo Simulate 的固有模式中采用 AutoGEM 来进行网格划分。

AutoGEM 是 Simulate 自动几何元素的网格生成器,使用 AutoGEM 下拉菜单中的命令在固有模式下创建和处理 AutoGEM 网格。由于 Simulate 的 AutoGEM 网格生成器创建的有限元非常接近基础模型几何,因此这些元素有时也称为几何元素。AutoGEM 下拉菜单中的命令有助于检验 Simulate 是否能够在分析之前成功网格化模型,并允许用户指定网格化期间如何处理模型。

　　网格化模型时,AutoGEM 会使用模型类型的默认类型,除非提前指定其他类型。例如,在三维模型中,实体四面体是默认类型。在创建 AutoGEM 网格之前,用户可手动创建理想化或连接(例如,壳、弹簧、质量、焊缝等),以通过结合能更好地反映模型的方面或行为的其他类型来改变或增强默认 AutoGEM 网格。

　　在固有模式下,【精细模型】选项卡中的 AutoGEM 下拉菜单如图 13-46 所示。

1. 控制网格

　　单击【精细模型】选项卡中的【控制】按钮🟦右侧的三角形,在弹出的下拉菜单中可对模型施加网格控制,从而改进问题区域中的网格。控制网格的下拉菜单如图 13-47 所示。

图 13-46　AutoGEM 下拉菜单　　　　图 13-47　控制网格的下拉菜单

- 最大元素尺寸:选取元件、体积块、曲面、边或曲线,并指定选定图元中包含或与选定图元接触的所有元素的最大元素尺寸。这是默认网格控制类型。
- 边长度除以曲率:选取元件、曲面或曲面集,并指定与凹面相邻的各元素的边长与这些凹面的曲率半径之间的比率,可排除掉曲率半径小于特定值的弯曲曲面。
- 最小边长度:指定边长度。通常,AutoGEM 会网格化模型中的所有边。但是,如果应用此网格控制,AutoGEM 会忽略长度小于等于指定长度的边。
- 排除的隔离:从模型中选取分析期间要隔离的点、边、曲线和曲面。
- 硬点:选取模型上的点、点特征或点阵列来完成网格的创建过程。Simulate 会在每个选定点处创建一个元素结点。
- 硬曲线:选取模型上的基准曲线来完成网格的创建过程。Simulate 会沿每条选定曲线创建元素边。
- 边分布:选取曲面边或曲线,并指定与这些边相关联的结点数。

　　按系统默认网格控制类型选择【最大元素尺寸】,并将最大元素尺寸设置为 1mm,所得结果如图 13-48 所示。

2. 创建 AutoGEM 网格

单击【精细模型】选项卡中的 AutoGEM 按钮 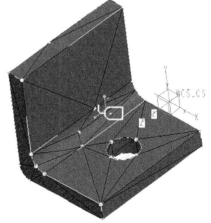，将弹出 AutoGEM 对话框，如图 13-49 所示，通过该对话框中的选项和菜单可创建、审阅并保存 AutoGEM 网格。

图 13-48 最大元素尺寸

图 13-49 AutoGEM 对话框

通过【AutoGEM 参考】区域可以在指定的几何上创建实体、壳和梁元素网格，在其下拉列表中有 4 个选项。

- 具有属性的全部几何：指示 AutoGEM 自动网格化具有已指定属性的所有曲线、曲面和体积块。
- 体积块：允许选取 AutoGEM 要为其创建实体元素的特定体积块。
- 曲面：允许选取曲面，AutoGEM 要为其创建 3D 模型的壳元素、2D 平面应力模型的 2D 板元素以及所有其他 2D 模型的 2D 实体。
- 曲线：允许选取 AutoGEM 要为其创建梁或用于 2D 模型、2D 壳的曲线。

选取完成后，用户可进行以下操作。

- 创建：准备好网格化所选几何时单击此按钮，AutoGEM 开始网格化过程并显示状态消息，用户可通过单击屏幕右下角的停止符号随时中断网格化过程。
- 删除：从所选几何中移除已创建的网格。

单击【创建】按钮可得到如图 13-50 所示的模型结果、如图 13-51 所示的 AutoGEM 摘要及如图 13-52 所示的诊断。

3. 应用 AutoGEM 设置

选择【精细模型】选项卡的 AutoGEM 下拉菜单中的【设置】命令，将弹出【AutoGEM 设置】对话框，如图 13-53 所示，在其中可以修改或查看 AutoGEM 的基本设置和限制，对【AutoGEM 设置】对话框进行调整是更正网格问题的一种可行方法。

图 13-50 创建的 AutoGEM 网格元素

<table>
<tr><td>图 13-51　AutoGEM 摘要</td><td>图 13-52　诊断</td></tr>
</table>

　　第一次打开【AutoGEM 设置】对话框时，Simulate 将对所显示的默认设置进行优化，以便在大多数情况下都能更好地进行网格化。然而，使用这些默认设置，AutoGEM 可能无法网格化所有模型。当模型网格化失败时，可以通过更改 AutoGEM 设置来解决问题，或简单地更改【限制】选项卡中的值。

　　此对话框显示以下区域和选项卡。

- 隔离壳和 2D 实体：确定 AutoGEM 可使用网格细化检测和隔离的图元列表。
- 【设置】选项卡：用于控制元素创建的各种特性，如元素类型和长宽比。
- 【限制】选项卡：用于在 AutoGEM 创建和编辑元素时设置限制，如图 13-54 所示。

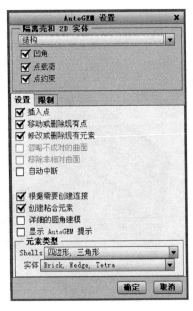

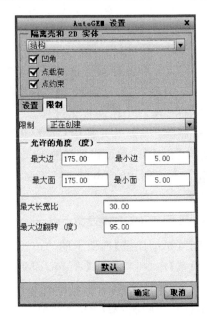

<table>
<tr><td>图 13-53　【AutoGEM 设置】对话框</td><td>图 13-54　【限制】选项卡</td></tr>
</table>

在保存模型时，Simulate 会将 AutoGEM 设置和模型一同保存。重新打开模型时，这些设置随即成为当前设置。

13.8 建立分析和研究

在完成对模型材料、约束、载荷等一系列设置后，即可有针对性地建立所需的分析和研究。

Simulate 会使用分析和研究计算分析的结果或者检查设计的替代方案，确定设计变量对模型形状和行为的影响等。

单击【主页】选项卡的【运行】组中的【分析和研究】按钮，将弹出【分析和设计研究】对话框，如图 13-55 所示，通过该对话框可管理和运行分析与设计研究。

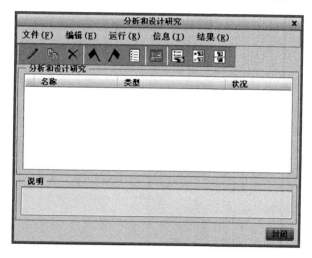

图 13-55 【分析和设计研究】对话框

用户可使用【分析和设计研究】对话框中的菜单命令执行以下任务：

（1）使用文件菜单中提供的命令创建新的分析和设计研究。

（2）使用【编辑】|【分析/研究】命令修改现有分析和设计研究；使用【编辑】|【复制】或【删除】命令复制、删除分析或设计研究。

（3）使用【运行】|【批处理】命令创建批处理文件，以运行多个分析或设计研究。

（4）使用【运行】|【设置】命令或单击工具栏上的【配置运行设置】按钮 设置分析和设计研究运行选项。

（5）使用【运行】|【存储结果】命令将分析结果压缩并存储到 Windchill，文件扩展名为 .mrs。

（6）启动运行之前使用【信息】|【检查模型】命令检查模型是否有错误。

（7）使用【运行】菜单上的【开始】和【停止】命令启动或停止分析和设计研究。

（8）使用【信息】|【状况】命令监视运行的状态并查看其详细摘要。

（9）使用【信息】|【优化历史】命令审阅优化研究的模型形状更改的历史。

【分析和设计研究】区域列出了当前模型的分析和设计研究的名称和类型。如果用户要对特定分析或设计研究执行操作，可将其加亮并从菜单中选择操作或使用工具栏上的按钮。

1. 静态和预应力静态分析

用户可使用静态分析计算在指定载荷和指定约束下模型上所产生的变形、应力和应变。通过静态分析可以了解模型中的材料是否经受得住应力和零件是否可能断裂（应力分析）、零件可能在哪儿断裂（应变分析）、模型的形状改变程度（变形分析），以及载荷对任何接触的作用（接触分析）。用户可使用预应力静态分析模拟预加刚度或预应力结构对模型的变形、应力和应变的影响。预应力静态分析确定了由于施加的载荷引起的零件的加强或减弱。例如，可对架空索道运行预应力静态分析，以确定由于预拉伸电缆引起的加强或减弱。并且，之前运行的静态分析的结果是预应力静态分析的起始点。

在【分析和设计研究】对话框中选择【文件】|【新建静态分析】命令，将弹出【静态分析定义】对话框，如图 13-56 所示。

完成模型的静态分析后，结果如图 13-57 所示。

图 13-56　【静态分析定义】对话框　　　　　　　图 13-57　静态分析结果

2. 模态和预应力模态分析

用户可以使用模态分析计算模型的固有频率和振型,当模型受随时间变化的振荡或振动载荷的作用时,还可以通过运行任何动态分析(动态时间、动态频率、动态随机或动态冲击)看到对模型固有频率的响应。用户可使用预应力模态分析来应用静态分析的结果,然后计算模型的固有频率和振型。例如,对于旋转机械(如涡轮叶片),在静态分析后,可能想要运行预应力模态分析,以获得有关应用的载荷以及这些载荷的加固和减弱的更详细的信息。

在【分析和设计研究】对话框中选择【文件】|【新建模态分析】命令,将弹出【模态分析定义】对话框,如图 13-58 所示。

完成模型的模态分析后,结果如图 13-59 所示。

图 13-58 【模态分析定义】对话框   图 13-59 模态分析结果

3. 失稳分析

用户可以使用失稳分析来计算结构发生失稳时所达到的临界载荷,以及失稳开始时的模型应力、应变和变形。失稳分析使用在之前静态分析中指定的约束集,Simulate 将自动计算对静态分析有效的所有预定义测量。

在【分析和设计研究】对话框中选择【文件】|【新建失稳分析】命令,将弹出【失稳分析定义】对话框,如图 13-60 所示。

完成模型的失稳分析后,结果如图 13-61 所示。

4. 疲劳分析

疲劳分析用于确定模型在受可变载荷作用时是否易受疲劳损伤的影响。对于应力周期规则(例如以恒定速度运行的转轴)的情况,可使用恒定振幅载荷。对于应力周期不规则的情况,可为模型定义可变振幅载荷形式。在定义疲劳分析之前,用户必须先定义静态分析,将从静态分析得到的应力乘以疲劳分析的载荷因子,便可得到一个生命周期的载荷变化。

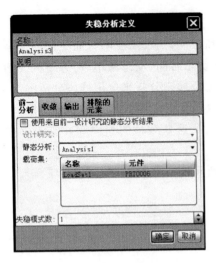

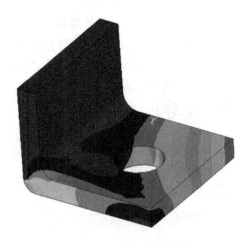

图 13-60 【失稳分析定义】对话框   图 13-61 失稳分析结果

在【分析和设计研究】对话框中选择【文件】|【新建疲劳分析】命令,将弹出【疲劳分析定义】对话框,如图 13-62 所示。

5. 标准设计研究

标准设计研究用于计算分析的结果,可以为分析指定不同的设计变量。

在【分析和设计研究】对话框中选择【文件】|【新建标准设计研究】命令,将弹出【标准研究定义】对话框,如图 13-63 所示。

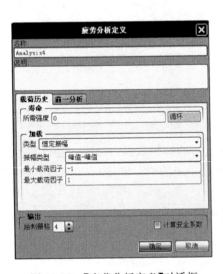

图 13-62 【疲劳分析定义】对话框   图 13-63 【标准研究定义】对话框

6. 敏感度研究

敏感度研究分全局敏感度及局部敏感度两种。在全局敏感度研究中,Simulate 将计算对研究中包括的分析有效的所有测量值。当设计变量在某一指定范围内变化时,软件还会特别计算模型测量的变化,可同时变动多个变量,也可以通过所选设计变量的测量图形检查全局敏感度研究的结果。局部敏感度研究计算一个或多个设计变量的微小变化对模型测量的影响,Simulate 计算两个样本点之间的敏感度曲线斜率。Simulate 计算局部敏感度的方法是,首先执行基础分析,然后对每个设计变量执行扰动分析(基础分析与标准分析相同)。在扰动分析中,Simulate 按增量改变设计变量,然后执行新分析。

在【分析和设计研究】对话框中选择【文件】|【新建敏感度设计研究】命令,将弹出【敏感度研究定义】对话框,如图 13-64 所示。

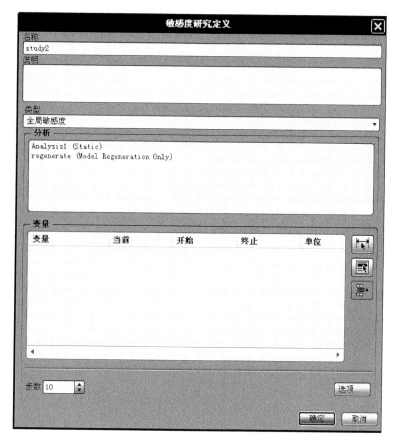

图 13-64 【敏感度研究定义】对话框

7. 优化设计研究

优化设计研究在限定条件下调整一个或多个设计变量,以最佳地实现指定目标或测试设计的可行性。Simulate 会在一系列的迭代中调整模型变量,通过迭代在满足各种限制的同时,尽量更加接近目标。如果没有指定目标,Simulate 只会尝试满足设置的限制。没有目标的优化研究称为可行性研究。目标和设计极限是可选项,但必须至少有一个目标或一个极限。

在【分析和设计研究】对话框中选择【文件】|【新建优化设计研究】命令,将弹出【优化研究定义】对话框,如图 13-65 所示。

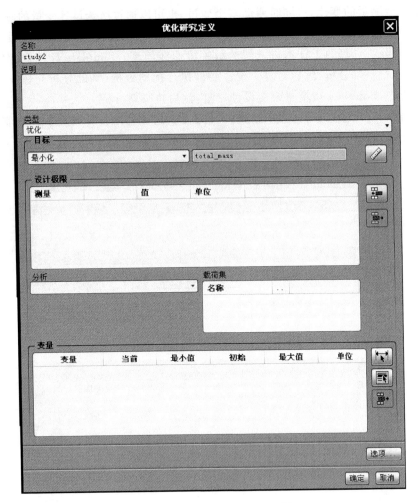

图 13-65　【优化研究定义】对话框

13.9　获取结果

　　建立分析和研究后,单击【主页】选项卡的【运行】组中的【结果】按钮 ,可显示固有模式的结果或 NASTRAN 结果,或者同时显示两者以进行比较。无论在 Creo Parametric 中是否打开某模型,都可以通过此命令访问 Creo Simulate 结果。

　　在【分析和设计研究】对话框中选择【结果】|【定义结果窗口】命令,或单击【查看设计研究或有限元分析结果】按钮 ,Simulate 会打开【结果窗口定义】对话框定义并显示结果,如图 13-66 所示,单击【确定并显示】按钮,将显示结果用户界面,如图 13-67 所示,使用此用户界面可查看、评估和生成有关分析和设计研究的报告。

　　结果用户界面包括菜单栏、工具栏,以及为便于查看结果而设计的内置工作流程。该工作流程可用于设置各种结果视图、评估各个结果,以及控制多个结果的比例和显示,从而使用户可以容易地将某个关注量与另一个量进行比较。

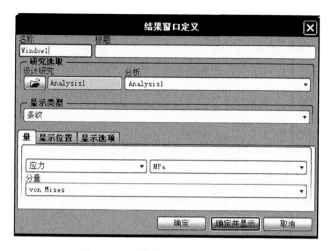

图 13-66　【结果窗口定义】对话框

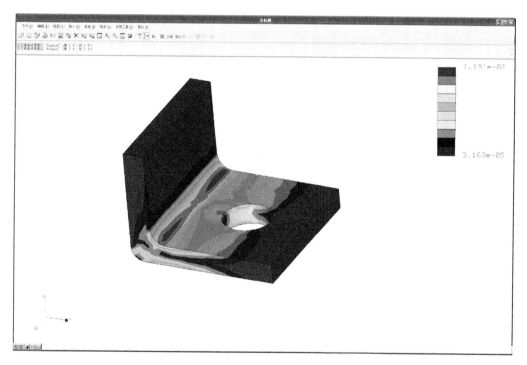

图 13-67　结果用户界面

在结果用户界面顶部有一个菜单栏,可以使用该菜单栏创建和管理结果。

- 文件菜单:提供用于控制结果用户界面中某些基础功能(例如,打开结果集、关闭界面、保存结果定义和生成报告)的命令。
- 编辑菜单:提供用于修改结果定义、图例、切割和封闭平面以及注释的命令。
- 视图菜单:提供用于控制结果查看的某些方面(如模型位置、着色和叠加)的命令,也可以使用此菜单显示或隐藏结果窗口、开始和停止动画、更改或保存模型方向,以及对结果窗口控制可视化特性。

- 插入菜单：提供用于定义结果窗口、切割平面、封闭平面和注释的命令。
- 信息菜单：提供用于针对关注的特定项目（如最大量值和最小量值、所选模型位置处的精确量）探究模型、查看模型测量值等用途的命令，还提供了在 FEM 模式下显示结点 ID、元素 ID 和结果值的命令。
- 格式菜单：提供用于格式化结果窗口值、色谱和比例的命令。
- 实用工具菜单：提供用于细化结果并按相同比例执行结果比较的命令。
- 窗口菜单：提供用于在结果用户界面中操控多个结果窗口的命令。

13.10　综合实例

（1）双击打开 Creo Parametric 界面，然后选择【文件】|【新建】菜单命令，在弹出的【新建】对话框中选择【类型】为【零件】、【子类型】为【实体】，输入名称后，单击【确定】按钮，如图 13-68 所示。

（2）单击【模型】选项卡的【基准】组中的【草绘】按钮 ，弹出【草绘】对话框，选择 FRONT 平面作为绘制平面，单击【草绘】按钮，如图 13-69 所示。

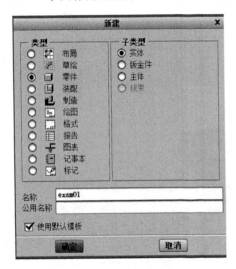

图 13-68　新建实体零件

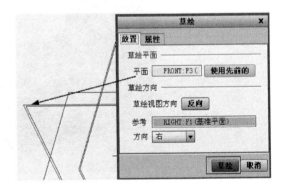

图 13-69　选择草绘平面

（3）绘制一条直线，如图 13-70 所示，并修改尺寸为 1000.00，然后单击 ✔ 按钮，完成草绘。

（4）单击【应用程序】选项卡中的 Simulate 按钮 ，然后单击【结构模式】按钮，弹出【模型设置】对话框，选择固有模式，如图 13-71 所示，单击【确定】按钮，进入 Simulate 工作界面。

（5）在【精细模型】选项卡中单击【梁】按钮 ，弹出【梁定义】对话框，在【参考】区域选取之前画好的直线草图作为参考对象，如图 13-72 所示。

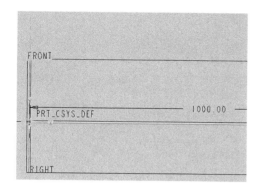

图 13-70 绘制直线草图

图 13-71 【模型设置】对话框

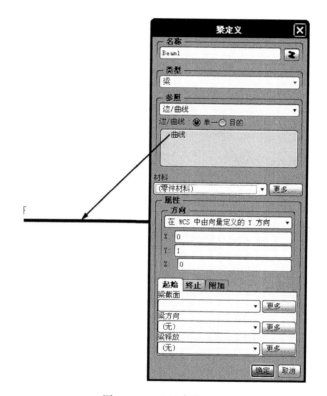

图 13-72 选择参考对象

（6）在该对话框的【材料】区域单击【更多】按钮，从材料库中选取 steel.mtl 到模型库中，设置为零件材料，如图 13-73 所示。

（7）在【梁截面】下拉列表右侧单击【更多】按钮，弹出【梁截面】对话框，如图 13-74 所示。

（8）单击【新建】按钮，弹出【梁截面定义】对话框，在【类型】下拉列表中选择【工字梁】选项，并设置相关尺寸，如图 13-75 所示，然后单击【确定】按钮。

（9）单击【梁定义】对话框中的【确定】按钮，完成梁的创建，如图 13-76 所示。

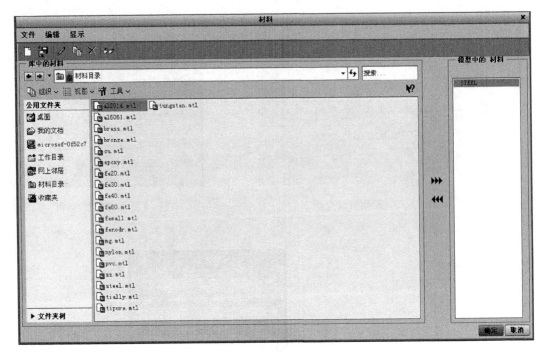

图 13-73 设置材料属性

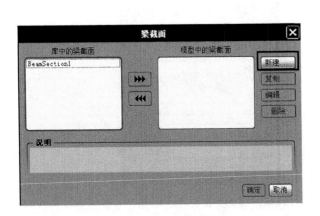

图 13-74 【梁截面】对话框

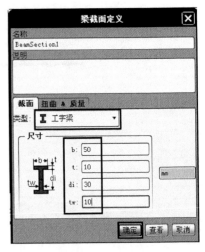

图 13-75 设置梁截面

（10）在【主页】选项卡中单击【位移】按钮 ，弹出【约束】对话框，选取参考类型为点，设置一端为约束端，设置平移及旋转类型均为固定，然后单击【确定】按钮完成约束的创建，如图 13-77 所示。

（11）在【主页】选项卡中单击【力/力矩】按钮 ，弹出【力/力矩载荷】对话框，设置参考为点，选取约束的另一端为载荷施加端，并在 Y 轴方向设置载荷分量为－1000，如图 13-78 所示。单击【确定】按钮，此时的模型如图 13-79 所示。

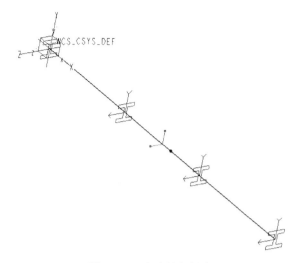

图 13-76　完成梁的创建

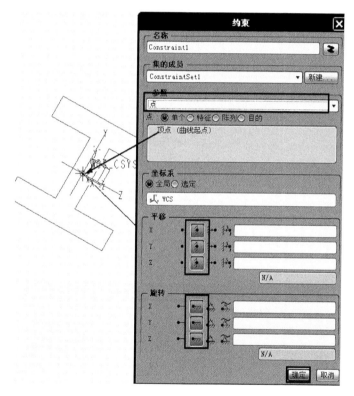

图 13-77　设置约束

　　(12) 在【主页】选项卡中单击【分析和研究】按钮 ，将弹出【分析和设计研究】对话框，如图 13-80 所示。

　　(13) 在【分析和设计研究】对话框中选择【文件】|【新建静态分析】命令，弹出【静态分析定义】对话框，输入名称 static Analysis1，单击【确定】按钮，如图 13-81 所示。

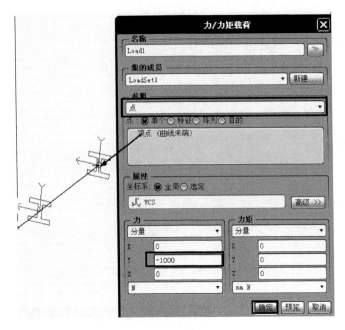

图 13-78　添加载荷

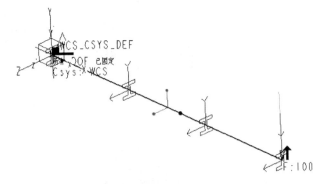

图 13-79　梁模型

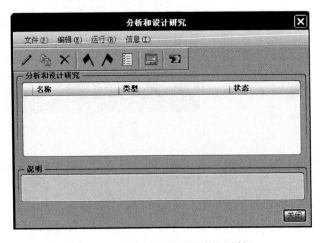

图 13-80　【分析和设计研究】对话框

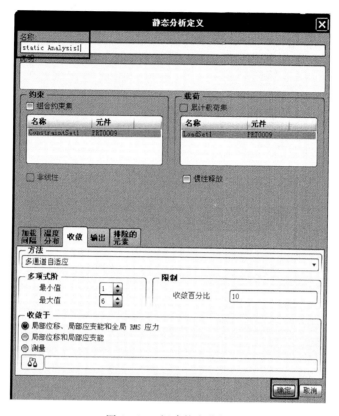

图 13-81　新建静态分析

（14）单击【分析和设计研究】对话框中的【开始运行】按钮 ，系统提示是否要运行交互诊断，如图 13-82 所示，单击【是】按钮，系统运行完成后显示如图 13-83 所示的诊断结果。

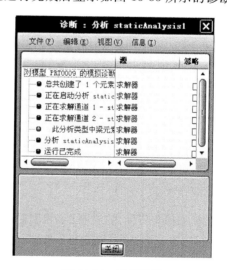

图 13-82　系统提示　　　　　　　　　　图 13-83　诊断结果

（15）单击【分析和设计研究】对话框中的【查看设计研究或有限元分析结果】按钮 ，系统弹出【结果窗口定义】对话框，如图 13-84 所示。

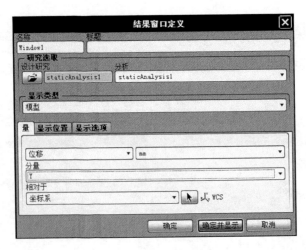

图 13-84　【结果窗口定义】对话框

(16) 选择显示类型为模型,显示量为位移,分量为 Y,单击【确定】按钮,得到 Y 向位移
分析结果,如图 13-85 所示。

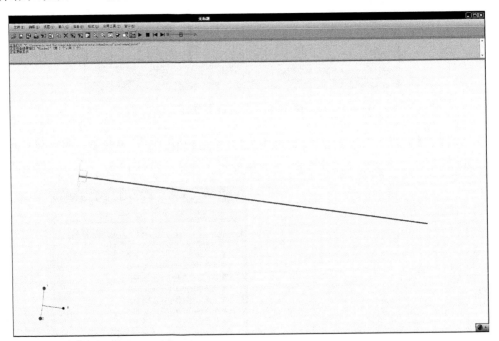

图 13-85　Y 向位移分析结果 1

(17) 在结果用户界面内,选择【编辑】|【结果窗口】命令,弹出【结果窗口定义】对话框,
在【显示选项】选项卡中选中【已变形】、【显示元素边】、【显示载荷】和【显示约束】复选框,单
击【确定】按钮,如图 13-86 所示。

(18) 重新显示 Y 向位移分析结果,如图 13-87 所示。

(19) 回到【结果窗口定义】对话框,选择显示类型为条纹,显示量为应力,单击【确定】按
钮显示结果,如图 13-88 所示。

图 13-86　重新设置

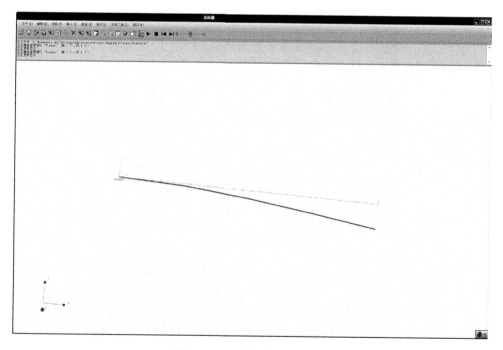

图 13-87　Y 向位移分析结果 2

（20）在【分析和设计研究】对话框中选择【文件】|【新建模态分析】命令，弹出【模态分析
定义】对话框，如图 13-89 所示，输入名称 Analysis2，单击【确定】按钮。

图 13-88　应力分析结果

图 13-89　【模态分析定义】对话框

（21）单击【分析和设计研究】对话框中的【开始运行】按钮，系统提示是否要运行交互诊断，单击【是】按钮，系统运行完成后显示诊断结果。

（22）单击【分析和设计研究】对话框中的【查看设计研究或有限元分析结果】按钮■，系统弹出【结果窗口定义】对话框，按之前的方法根据设计需要选择显示模态分析结果，分别如图 13-90～图 13-92 所示。

图 13-90　模态位移分析结果

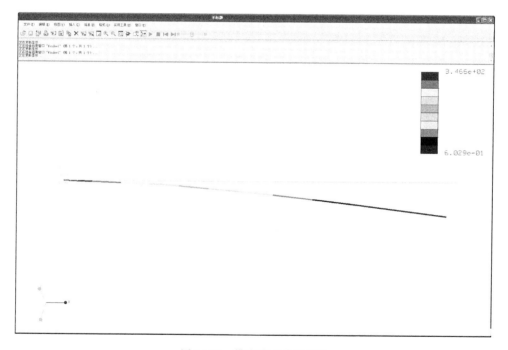

图 13-91　模态应力分析结果

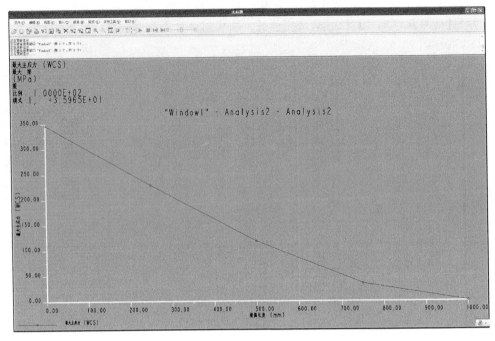

图 13-92　模态应力分析结果(图形显示类型)

　　(23)单击结果用户界面上的【插入新定义】按钮 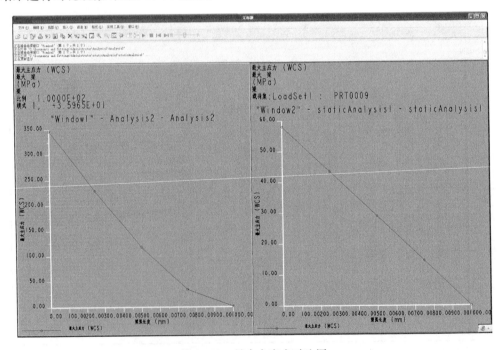 ,可插入之前静态分析的应力图形分析结果进行对比观察,如图 13-93 所示。

图 13-93　最大主应力对比图

　　(24)关闭结果窗口,保存模型。

参 考 文 献

[1] 白晶,马松柏,张云杰. Pro/ENGINEER Wildfire 3.0 中文版从入门到精通. 北京:北京希望电子出版社,2007.

[2] 王匀,等. Pro/ENGINEER Wildfire 5.0 模具设计实例. 北京:国防工业出版社,2012.

[3] 龙马工作室. Pro/ENGINEER Wildfire 5.0 中文版完全自学手册. 北京:人民邮电出版社,2012.

[4] 肖黎明. Pro/ENGINEER 中文版野火 5.0 钣金结构设计与加工工艺分析. 北京:机械工业出版社,2012.

[5] 二代龙震工作室. Pro/ENGINEER Wildfire 5.0 辅助设计与制作标准实训教程. 北京:印刷工业出版社,2011.